输气站场非常规作业
风险迁移演化特性与动态评估方法

李威君　张来斌　张继旺　著

化学工业出版社
·北京·

内容简介

本书聚焦于天然气输气站场非常规作业的风险迁移演化特性与动态评估方法，旨在为读者提供全面、系统的输气站场非常规作业风险理论知识和评估指导。本书深入分析了非常规作业的内涵，利用事故致因模型对输气站场非常规作业事故进行了原因分析。在此基础上，提出了作业过程的风险动态累积理论，用于表征非常规作业的风险特性，并进一步探究了基于作业危害分析的非常规作业动态累积风险评估方法。同时，本书还挖掘了非常规作业风险的时序关联特性，提出了融合作业危害分析与改进的 Petri 网络模型的风险评估方法，以及风险多层流交叉理论，用于揭示非常规作业风险的多层流交叉特性，并构建了多层级模糊着色 Petri 网风险评估模型；此外，基于韧性工程理论，本书还提出了融合作业危害分析与韧性工程的风险评估模型，以应对非常规作业风险的随机性能。通过将所提出的理论、方法应用于输气站场的具体实例，有效提高了输气站场非常规作业的安全性，为输气站场的安全、有序运行提供了有力保障。

本书不仅适合天然气输送安全管理领域的研究人员、学生、从业者作为学习和研究的参考书籍，也适合对行为安全领域感兴趣的广大读者阅读。

图书在版编目（CIP）数据

输气站场非常规作业风险迁移演化特性与动态评估方法 / 李威君，张来斌，张继旺著. — 北京 ：化学工业出版社，2025. 1. — ISBN 978-7-122-46695-2

Ⅰ. TE83

中国国家版本馆 CIP 数据核字第 2025PV7671 号

责任编辑：李　琰　　　　文字编辑：贾羽茜
责任校对：宋　玮　　　　装帧设计：韩　飞

出版发行：化学工业出版社
（北京市东城区青年湖南街 13 号　邮政编码 100011）
印　　装：北京印刷集团有限责任公司
787mm×1092mm　1/16　印张 12½　字数 302 千字
2025 年 6 月北京第 1 版第 1 次印刷

购书咨询：010-64518888　　　售后服务：010-64518899
网　　址：http://www.cip.com.cn
凡购买本书，如有缺损质量问题，本社销售中心负责调换。

定　　价：88.00 元

前言

天然气是一种高效、低耗、低碳环保的能源，在保障我国能源安全、推动“双碳”目标实现过程中发挥着不可替代的作用。输气站场是天然气长距离输送的“心脏”，但由于输气介质的高压性、操作的频繁性、工艺流程的复杂性等因素，输气站场一旦发生事故，易造成燃气泄漏、火灾爆炸等事故，甚至引起大范围的供气中断。

输气站场的安全运行依赖其工艺过程的正常进行。相比于增压、分输、计量等常规作业，开气、停气、检维修等非常规作业过程工况的动态性和不确定性程度更高，是事故的多发环节。通过调研工业事故统计数据发现，发生在非常规过程中的事故占比较高。据统计，非常规作业过程耗时仅占所有工业过程耗时的 10%，但其事故发生比例却高达 53%。历史上国内外发生的多起重大石油化工事故也源于非常规作业，比如，美国得克萨斯州炼油厂爆炸事故和英国北海派珀 · 阿尔法（Piper Alpha）钻井平台爆炸事故分别发生在启动和维修过程。

现有的非常规作业风险控制方式以过程前的静态风险分析和管理手段为主，未能有效地表征非常规过程中的实际风险。非常规过程受人员、设备、物料、信息等要素变化的影响，不同时空节点的风险状态空间存在差异性，导致其风险的动态性与不确定性较大。如何表征非常规作业风险演变并对其进行动态评估，是制约非常规过程风险研究的瓶颈问题。

本书以输气站场非常规作业风险特性与评估方法为主线开展一系列研究，首次对非常规作业的内涵进行了深入分析和界定，利用事故致因模型对输气站场非常规作业事故进行原因分析；提出了作业过程的风险动态累积理论用于表征非常规作业风险特性，进一步探究了基于作业危害分析的非常规作业动态累积风险评估方法；挖掘了非常规作业风险的时序关联特性，提出融合作业危害分析与改进的佩特里（Petri）网络模型的风险评估方法；构建了风险多层流交叉理论用于揭示非常规作业风险的多层流交叉特性，提出了多层级模糊着色 Petri 网风险评估模型；基于韧性工程理论，提出融合作业危害分析与韧性工程的风险评估模型；针对非常规作业风险的随机性能，提出了模糊随机 Petri 网-马尔可夫链（Markov chain）评估方法。通过将所提出的理论、方法应用于输气站场具体实例，提高了输气站场非常规作业的安全性，保证了输气站场安全、有序运行。

本书涵盖了李威君博士在中国石油大学（北京）攻读博士学位期间师从张来斌院士的

科研成果，以及就职于山东科技大学后的研究成果。部分研究内容在国家自然科学基金青年基金项目（51904169）与山东省自然科学基金博士基金项目（ZR2019BEE018）资助下完成。在上述的研究过程中，得到了中国石油大学（北京）故障诊断与监测实验室梁伟教授、董绍华教授、胡瑾秋教授、段礼祥教授、郑文培教授，山东科技大学程卫民教授、胡相明教授、刘音教授，以及美国哥伦比亚大学化学工程系 Venkat Venkatasubramanian 教授及 Complex Resilient Intelligent Systems 实验室成员，课题组刘双磊、高鹏、王秋鹤、孙奇琪等研究生和本科生的帮助和支持，在此表示感谢。本书引用了国内外诸多专家、学者的相关研究成果，使得本书能够较为系统地呈现在读者面前，在此一并表示感谢。

限于编者水平，书中不足之处在所难免，敬请读者指正。

编者

目录

1 绪论

1.1 研究背景与研究意义

天然气是一种高效、低耗、低碳环保的能源，在能源行业转型中起着重要作用。近年来，我国天然气产量快速增长，2020 年，国内天然气产量比 2015 年增加 579 亿立方米，5 年增幅达 43%。预计到 2025 年天然气产量将达到 2300 亿立方米以上，2040 年及以后较长时间内稳定在 3000 亿立方米以上[1]。国家发展改革委、国家能源局在《“十四五”现代能源体系规划》中指出，“十三五”以来，我国天然气产量实现较快增长，年均增量超过 100 亿立方米；到 2025 年，天然气年产量建设目标为 2300 亿立方米以上[2]。即使在 2030 年“碳达峰”和 2060 年“碳中和”的背景下，天然气相比于煤和石油，仍然是碳排放强度最低的化石能源之一，是助力“低碳化”发展最现实的选择，在实现 2030 年“碳达峰”和 2060 年“碳中和”目标的过程中起着重要的过渡作用[3]。

天然气产业规模不断扩大，离不开输气管网设施的配套建设。采自油气井的天然气被输送到千家万户，需经过管线运输、调压、分离、计量等多个环节，形成了庞大的天然气管网。“十三五”时期我国累计建成长输管道 4.6 万千米，全国天然气管道总里程达到约 11 万千米。输气管网快速扩张的同时，也带来了严峻的安全问题。输气站场作为连接油气井、输气管线和配气端的枢纽，具有增压、分输、计量等功能，在输气管网中占据极为重要的地位。然而，由于物料的易燃易爆性、工艺的复杂性、设备老化、人为误操作等的影响，输气站场往往成为输气管网的高风险区域。输气站场一旦发生事故，不仅影响天然气的稳定供应，而且极易造成火灾爆炸、环境污染等灾难。例如，2017 年 12 月 12 日，奥地利鲍姆加滕输气站场发生爆炸，造成 1 人死亡、21 人受伤，紧急处置 50 人，事故导致向意大利、斯洛文尼亚和匈牙利等国家的输气中断，引起欧洲天然气价格大幅震荡[4]。因此，输气站场的安全运行对于保障人民生命财产安全和国家能源安全意义重大。

输气站场的安全运行依赖其工艺过程的正常进行。输气站场的工艺过程除了增压、分输、计量等常规过程外，还有开气、停气、检维修、清管、排污、事故应急处置等非常规过程。输气站场非常规过程的实施通常不规律，且为了不影响正常输气运行，通常要求非常规作业在较短时间内完成，导致对该过程的危险源辨识与风险分析不够深入[5]。此外，在部分非常规作业活动中，一些安全措施（如独立保护层）会暂时关闭或者无法完全发挥作用，也给非常规过程带来极大风险。因此，相比于常规过程，非常规过程工况的复杂性、动态性和不确定性更高，常常成为事故的多发环节。历史上发生在非常规过程的工业事故数不胜数，较为典型的是发生在 2005 年 3 月 23 日的美国得克萨斯州炼油厂爆炸事故，造成 15 人死亡、180 人受伤，直接经济损失超过 15 亿美元。该事故发生在异构化装置的启动阶段，启动前安全审查和启动作业程序不完善是造成事故的重要原因[6-7]。

石化工业事故统计数据表明，虽然非常规过程耗时仅占所有工业过程耗时的 10%，但其事故发生比例却高达 53%[8]（见图 1.1）。其他工业事故统计数据也表明，在所有事故中，发生在非常规过程中的事故占比较高。例如，我国某钢铁公司统计的工伤事故中，发生在非常规过程中的事故占比达 78%[9]；2008～2012 年间韩国统计的重大工业事故中，发生在准备和维修过程的事故占比累计达 58.7%[10]。丹麦的 Birgitte Rasmussen 统计的 1970～1989 年间的 190 起连续生产过程重大事故中，60%～75%发生在非常规作业过程中（且主要为启动和维修过程）[11]；美国的 William Bridges 统计的 1987～2010 年间的 47 起重大过程安全事故中，69%发生在非常规作业过程[12]。

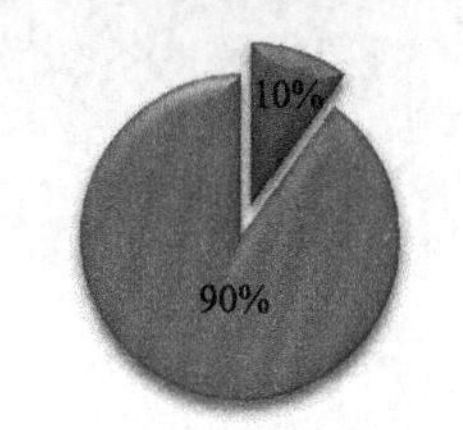

(a) 过程耗时

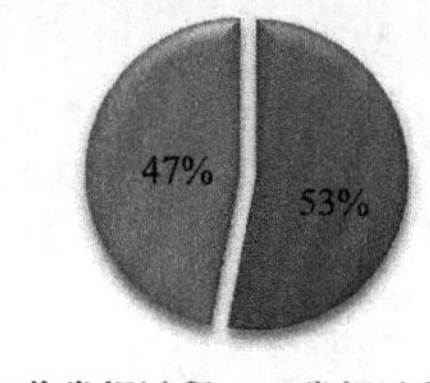

(b) 事故发生比例

图 1.1　石化工业过程耗时与事故发生比例饼状图

针对石油化工过程中事故频发的问题，国内外较为先进的做法是进行“过程安全”管理和控制[13]。目前国内外学者从工艺参数偏离、安全指标等方面对输气站场过程风险表征进行了一定的探索和研究。但绝大部分研究成果主要集中在常规过程，较少涉及非常规过程。此外，现有的非常规过程风险应对思想仍停留在传统的过程前安全检查（pre-startup safety review，PSSR）、变更管理（management of change，MOC）、作业许可、预先危险性分析审核等，以管理手段为主，缺乏科学的研究和技术支撑[14]。

实际上，输气站场非常规过程事故风险高的根本原因在于人员、设备、物料、信息等均处于变化中，动态性强、不确定性高。传统的过程风险管理与控制主要依靠预先（过程前）的风险辨识与分析，对于工况变化不大的常规过程较为适用，而对于非常规过程这种复杂多变的环境，传统单一、静态且滞后的方法无法准确地表征系统运行过程中的实际风险。只有把握非常规作业过程中的风险迁移演化特性，才能准确、有效地对非常规过程风险进行评估。

综上所述，输气站场非常规过程具有动态变化的特点，有必要从动态演化的视角研究其风险的产生、迁移与演变特性，探索降低风险的措施，由静态的“过程前”风险分析转为动态的“过程中”风险分析，为保障输气站场的安全运行提供风险预测和决策依据，从而减少由非常规过程失效引发的事故。

1.2 国内外研究综述

1.2.1 输气站场风险研究现状

作为天然气集输系统的枢纽，输气站场的安全问题一直受到国内外学者的广泛关注。多年来，针对输气站场物料的易燃易爆性、工艺过程的复杂性、设备的老化等方面的问题，许多学者采用安全系统工程的相关理论与方法对其风险进行了研究，并且已取得了一些重要的研究成果。根据研究所依据的基础资料，可将现有的输气站场风险相关研究分为两大类。

第一类是依靠历史数据，通过计算风险概率值判断站场风险大小。例如，Bajcar 等将事故树与事件树相结合，定量地计算了输气站场的个人风险值[15]；姚安林等引入目标导向(goal oriented，GO）的方法分析输气站场的可靠性，分别计算站场各个子系统的失效概率，再将各子系统串联得到整个站场的失效概率，该方法能够综合考虑单体设备之间的停工相关性、维修相关性和备用相关性，从而使分析结果更加符合工程实际[16]；Zarei 等将人因失误考虑在内，集成故障类型与影响分析、蝴蝶结模型和贝叶斯网络的方法构建要素间的关系网，辨识出调压系统失效是输气站场最危险的事故模式[17]。

第二类是依据专家经验，采用指标评分与数学模型相结合的方法。例如，曲莎等通过改进作业条件危险性分析法对输气站场进行了评价，得到了火灾爆炸危险性级别[18]；Nikbakht 等对输气站场的职业健康风险进行了辨识并运用评分法对其进行了衡量[19]；郑明将蒙德法应用到输气站场的危险程度分析中并进行了改进，通过经验指数计算得到各单元及站场的危险指标[20]；蒲宏兴结合灰色关联分析与专家评分方法，得到了输气站场各个区块的风险排序[21]。

上述研究对降低输气站场风险、减少事故的发生均具有一定的效果，但存在以下问题：从研究对象上看，以设备装置或子系统（过滤分离子系统、增压子系统、调压计量子系统等）为研究主体，其本质是将输气站场看作一个静态系统进行结构分解，未考虑时序变化、工艺参数变化、人员组织等因素对站场风险的动态作用，尤其在工况变化较大的非常规过程（如开气过程）中，传统的静态假设并不适用；从研究方法上看，现有的评估输气站场风险的依据主要是历史数据或者专家经验知识，未考虑特定运行过程的实际状态信息，导致风险结果存在较大偏差。因此，若要更加客观真实地表征和分析输气站场非常规过程的风险，必须摒弃传统风险评估方法的静态假设，从动态变化的角度重新审视非常规过程风险迁移和演变的特性。

1.2.2 风险复杂性研究

输气站场是一个复杂系统，组成复杂系统的简单个体（人员、设备、组织等）之间存在着或强或弱的相互作用，作用关系的失效引起了系统灾变的产生。对于输气站场非常规过程亦是如此，站场的操作者在执行各种作业活动的过程中，也受到来自设备状况、管理者和操作规程的约束。辨识输气站场非常规作业过程中各要素的复杂结构特征与动态演化过程，对于揭示其风险的产生、迁移、演化规律至关重要。

然而，受传统风险分析方法与模型的限制，现阶段有关输气站场风险要素间复杂关联性的研究仍相对较少。传统风险研究方法大多只针对复杂系统要素的某一方面，不适于解决复杂的因素交叉问题。例如，针对设备风险通常用事故树或故障模式与影响分析的方法[22]，针对工艺过程风险通常用危险与可操作性分析（HAZOP）方法[23]，针对行为安全常用人因分析与分类系统（HFACS）模型[24] 或“2-4”模型[25]，而针对管理风险通常用健康安全环境综合绩效评价法[26]，等等。尽管大量事故表明，复杂系统的失效并非是由单一要素引起的，但现有的多数风险研究方法均无法综合考虑各类系统要素。

随着对复杂系统研究的深入，更多学者尝试通过构建多层次模型来表征更多类型的风险因素。例如，事故图（AcciMap）[27]、系统事故模型与过程方法（STAMP）[28]、以目标为中心的风险及危害分析系统模型（TeCSMART）[29] 等均构建了层次框架结构表征系统的复杂性，强调系统要素（或层次）间的相互关系，但其多数为理论框架，对风险的演化过程缺乏严谨的模型与数学表达。由丹麦学者 Morten Lind 提出的多级流模型（MFM）在多层级系统表征方面的研究较为成熟，虽然模型定义了物理系统中能量流、物质流、信息流的表示方法，但多数研究仍局限在工艺过程或设备等技术方面（物质流）[30]。实际上，输气站场非常规过程的风险可能来自任何过程流（能量流、物质流、信息流、行为流）且各过程流之间的交叉与联动不可避免，仅研究其中某一个或几个过程流不能有效地表征其风险。

由此可见，国内外尚未形成一种能够综合表征系统复杂网络特性的方法。若要全面准确地揭示输气站场非常规作业过程的风险迁移规律，必须充分挖掘其风险因素间的复杂关联，建立多层级关联的风险评估模型。

1.2.3 风险不确定性研究

非常规过程风险难以表征和控制的另一个重要原因在于其动态特性，即风险状态空间（包括工艺参数、人员操作、设备状态等）随着过程的推进而不断变化，因此具有较大的不确定性。若要准确地把握非常规过程的风险变化状况，必须解决风险不确定性的问题。

目前风险不确定性问题已成为风险研究领域的热点问题之一。自 20 世纪 70 年代前后，概率风险评估（PRA）被许多研究者用来表征风险的不确定性，并在核电站等高危行业得到了广泛的应用[31]。该类方法通过收集分析统计数据来定量描述风险的大小，可以较为有效地评估相似研究对象的安全状况。为了反映具有时间依赖性的风险不确定性，研究者们进一步提出了动态风险评估（DRA）的理论和方法[32]。该类方法主要通过收集相似研究对象最新的事故数据来动态更新已有的数据，其中较为典型的是贝叶斯模型。然而，绝大部分动态风险评估方法仅考虑时间上的动态更新，较少涉及空间维度的动态变化。这一现象反映到模型上，表现为模型参数随时间更新而模型结构未变[33]。可见，无论是传统的 PRA 还是现有的 DRA 方法，评估依据大多为相似系统或者部件的故障概率，未能考虑特定环境条件（时间和空间两个维度）的变化对风险的影响。而在非常规过程（如开气过程）这种复杂多变的环境中，不仅多个过程节点具有时序约束性，而且风险因素的存在与特定场域相关[34]。非常规过程的这一特性要求其风险表征充分考虑时间和空间两个维度的动态变化，这也是制约非常规过程风险研究的瓶颈问题。

风险的不确定性还体现在知识认知的不确定性[35]。风险评估离不开专家知识的判断，而专家知识受教育、认知和经验等因素的限制，主观判断的结果与实际情况往往存在差距。针对这一问题，研究者多采用模糊数学的相关理论，如区间分析、模糊理论、证据理论等[36]。然而，模糊数学的方法均是在信息有限条件下对已有的数据进行模糊处理[37]，虽然能够在一定程度上降低不确定性，但未能从客观信息获取的角度降低主观性。换而言之，若能通过获取多属性的评估信息，降低风险评估所需信息的缺失程度，即可提高风险判断的置信度。近年来，借助多属性融合决策方法降低知识的不确定性，从而提高风险量化的准确度[38]，已成为风险评估研究的发展趋势。非常规过程作为动态过程，其状态信息复杂且多变，融合多属性决策方法进行主观证据的模糊处理，有望降低风险评估过程的不确定性。

1.3 研究内容、思路及方法

针对目前输气站场非常规作业风险产生和演化机理尚不清晰、风险评估动态性不足等问题，本书第 2～9 章介绍了事故致因分析、风险动态累积演化特性与动态评估等研究内容，主要研究内容及方法如下。

① 第 2 章系统介绍了非常规作业的定义和特点，以典型非常规作业事故案例为引入，提出了事故原因分析与分类矩阵，构建了功能分解与共振分析模型，对输气站场阀门开启作业与受限空间作业过程进行实例应用。

② 第 3 章提出了非常规作业过程的风险动态累积理论，在传统作业危害分析方法的基础上表征风险动态累积特性，提出非常规作业动态累积风险评估方法，以输气站场开气作业过程为例对方法进行了说明。

③ 第 4 章对非常规作业过程进行图形化抽象，利用佩特里（Petri）网模型进行表征，揭示非常规作业过程时序关联特性，提出作业危害分析与 Petri 网融合风险分析方法，实现对非常规作业过程的时序风险演化评估，对输气站场开气作业过程进行了实例应用。

④ 第 5 章分析非常规作业的风险偏离特性，针对传统 HAZOP 方法在作业过程描述与耗时方面的不足，提出一种融合作业危害分析（JHA）与 2-引导词的 HAZOP（2GW-HAZOP）及偏离度的风险表征与评估方法，实现非常规作业风险偏离分析与计算，以油气集输站加热炉启动过程为例对方法进行了说明。

⑤ 第 6 章通过综合考虑输气站场非常规作业过程中的物质流、能量流、信息流、行为流，提出风险多层流交叉理论，建立输气站场复杂网络模型，挖掘多过程流因素之间的级联关系，分析风险因素的多层级控制失效机理，利用多层级贝叶斯网络建模与模拟仿真技术，从控制约束失效的角度探寻风险在层级内部及层级间的产生、演化、繁衍等过程，通过多层级模糊着色 Petri 网模型标记风险的迁移路径，揭示输气站场风险的多层级迁移规律。

⑥ 第 7 章从韧性工程的角度分析非常规作业过程风险的演变规律，融合作业危害分析与韧性工程理论，构建风险韧性评估模型，得到主动的风险预防措施——吸收措施、适应措施、恢复措施，以输气站场开气作业过程为例对方法进行了说明。

⑦ 第 8 章针对非常规作业过程的随机性，构建了模糊随机 Petri 网-马尔可夫链的风险评估方法，以输气站场应急处置非常规作业过程为例，比较了传统的指标体系风险评估法与

新方法，证实了模糊随机 Petri 网-马尔可夫链风险评估方法在表征随机性能方面的优越性。

⑧ 第 9 章针对风险评估过程的不确定性，建立 ABT-Petri 网模型，运用 Petri 网推理算法、统计数据、置信度计算进行风险的量化分析，提出三角隶属函数与改进的区域中心法降低主观性，基于置信度和统计概率的正相关性进行数据拟合得到概率值，通过动火作业风险评估验证了方法的适用性。

1.4 主要创新点

① 首次系统介绍了非常规作业过程的范畴，提出了事故原因分析与分类矩阵，构建了功能分解与共振分析模型。

② 构建了非常规作业过程的风险动态累积理论，提出了非常规作业动态累积风险评估方法。

③ 提出了作业风险分析与 Petri 网融合风险分析方法，实现对非常规作业过程的时序风险演化评估。

④ 建立了以偏离度为准则的风险评估模型，提出一种融合 JHA 与 2GW-HAZOP 及偏离度的风险表征与评估方法。

⑤ 提出了风险多层流交叉理论，揭示了多过程流因素之间的多层级控制失效机理，构建了多层级网络模型表征风险的多层级迁移规律。

⑥ 将韧性工程理论引入非常规作业过程风险评估中，构建了风险韧性评估模型。

⑦ 构建了模糊随机 Petri 网-马尔可夫链的风险评估方法，表征了非常规作业过程的随机性能。

⑧ 提出三角隶属函数的改进区域中心法，基于置信度和统计概率进行数据拟合降低风险不确定性。

2 非常规作业事故致因分析

2.1 非常规作业的范畴

在工业领域，作业过程可以理解为将特定的物料、设备、人、环境等要素进行关联从而实现某一功能的系列动态活动。不同类型的作业活动风险存在较大差别。一般来说，具有相对固定的频次、作业内容和环境条件的作业活动风险较小，称为常规作业过程（routine operation process），而频次不固定的、内容与环境条件相对变化的作业活动风险较大，称为非常规作业过程（non-routine operation process）[39]。一些学者、机构从不同的角度对非常规作业过程的界定进行了讨论，主要研究角度如下。

① 从瞬态操作（transient operations）的角度，常规作业定义为正常操作条件下启动与关停作业之间的过程，非常规作业则是工艺故障且偏离正常操作条件时的异常操作[40]。

② 区别于常规的稳态运行模式，将停机、重启和在线维护等过程操作定义为异常运行模式[41]。

③ 将过程系统作业分为设计、正常操作、同时操作和瞬态操作四种模式。其中，同时操作模式指的是同一时间同一地点进行的两种或两种以上可能产生相互影响的作业活动，比如施工、调试、启动等作业；而瞬态操作指的是从一种模式到另一种模式转换的作业过程，比如启动、关闭、催化剂更换等[42]。

④ 美国化学工程师协会化工过程安全中心（CCPS）发布的“Guidelines for Process Safety During the Transient Operating Mode: Reducing the Risks During Start-ups and Shut-downs”（《瞬态作业模式过程安全指南：降低启动和关停期间的风险》）中对非常规作业中的启动和关停作业进行了更细致的划分，给出了10种不同类型的瞬态作业模式，即：正常关停、正常启动、计划关停、计划关停后的启动、延时关停、延时关停后的启动、非计划关停、非计划关停后的启动、紧急关停、紧急关停后的启动[43]。

⑤ 2022年3月15日，《危险化学品企业特殊作业安全规范》（GB 30871—2022）由国

家市场监督管理总局、国家标准化管理委员会发布，2022 年 10 月 1 日起实施。标准规定了危险化学品企业动火作业、受限空间作业、盲板抽堵作业、高处作业、吊装作业、临时用电作业、动土作业、断路作业等特殊作业的安全要求，主要原因是上述特殊作业过程风险较大，事故易发、多发，容易导致人身伤亡或设备损坏，造成严重的事故后果。

可见，虽然国内外学者在非常规作业活动风险较高这一方面基本达成共识，但目前尚没有统一的非常规作业的术语和定义。但可通过现有的研究总结出非常规作业过程具有以下共同特点：

a. 非常规作业运行频率较低，经验较少；

b. 非常规作业过程人员干预性强；

c. 非常规作业过程允许的运行时间较为有限；

d. 非常规作业过程具有较高的不确定性、动态性和复杂性。

基于上述定义，可将输气站场中的作业分为常规作业和非常规作业。例如，输气站场的日常设备检查、压力调节等作业属于常规作业过程，而输气启动、停机、放空、清管、清扫、设备维修等过程属于非常规作业过程。

鉴于非常规作业过程的特殊性，传统的风险分析理论与评估方法存在一定的不适用性。例如，在过程安全管理中常用的危险与可操作性（hazard and operability，HAZOP）分析方法仅能分析过程参数的偏离，且目前主要用于正常的作业过程，较少设计非常规作业[44]。此外，也有学者提出运用质询（Who-What-When-How long）的方法分析非常规过程，但缺乏推理和量化结果[45]。可见，现有的非常规作业过程风险研究方法在理论分析、过程推演、结果计算等方面均存在较大不足，是造成非常规作业过程事故频发的重要原因。为弥补该不足，迫切需要能够全面挖掘事故致因，辨识危险情景，分析风险变化特点，推理风险演变结果的相关理论和方法。

2.2 事故致因模型

2.2.1 事故案例分析

案例一：2005 年 3 月 23 日，英国石油公司（BP）得克萨斯炼油厂发生爆炸，造成 15 人死亡，180 人受伤，经济损失超过 15 亿美元。炼油厂的可燃介质是非常重要的危险源。事故涉及的主要工艺是将提余液从芳烃回收装置（ARU）送至异构化装置（ISOM）以分离成轻组分和重组分。事故发生在异构化装置（ISOM）维修后的启动阶段（属于非常规作业过程）。根据美国化学品安全与危害调查委员会（CSB）报告[46]，工作人员通过 12 小时轮班进行启动作业，其中一些是实习生或没有异构化装置操作经验的人员。在启动之前，管理者签批了启动程序但未经审查，同时，现场存在的一些故障（如液位变送器等）也未得到修复。事故发生时，夜班操作员将提余液填入蒸馏塔，直到示数为 99%才停止进料。而这期间，蒸馏塔高液位警报响过两次。更严重的是，夜班人员均没有记录这些异常操作和现象，也未告知下一轮班人员。此外，白班监督人员因迟到 1 小时，未能从夜班工作人员处获取到足够的信息。白班控制室人员在信息不全的情况下认为重组分储存已满，于是关闭了液位控制阀门。而现场操作人员认为轻组分储存已满，关闭了轻组分产品设备输出阀门。然而，在两个阀门关闭的情况下，启动作业过程仍在继续。此外，蒸馏塔的液位实际已经非常高了，但其液位显示窗口读数也不清晰。在这种情况下，白班监督人员因事离岗，现场只有一名没有异构化装置操作经验的人员代为监督。启动操作继续进行，使蒸馏塔的压力迅速上升。虽然操作人员采取了泄压、减少燃料、去除重提余液、打开液位控制阀等一系列操作，但为时已晚。易燃液体从蒸馏塔喷出并形成蒸气云，随后被停在距离排污罐 7.6 米处的一辆怠速柴油卡车点燃，形成爆炸。

案例二：1988 年 7 月 6 日，位于北海的派珀·阿尔法（Piper Alpha）平台发生爆炸，造成 167 人死亡，经济损失 34 亿美元[47]。该事故发生在设备维修阶段，也属于非常规作业过程。事故发生时，平台上有两台一备一用的冷凝泵。其中一员工对泵 A 进行预防性的维护，拆卸了安全泄放阀，用法兰盲板代替。由于维修过程在轮班前无法完成，员工在离岗前用手拧紧了法兰并填写了一份泵 A 禁止启动的许可证。轮班人员作业时发现水合物积聚堵塞了气体压缩系统，导致泵 B 故障。工人们仔细检查了维护记录，但由于拆除安全阀的工人将许可证放在阀门附近的箱子中，未找到与日常维护和缺失安全阀相关的许可证，进而启动了泵 A。高压气体从法兰处泄漏，触发了六次报警后，被点燃并爆炸。在爆炸气体的超压作用下，防火墙倒塌。火灾通过破裂的防火墙向其他模块蔓延。

可以看出，两起事故虽然发生在不同领域，事故原因也不尽相同，但均发生在非常规作业过程中。因此，可以总结出两起事故在非常规作业过程中存在的共性问题，如图 2.1 所示。

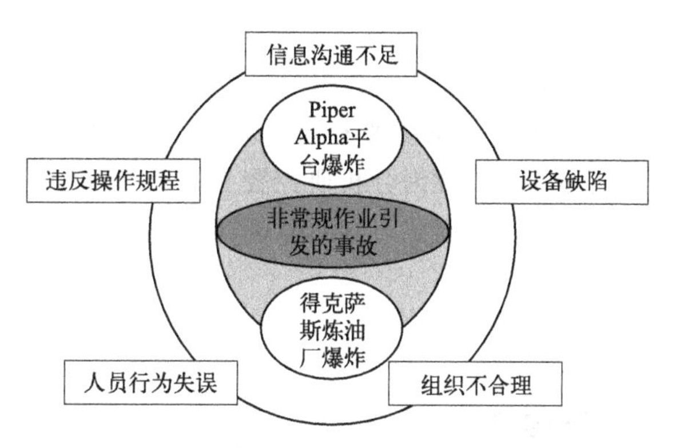

图 2.1　两起非常规作业过程引发的事故共性原因

（1）信息沟通不足

由于非常规作业过程的复杂性和多角色性，信息的传输至关重要。在得克萨斯炼油厂爆炸事故中，夜班操作人员未记录启动过程实施的阶段，导致白班监督人员未能获取足够的信息。同样，在 Piper Alpha 平台爆炸事故中，操作备用泵安全阀的人员也未能通知控制室人员阀门的状态，缺失安全阀相关的许可证文件信息也未能传达给轮班人员。

（2）违反操作规程

非常规作业过程对作业程序要求非常严格。程序要求装置启动操作过程中必须要由有装置操作经验的工作人员在场，而在得克萨斯炼油厂爆炸事故中，监督人员缺乏异构化装置操作经验，三名操作人员中一名仅工作了七个月，其他两名是实习生。另外，在启动前未按照程序要求进行安全审查。在 Piper Alpha 平台爆炸事故中，员工也未遵循许可程序。

（3）设备缺陷

在非常规作业开始前，应进行设备检查确保其安全可靠运行。而在得克萨斯炼油厂爆炸事故中，蒸馏塔的液位显示故障长时间没有得到解决，造成事故发生时操作人员不明确塔内的液位。同样，Piper Alpha 平台的备用泵未能保持可用状态，是造成事故的根本原因之一。

（4）人员行为失误

不论是常规作业还是非常规作业，人员行为失误一直是主要的事故原因[48]。而非常规作业频率低，对人员操作经验的要求相比于常规作业更高。两起事故中均存在明显的人员行为失误。

（5）组织不合理

由于非常规作业过程的高风险性，其运行执行许可、审批制度。然而，在得克萨斯炼油厂爆炸事故中，管理者在明知启动前程序未审核的情况下，仍然授权启动异构化装置作业。在 Piper Alpha 平台爆炸事故中，轮班人员在未找到设备状态许可表格的情况下进行备用设备切换操作。

从案例分析中可以看出，非常规作业过程事故风险较高，触发因素较多。将非常规作业过程看作一个复杂的、动态的系统，系统要素如人员、设备、信息、组织等相互作用。然而，目前针对非常规作业过程的事故致因分析研究较少[49]，并且现有的事故致因模型和理论对于非常规作业过程缺乏适用性。因此，有必要研究一种表征系统多要素及其关联的事故致因模型。

2.2.2 事故原因分析与分类矩阵模型

早期的事故预防理论是在事故致因理论的基础上发展起来的，即对已经发生的事故进行原因分析和归纳，挖掘事故发生的潜在机理，得到预防同类事故再次发生的对策。经过多年的探索，国内外专家学者通过总结事故经验提出了一系列的事故致因理论和模型，其中国内应用较为广泛的有危险源理论[50]、“2-4”模型[51]等，国外应用较为普遍的有事故因果连锁理论[52]、瑞士奶酪模型[53]等。对已经发生的事故进行原因分析和归纳对于因果逻辑关系清晰的简单系统较为有效，但复杂系统的事故原因具有隐蔽性、非直接关联性、多样性的特点[54]，往往存在“多因多果”的交叉关系网络。此外，由于事故的发生具有一定的随机性和偶然性，并非所有的功能异常都已显现出导致的事故结果，传统的以事故因果分析为主的事故预防极有可能忽视关键的系统功能异常。因此，以历史事故为导向的事故致因分析不能涵盖所有的事故发生模式，从而无法制定全面的事故预防措施。

随着工程社会技术日益复杂，来自任何元素的风险都可能造成系统失效，非常规作业过程亦是如此。复杂系统的事故频率一般较低，但后果严重[55]。此外，非常规作业过程的作业频率低，可获取的事故信息有限。因此，如何从有限的事故中获得有价值的和充分的信息，是研究非常规作业过程事故致因的一个关键问题。

到目前为止，通用的做法是使用事故原因分析理论或者模型对已经发生的事故总结规律，以减少和预防类似事故的发生[56]。纵观事故致因分析方法研究，大致可以分为两种：结构分解和功能抽象。结构分解是指把系统分解成小的组成部分，对组成部分的故障进行因果分析，这也是最常见复杂系统故障分析和分类的方法。该方法具有简单、直观的特点，因此在早期的航空[57]、信息系统[58]、工业工程[59] 等领域的风险分析中得到了广泛应用，但同时也存在主观性强、分析不够深入的不足。功能抽象强调表征系统功能关系，即分析系统行为（如闭环或反馈等）。尽管功能抽象思路的提出晚于结构分解，但在过去十几年中引起了广泛关注[60-62]。功能抽象方法能够较好地描述系统的动态关联和多层控制过程，但实际操作困难[63]。

重新审视事故致因模型的构建，总的来说需要解决两大问题：①什么发生了失效（What）；②失效是如何发生的（How）。显然，“什么发生了失效”指的就是系统的要素，是失效的主体。现有许多研究对事故要素进行了定义，比如人员要素、设备要素、材料要素、信息要素等[64-65]。例如常见的5M（人员、设备、环境、管理、任务）模型，可以结构化地对系统进行分解和风险分析。随着管理风险控制尺度的扩大，有必要对系统要素进行更细致的划分[66]。除了传统的5M要素，信息（包括程序、方法、标准、规则等）和资源（包括培训、专家、资金、产品等）也需要考虑在内。对于第二个问题，可将失效的发生与功能的丧失建立关联。因此，分析失效如何发生必须首先对系统功能进行定义。控制理论是复杂系统管理的重要方法，根据控制理论，系统任一过程都可以由执行、传感、控制等功能构成[67]。安全问题本质上是一个控制问题，之所以会发生系统失效是由于“控制器”未能有效控制其“部件”[68]。基于系统要素分解和控制理论，可以将事故理解为主体功能失效，系统要素和功能的组合构成了系统失效的类型。

（1）系统要素定义

显然，系统失效的主体即系统要素。现有的研究已经定义了许多系统要素，比如人、机、材料、信息等。其中比较具有代表性的是3M模型（人、机、环境），在事故分析与预防领域产生了深远的影响，主要结构如图2.2所示。该模型强调操作者与设备的交互作用，并考虑环境因素对作业的影响。基于这一基本理论，发展起来一个新的科学领域——人机环系统工程（man-machine-environment system engineering，MMESE）[69]。该模型结构简单，认为系统失效必定是由某一要素失效造成的。3M模型理论在早期主要用于航空航天领域，后来在煤矿、事故应急等领域也得到重视[70-71]。然而由于该模型包含的要素过少且对原因的分类过于粗糙，不适用于处理大型复杂系统，逐渐被具有更多要素的复杂模型所替代。

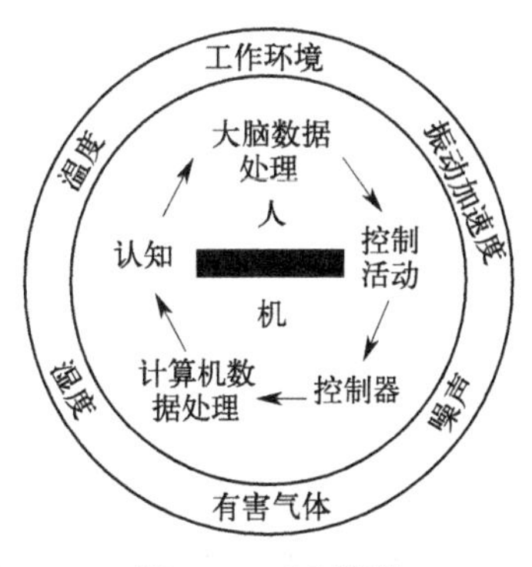

图2.2 3M模型

随后的研究在该模型的基础上，加入管理与任务要素，构成5M模型。该模型中人、

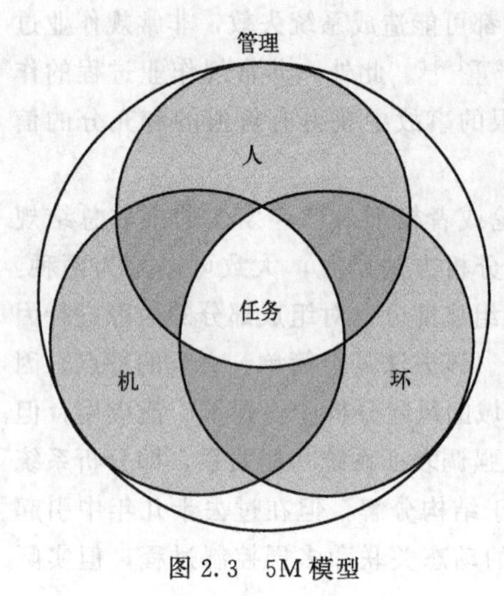

图 2.3　5M 模型

机、环境交互重叠构成任务要素，管理包含其他四个要素，模型如图 2.3 所示[72]。由于该模型将系统分解为更多的要素，因此比 3M 模型应用更广泛，目前已有多种变体[73-74]。然而同 3M 模型一样，5M 模型中概念过于宽泛导致其应用的一致性差，即不同的用户对该模型可以有多种解释。

为了对系统要素进行更细致的定义，Wiegmann 等在瑞士奶酪模型的基础上提出了人因分析与分类系统（human factors analysis and classification system，HFACS）模型，如图 2.4 所示[75-76]。该模型对潜在失效原因进行了详细分类，从而使模型更具有实用性。虽然该模型主要研究人因失误，但综合考虑了组织和环境因素，因此对系统风险要素的辨识较为全面。相比于 3M 模型和 5M 模型，HFACS 为每一类系统要素定义了子分类，从而提高了其应用的一致性[77]。但该模型仅通过枚举的方式对原因进行等级划分和细化[78]，其定义缺乏系统性理论指导，因而仍存在一致性差的问题。

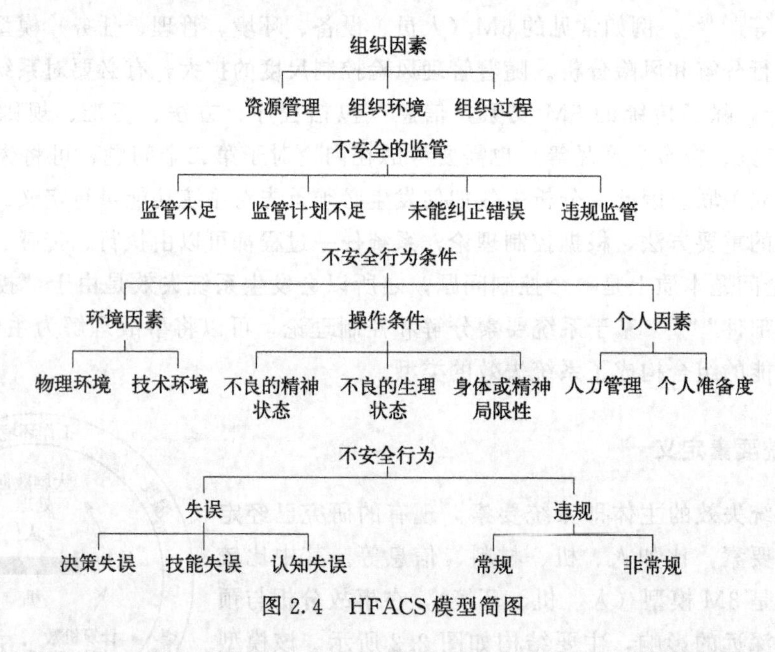

图 2.4　HFACS 模型简图

此外，不同的学者提出了不同的要素划分标准。例如 Miller 总结了七项系统要素——人、机、环境、管理、时间、成本与信息[79]；Irani 等为了评估人、过程、技术因素对信息系统失效的影响，提出“人-机-方法-材料-资金”模型[80]；Kozuba 总结了航空领域事故的三大主要因素——人员、技术、组织[81]。目前在对系统进行静态要素分解的模型中，被广泛接受并应用的是 5M 模型。然而，管理要素是个宽泛概念，包括沟通、监督、决策支持、规章等。随着管理风险的日益增大，有必要对其进一步细分，重新定义系统的组成要素。

本文在总结以往事故原因的基础上，将系统安全要素分为人员、设备、管理、信息、资源和环境六个方面，并对每一要素进行如下定义。

① 人员指的是现场的工作人员，包括操作人员、维修人员、办公人员、现场监督人员等。

② 设备指的是工厂的硬件，包括仪器仪表、装备、交通工具等。

③ 管理指的是工厂、企业、机构或政府管理人员的监管或决定。

④ 信息包括规程、程序、方法、标准、法规规章、法律等。

⑤ 资源包括培训、专家、原材料、资金、产品、能源等。

⑥ 环境并非自然物理环境，因为自然环境通常是不可控的。这里的环境指的是与文化、教育、工作态度等相关的社会环境。

以 BP 得克萨斯州炼油厂爆炸事故为例，“不适当的预先危险性分析与机械完整性程序”是事故发生的重要原因之一[82]。根据系统要素定义，可将“预先危险性分析与机械完整性程序”归纳为信息，因此该失效被归类为信息失效，在风险改进措施中应加强程序建立与审核。通过对系统要素进行详细的定义和界定，能够明确事故原因的失效主体，从而在风险预防过程中更加具有针对性。

（2）功能定义

系统要素的分类解决了“什么发生了失效”的问题，但系统要素失效的本质是其未能完成既定功能而非要素自身。丹麦著名系统工程与人因工程教授 Rasmussen 从工业风险管理的需求出发，提出了事故图（accident map，AcciMap）模型，该模型由六层要素组成，分别是政府、组织与机构、企业、管理、人员、作业，如图 2.5 所示[83]。AcciMap 模型首次阐述了纵向各要素间的控制机理，指出事故是由各层间要素的控制失效造成的[84]。相比于传统的原因分析和分类方法，AcciMap 涵盖了更多的系统失效因素。例如，政府、组织与机构这两个要素体现了事故致因的社会化特征，但其在传统的事故致因模型中并未涉及。然而该模型缺乏详细的失效分类方法，不便于对事故原因分析进行指导[85]。此外，从图 2.5 中可以看出，该模型需要运用政治学、经济学、工业工程、心理学、机械工程等多门学科知识，从侧面反映了该模型的操作困难性。

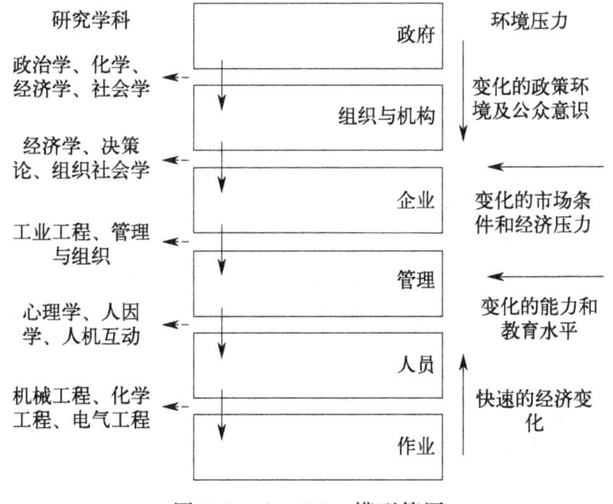

图 2.5　AcciMap 模型简图

(3) STAMP模型

Nancy Leveson提出系统理论事故模型与过程（systems-theoretic accident model and processes，STAMP）模型，该模型将整个社会技术系统描述为一个动态控制过程，如图2.6所示。STAMP模型在AcciMap模型的基础上添加了基本的系统要素，例如，STAMP详细定义了国会和政府监管机构。为了描述系统要素间的关系，STAMP模型从控制理论的角度定义了"约束"的概念，即系统失效是由要素间的约束失效造成的。此外，相对于AcciMap，STAMP为事故原因分类提供了详细的指导，并通过系统理论过程分析（system-theoretic process analysis，STPA）方法进行具体的风险辨识和原因分析。基于以上特点，STAMP模型比AcciMap模型的可操作性更强，因而得到广泛的研究和应用[86]。但该模型重点研究"自上而下"的系统失效过程，即着眼于社会技术系统中的上层要素，对下层要素（如化工厂）的风险分析过于简单。

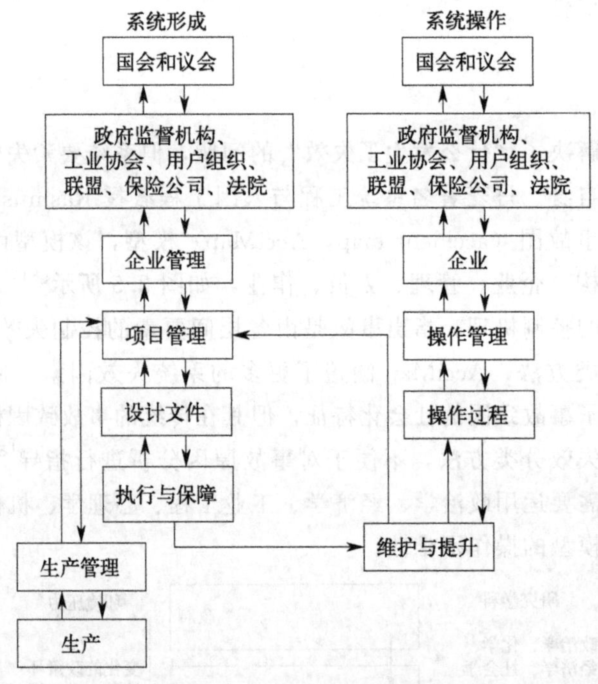

图2.6 STAMP模型简图

虽然不同领域不同专业的事故原因具有差异性，但这些事故的发生往往遵循一定的规律性。为了辨识跨领域事故发生的共性和模式，Venkatasubramanian教授等提出了一种七层的概念框架，即以目标为中心的风险及危害分析系统模型（teleo-centric system model for analyzing risks and threats，TeCSMART）[87]，如图2.7所示。该模型主要包括社会、政府、监管、市场、管理、工厂、设备七层，每层要素内部是一个控制系统，层与层之间通过"目标"相关联，即下层控制系统构成了上层控制系统的一部分。在模型结构方面，与AcciMap模型和STAMP模型相比，该模型考虑了市场因素，从更完善、更全面的角度分析系统失效。在风险辨识方面，TeCSMART对于每一层的风险辨识采用扩展的HAZOP方法，使分析过程更加简单。然而，TeCSMART模型需要从七个层次进行建模，因而需要更多的专家知识，使得分析过程更加复杂，操作性不强。

可见，在功能描述领域，由于缺乏统一标准和解释，不同领域、不同学者对系统功能的定义迥异，缺乏一致性。此外，现有的功能抽象的模型往往过于复杂，不利于方法的应用。从基本控制理论的角度可以将系统功能及其相互关系用简单的闭环系统表示，其中每个组分代表了一种功能，如图 2.8 所示。

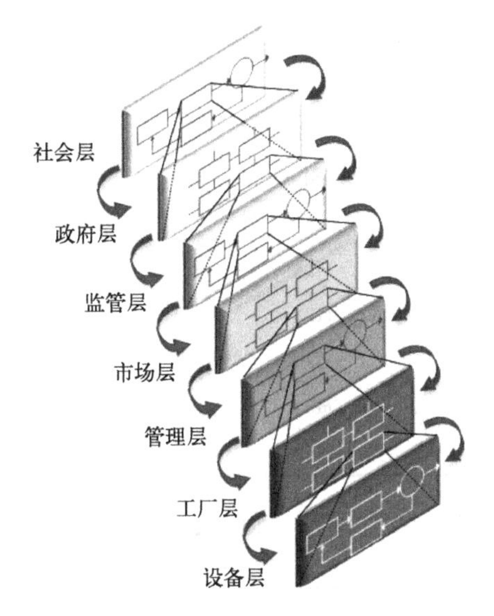

图 2.7　TeCSMART 框架简图

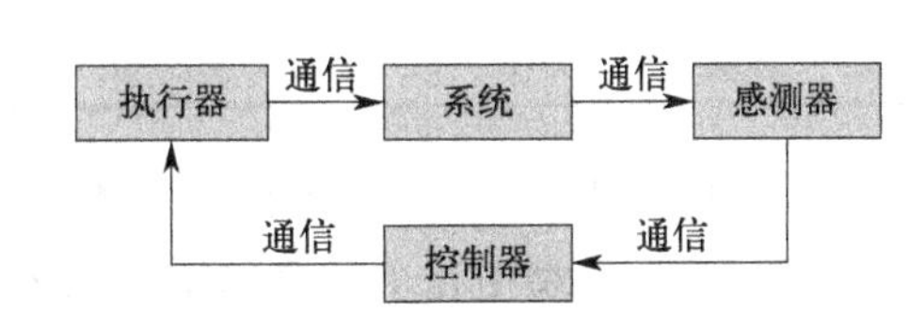

图 2.8　控制系统简图

从图 2.8 中可以看出，每个系统要素应当具有执行、感知、控制和交流四种功能，其定义见表 2.1。

表 2.1　控制系统要素定义

功能要素	功能描述
执行器	采取措施或执行命令
感测器	监测并衡量系统的输出
控制器	比较输出值与标准值并进行校对
通信	连接要素并传递信息

例如，非常规作业过程中常见的开启阀门操作过程，该过程的控制系统可以描述为：

① 开启阀门的操作人员——执行；

② 现场监管人员——感知；

③ 评审评估标准——控制；

④ 操作人员、监管人员、标准要素间信息的沟通——交流。

综上，结构分解与功能抽象是事故致因分析的两大研究方向[88]。结构分解是指将系统分解成组分或要素，并对组分或要素失效进行解释。由于该方法简单直观，因而成为分析复杂系统事故最常用的方法之一[89]。但是目前存在对组分或要素的解释过于主观，缺乏全面性和统一性的问题。此外，功能抽象的方法通过分析系统行为表示系统功能关系，通常将系统表示为动态的、多层的控制结构，但其复杂性限制了其广泛应用。为了解决上述方法存在的不足，有必要从系统要素及其功能出发，重新定义事故发生机理。

综合系统要素和控制理论，失效类型由系统要素及功能表征，即事故源于主体功能失效。在结构上将复杂系统分解为六个要素，分别是人员、设备、管理、信息、资源、环境，在功能上将复杂系统的功能描述为执行、感知、控制、通信四类，由此可构建一个六行四列的系统失效原因分类“矩阵”。由于失效诊断分析可以看成一个分类过程[90]，因此将该“矩阵”命名为事故原因分析与分类（accident causation analysis and taxonomy）矩阵，简称ACAT矩阵，如表2.2所示。

表2.2 ACAT矩阵

要素	执行器	感测器	控制器	通信
人员	H11	H12	H13	H14
设备	H21	H22	H23	H24
管理	H31	H32	H33	H34
信息	H41	H42	H43	H44
资源	H51	H52	H53	H54
环境	H61	H62	H63	H64

表2.2中编码Hxx代表每种失效类型，即要素未完成其功能。例如，H11表示人员未完成执行功能。模型中每个元素的定义如表2.3所示。

表2.3 ACAT矩阵中元素定义

编号	含义	编号	含义
H11	未能采取有效措施	H41	制度、法规等信息错误或不全
H12	未能监控人因失误	H42	未能监控或更新信息
H13	不遵守操作规程	H43	未建立有关信息
H14	操作者间缺少通信	H44	未能传达或说明有关信息
H21	设备设计缺陷或故障	H51	缺少培训、专家、原材料、资金、产品或能源
H22	监测设备失效	H52	未监控资源变化情况
H23	缺少设备的维修、维护	H53	不合理的资源分配
H24	未能捕捉或显示设备信息	H54	未传送资源或资源需求
H31	未能有效地管理人员、设备或组织	H61	未处理历史遗留问题或警告
H32	未能监控组织失效或管理变更	H62	未能监控环境条件的变化
H33	不遵守程序或决策失误	H63	不良的安全文化或态度
H34	决策层缺少沟通	H64	缺少沟通文化

ACAT矩阵不仅定义了系统要素，并且从控制理论的角度详细定义了每个要素的子集。此外，该模型在揭示可能的事故原因的同时，提供了一种结构化的事故原因分类方法。为了综合比较ACAT矩阵与现有的复杂系统事故致因模型，选取了七个常用的表征模型有效性的特征属性。

① 通用性。表示模型能用在多种类型或多个分析对象中。通常来说，越粗糙的模型通用性越强，越精细的模型通用性越弱。

② 通信能力。表示对模型中要素间关系的表达能力。模型中各要素不是独立的，而是存在着复杂的关联或交叉。

③ 综合性。指模型能够融合多种不同类型的系统要素，使结果能够涉及系统的多个方面。

④ 一致性。指不同使用者使用同一模型得到的结果相同或相近。通常对模型的使用说明得越详细，结果的一致性越好。

⑤ 分类能力。指模型在事故原因分类方面的能力。一个有效的事故原因分析模型不仅表现在能挖掘事故原因，还表现在能进一步对事故原因进行分类总结，以便能从事故中总结规律。

⑥ 完整性。指模型包含足够多的系统信息。完整性是一个相对的概念，没有任何一个模型能够包含所有的系统信息。但为了保证模型的有效性，应尽可能地包含主要的信息。

⑦ 简约性。指模型结构简单。简约性与完整性通常是相互对立的，越简单的模型包含的要素和信息越少，越复杂的模型一般包含的要素和信息越多。

为说明模型的有效性，将其与 3M、5M、HFACS、AcciMap、STAMP、TeCSMART 六种模型进行比较。用符号“○”表示模型具有相对应属性的程度，即符号数目越多表明模型的某一属性相对于其他模型越强。由于选取七个模型进行比较，因此符号“○”的数量范围为 1～7 间的整数。比较的过程主要依据模型自身的特点及应用背景，定性的比较结果如表 2.4 所示。

表 2.4 ACAT 与其他模型的比较

属性	3M	5M	HFACS	ACAT	AcciMap	STAMP	TeCSMART
通用性	○	○○○	○○	○○○○	○○○○○	○○○○○○	○○○○○○○
通信能力	○○	○○○	○	○○○○	○○○○○○	○○○○○○○	○○○○○
综合性	○○○○○	○○○○○○	○○○○	○○○○○○○	○○	○	○○○
一致性	○	○○○	○○○○○	○○○○○○○	○○○○	○○○○○○	○○
分类能力	○○	○○○○	○○○○○○	○○○○○○○	○○○	○	○○○○○
完整性	○	○○	○○○	○○○○	○○○○○	○○○○○○	○○○○○○○
简约性	○○○○○○○	○○○○○○	○○○○○	○○○○	○○○	○○	○

以“通用性”为例进行说明：TeCSMART 模型是在对不同领域的 13 个复杂系统事故进行分析的背景下提出的，模型中首次添加了市场因素，因此该模型相比于其他模型的通用性强，符号标记的数量为 7；从模型结构来看，STAMP 比 AcciMap 模型提供了更详细的失效因素辨识流程，因此通用性较强；3M、5M、HFACS 模型由于所包含要素的覆盖率低，因此通用性低；本书提出的 ACAT 矩阵相对于 3M、5M、HFACS 模型，要素的覆盖率高，因而通用性较这三者强，但 ACAT 矩阵相对于 AcciMap、STAMP、TeCSMART 这三种更为复杂的多层次模型，其在非工业（如金融、医疗卫生等）领域的适用性不强，因而通用性较这三者低。

根据表 2.4 的比较结果计算不同模型各特征属性的总值，绘制特征属性值累积图，如图 2.9 所示。可以看出 ACAT 矩阵整体的分值较高，说明模型从理论上看具有一定的有效性。

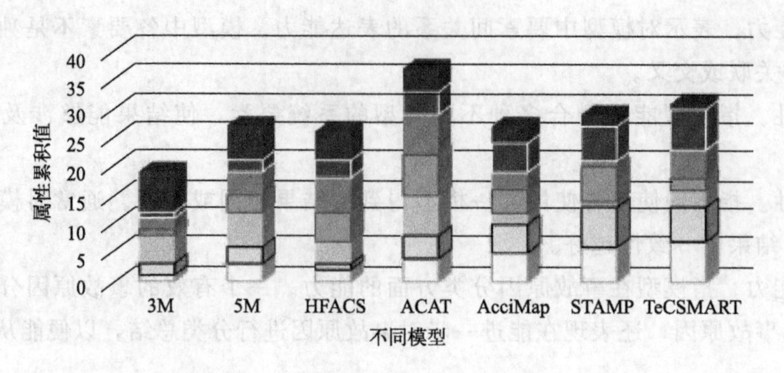

图 2.9 不同模型特征属性值累积图

为进一步验证模型的应用效果，利用该模型对 BP 得克萨斯州炼油厂爆炸事故进行深入剖析。图 2.10 为从 ISOM 启动到事故发生的一系列关键事件序列图。

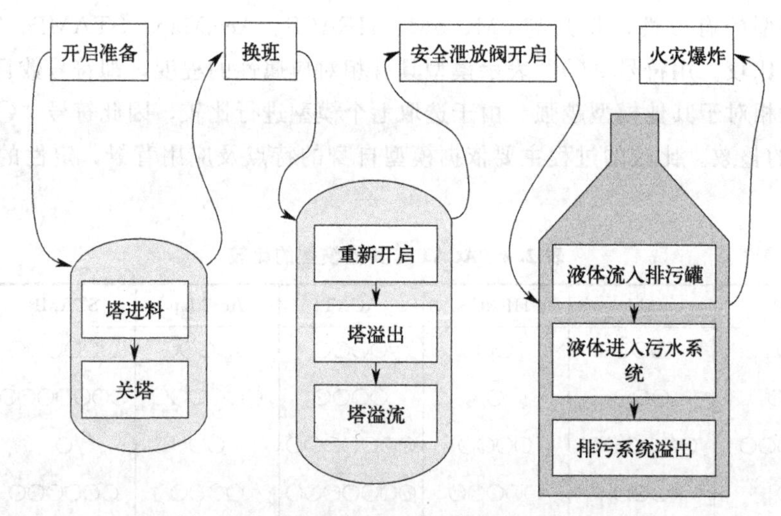

图 2.10 ISOM 启动到事故发生间的事件链

事故调查报告是由来自各个领域的专家学者经过长期、细致的取证和研究形成的，因此提供了最详细的分析结果，后续的研究都是基于事故调查报告展开的。然而报告的形式通常是大量描述型的文本，缺乏结构化框架，也不利于辨识共同失效模式。虽然 CSB 在报告中运用逻辑树辨识了 75 个底事件或基本事件，然而树形结构具有以下两点不足：一是缺乏对事故原因的分类和总结功能，例如，在 75 个底事件中有 5 个事件是与“缺少培训”相关的，但这些事件并未被进一步归类；二是逻辑树这种自上而下的演绎式推理不能尽可能多地涵盖调查报告中辨识的原因。

为克服上述缺点，用 ACAT 矩阵对事故原因进行分析。报告中指出，操作人员在得知控制阀和视镜功能故障的情况下未采取措施，在这一事故情景中，操作人员为失效主体，其功能失效是未采取行动。因此该原因在 ACAT 矩阵中对应的失效模式为 H11（未采取有效措施）。对于这一类失效模式的预防，采取的措施通常是培训、监督和作业规范。类似地，可以对事故报告中的其他原因进行归类，可得到表 2.5 所示的事故原因。

表 2.5 基于 ACAT 矩阵的得克萨斯州炼油厂爆炸事故原因分类

H11	H12	H13	H14
11-1 操作人员在得知控制阀和视镜功能故障的情况下未采取措施	12-1 一线监督人员在明知要求未满足的情况下，完成对安全政策和程序的核对 12-2 塔进料过程缺少监管 12-3 快速加热过程监管不力	13-1 ISOM 启动过程未参照操作规程和安全程序 13-2 未遵守作业范围相关程序 13-3 对缺乏程序的启动作业风险认知不足	14-1 白班监督人员未向员工分发或讲解启动作业程序要求 14-2 换班期间监督人员和操作人员并未进行有效沟通 14-3 夜班操作人员未给换班人员留下操作过程记录 14-4 操作人员与管理人员在超过液位发送器范围进料上缺少沟通 14-5 现场与控制室操作人员间缺少沟通
H21	H22	H23	H24
21-1 拖车距离排污罐过近 21-2 排污罐尺寸不足，且排污系统未与火炬相连接 21-3 塔未配备高液位自动关闭或安全联锁设施 21-4 控制台对控制阀操作失灵 21-5 集散控制系统未在同一监视器屏幕上计算物料平衡	22-1 未针对潜在液体释放评估排污罐尺寸 22-2 ISOM 开启前未检查仪器仪表状态 22-3 工作订单软件系统未追踪订单完成情况	23-1 塔的液位发送器、视镜、压力阀存在故障，但未进行修理或维修，机械完整性不足	24-1 控制台屏幕未提供警示操作者高液位的有效信息 24-2 高液位转换开关故障，但操作者并未得到该信息 24-3 液位发送器显示存在误读风险
H31	H32	H33	H34
31-1 管理者不鼓励事故报告 31-2 预先危险性分析小组未提供增加安全保护措施的建议 31-3 管理者未能辨识所有可能的超压情景 31-4 美国职业安全与健康管理局(OSHA)未要求 BP 对变更进行评估 31-5 OSHA 未能辨识可能的重大灾难事件，或建议进行有计划的检查 31-6 BP 未对 1977 年替换的排污罐是否满足 API 521 的要求进行评估	32-1 缺少变更管理 32-2 BP 未对重复发生的仪表故障进行监控 32-3 BP 委员会未对重大事故预防程序提供有效的监督 32-4 BP 缺少对交通工具周边人员的监管 32-5 监督人员低估了 ISOM 启动的风险	33-1 管理者未按照 OSHA 过程安全规定全面研究 ISOM 压力释放系统 33-2 管理者未按照安全政策与规程进行操作 33-3 对拖车的管理违背 BP 相关政策 33-4 在启动过程中缺少监管和专业人员，违背 BP 安全准则 33-5 预启动安全标准要求启动作业前无关人员远离 ISOM 单元及周边地区，管理者并未进行该项检查	34-1 健康与安全执行局对需要更改的项目进行了辨识，但 BP 并未按照建议检查相关操作和管理 34-2 管理者未平衡生产压力与风险间的关系
H41	H42	H43	H44
41-1 API 752 中未建立建筑与危险过程单元间的最小安全距离 41-2 不恰当的交通工具管理政策	42-1 缺少对重大事故预防程序变更的监管 42-2 设备数据表未及时更新	43-1 缺乏正式的倒班程序 43-2 缺少对人的疲劳预防政策	44-1 工作日志、事故数据库、环境报告等提供了较少的细节信息

续表

H41	H42	H43	H44
41-3 不恰当的倒班程序 41-4 程序规定将文件当作指南，而非强制执行 41-5 不合理的作业要求和培训中存在的问题 41-6 基于不恰当的标准对脆弱性进行度量 41-7 报告程序中未涉及模糊的未遂事故 41-8 使用年限计算方法中未考虑风险暴露 41-9 操作范围未涉及高液位的限制 41-10 政策中未限制车辆交通 41-11 API 521 未涉及设计有关的问题 41-12 检查表未参考建筑分析程序	42-3 过时的程序未涉及启动过程中反复发生的操作问题 42-4 过程变化时未对压力进行调整	43-3 缺少液位发送器故障修复的政策 43-4 缺少预防在不同控制室进行启动作业的正式政策 43-5 程序中未对启动进料与停泵分离的情况进行规定	44-2 维修工序系统缺少对工序历史、失效原因、设备是否成功修复等信息的描述 44-3 在编辑的报告中未传达严重的安全事故 44-4 未用中央数据库储存数据表格 44-5 启动程序或单元工作日志中未包含进料及产品路线信息
H51	**H52**	**H53**	**H54**
51-1 作业培训和人员配备不足 51-2 缺少 ISOM 启动作业的技术人员 51-3 OSHA 缺少检查过程安全管理问题的专业检查人员	52-1 削减成本、投资失败、生产压力及不适当的花费削弱了对过程安全绩效的投入 52-2 BP 和得克萨斯州未对组织和人员等资源变化导致的安全影响进行评估	53-1 ISOM 启动作业缺少控制台操作人员 53-2 由于 29 天以上的连续作业和 12 小时换班制度，增加了 ISOM 操作人员自身的脆弱性 53-3 伦理与环境保障委员会缺少负责健康和安全管理的人员 53-4 负责修正程序的人员同时负责认证	54-1 BP 分别在 1999 年和 2005 年各削减 25%开支，未考虑维修需求 54-2 未采纳增加控制台操作人员的建议
H61	**H62**	**H63**	**H64**
61-1 历史遗留的仪表故障问题未得到解决 61-2 可能发生重大灾难的预警信号已经存在多年 61-3 BP 具有允许偏离程序作业的历史 61-4 对发生的事故缺少充分的调查	62-1 对企业合并、领导与组织变更、裁员、削减成本等方面的管理不善	63-1 鼓励操作人员偏离操作程序的工作环境 63-2 过分重视短期效益和产量，导致对安全问题的妥协 63-3 BP 和得克萨斯州在监管文化方面，过分重视个人安全，对过程安全和预防重大事故重视不足 63-4 缺少报告和学习的文化环境	64-1 不安全或事故信息的报告路径未得到支持 64-2 对报复行为的担忧未得到消除

按照 ACAT 矩阵的定义，4 列代表 4 种类型功能，6 行代表 6 种系统要素，行列交叉处的单元格代表一种类型的失效模式。通过统计失效原因类型，可得到每一种失效类型所占的比例。该事故的 ACAT 矩阵中共包含 90 个原因，其中 12 个属于“人员”失效，因此人员

失效原因所占的比例为13%。类似地，可以得到其他要素失效的比例，如图2.11所示。

从图2.11中可以看出，信息要素失效所占的比例最大，管理要素失效次之。该结果表明BP得克萨斯州炼油厂在程序、规程、方法、标准、规定等方面的执行、监督、制定、更新方面存在较大短板。此外，管理缺陷也是重要因素之一，需引起BP公司和美国职业安全与健康管理局（OSHA）的重视。

从纵向来看，每一列代表一种功能失效类型，利用统计的方法同样可得到每种功能失效所占的比例，如图2.12所示。

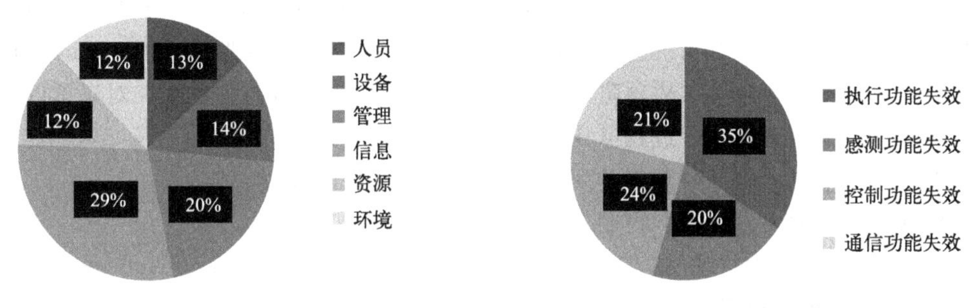

图2.11 要素失效饼状图

图2.12 功能失效饼状图

从图2.12中可以看出，“执行”功能失效所占的比例最大，说明BP得克萨斯州炼油厂在执行力方面风险较大。其他三种功能失效对系统风险也具有较大影响，说明了在控制回路中每个功能对于系统整体运行安全的重要性。

2.2.3 功能分解与共振分析模型

传统的事故致因理论和模型均对事故的发生机理进行了阐述，由于不同理论和模型分析事故的角度不同，相应的事故预防对策也必然存在差异，但总的来说多数理论和模型以挖掘事故原因为主，强调事故发生的因果关联性。基于因果关联的事故致因理论和模型是以事故为出发点，研究事故为何发生（系统为何失效），对于减少或预防同类或者类似事故的发生较为有效，但不适用于未发生过的新的事故模式。对于复杂系统，事故发生模式多样，极少出现两次完全相同或者相似的事故。因此，被动式、以失效因果分析为导向的事故致因模型并不适用于事故模式多样的复杂系统的事故预防。若要更加系统、全面地降低复杂系统的事故风险，事故预防需从事故导向型转向安全导向型。丹麦的赫纳根（Hollnagel）教授将这种安全正向出发型的事故预防思想总结为安全Ⅱ（Safety Ⅱ），进一步提出了一种描述系统功能的图形化建模方法——功能共振分析（functional resonance analysis method，FRAM），并指出系统的目标是在很多功能相互耦合作用下完成的[91]。反之，事故的发生可以看作系统未完成其目标，造成这一结果的原因可能是任何一个或者几个功能发生异常。

FRAM是一种图形化的建模方法，主要通过抽象复杂系统辅助分析系统行为。其将系统或者过程描述成一系列的功能，每个功能是整个过程的一个子对象。目前该模型已被广泛地用在航空[92]、防洪[93]、医疗[94]、海事[95]、制造业[96]、核工业[97]、石油[98] 等领域。同时，许多学者开展了FRAM的改进和完善研究。例如，Rosa等[99] 运用层次分析法得到FRAM中指标的相对重要性。Praetorius等[100] 将FRAM提供的结构化专家知识输入综合安全评估（formal safety assessment，FSA）中，以获得更多危害识别结果。Patriarca 等[101] 将 FRAM 与抽象层次（abstraction hierarchy，AH）方法相结合，构建了多层功能结构强化知识表征。为了定量地定义系统功能，Patriarca 等[102] 进一步将 FRAM 与蒙特卡罗模拟相结合。Yang 等[103] 使用验证工具 SPIN 来提高 FRAM 的效率和准确性。从现有研究可以看出，FRAM 和其他方法的集合可以帮助扩展其使用范围。然而，仍然缺乏确保建立 FRAM 的一致性的普遍接受框架。比如，功能识别结果会因主观判断的不同而存在较大差异。

在事故预防领域，FRAM 既可以对已经发生的事故进行还原，识别导致事故的功能共振模式，也可以用于对现有系统进行风险分析，得到潜在的功能共振关系[104]。运用 FRAM 对非常规作业过程进行主动事故预防，实质上是基于系统风险分析的思想，对正常的作业过程进行功能描述。将系统运行过程（比如某个操作过程）划分成多个节点，每个节点代表一种功能的实现。不同的功能之间通过六个参数（输入、输出、时间、控制、前提、资源）中的一个或者几个进行关联。其中，输入（I）指的是功能的开始，输出（O）指功能的结果，时间（T）指影响功能的时序约束，控制（C）表示功能所受的限制或者监控，前提（P）表示功能运行的先决条件，资源（R）表示功能运行所需的各类资源。为了更加直观地进行图形化表达，绘制六角形表示功能本体，六个角分别表示上述的参数，由此构成一个基本的功能共振单元，如图 2.13 所示。

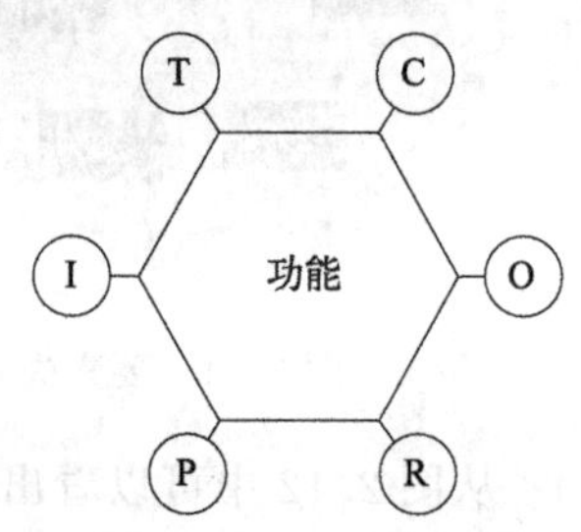

图 2.13　功能共振单元

每个功能的结果（即输出）都取决于输入、时间、控制、前提、资源的状态，并对后续的功能产生影响。不同的功能通过参数间的关联进行作用，实现系统的正常运行。功能共振分析的基本流程如下。

首先，根据 FRAM 功能定义对过程进行功能描述，确定输入、时间、控制、前提、资源、输出的状态。

其次，辨识每个功能的可变性。理论上需要考虑可变性的功能类型有技术功能、人因功能和组织功能。然而在实际使用时，由于技术功能在短期内相对稳定（例如腐蚀等因素需要在较长的时间尺度下才能体现出可变性），因此一般只考虑人因功能和组织功能。此外，每个功能需要考虑内部可变性、外部可变性和上下游耦合三种情景。常见的功能输出变化模式[105] 见表 2.6。

表 2.6　功能输出变化模式

变化参数	速度	距离	顺序	目标	助力	持续	方法	时间
举例	过快 过慢	过远 过近	重复 倒序 遗漏 扰乱	错误	过大 过小	过长 过短	错误	过早 过迟 忽略

最后，辨识不同功能间的耦合关系。上游功能的输出状态取决于输入、时间、控制、前提、资源的状态，并且导致下游功能状态的改变，这一现象可称为上下游功能性耦合。如果存在功能关系，则应在上游功能到下游功能间绘制连接线。

以“输气站场开气作业过程”为例，在开启进出站阀门前需要将排污阀设置在关闭状态。针对这一过程构建 FRAM 模型时，开启进出站阀门这一功能的前提条件是排污阀关闭，因此在功能“排污阀关闭”的输出（O）与功能“开启进出站阀门”的前提（P）之间添加连线，代表两个功能间的耦合关联。当上游功能“排污阀关闭”的输出发生变化时，下游功能“开启进出站阀门”正常运行的前提条件随之变化，引起“开启进出站阀门”功能输出的变化，从而产生共振。

运用传统的 FRAM 方法可以较为全面地进行系统功能描述和功能间的耦合分析，但在进行功能描述时需要依赖主观判断。FRAM 中的功能一般可以通过分解流程或将活动划分为一些子任务而得到，功能描述的准确与否直接影响模型建立的有效性。然而，目前对功能是否需要进一步细分缺乏一致性指导。传统 FRAM 功能描述时，可以借助分层任务分析（hierarchical task analysis，HTA）或任务分析（task analysis，TA）[106] 方法，但主要从子任务功能和执行顺序方面进行过程分解。而 ACAT 矩阵的结构化思想可从控制闭环的角度对复杂系统进行功能分解和描述，使得结构更加严谨。ACAT 矩阵从控制工程的角度描述系统功能，即系统功能通过闭环控制实现，由执行器、感测器、控制器以及它们之间的通信构成[107]。由此，可对 FRAM 中的功能进行深度分解，即每个功能均是通过“执行—感测—控制”的闭环回路（见图 2.14）实现的。

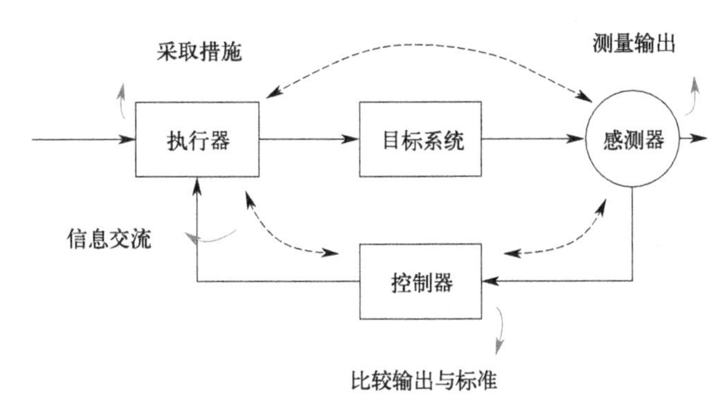

图 2.14 简化的闭环控制图

以“开启管道阀门”这一非常规作业过程中的常见功能为例进行说明。根据 ACAT 矩阵中对功能的细分，“开启管道阀门”这一主功能是由执行、感测、控制这 3 个子功能以及它们之间的信息沟通构成的。具体来说，执行功能是指操作者开启阀门的动作或者行为，同时这一行为需要符合操作规程和评审标准（即控制功能），并且在现场监管人员或者监控室人员的监测下完成（即感测功能），3 个子功能之间通过一定的通信方式实现关联[108]。只有各个子功能之间构成一个完整的闭环，“开启管道阀门”这一主功能才能顺利完成。外层六角形表示“开启管道阀门”主功能，内部嵌套的 3 个子功能实际上是主功能的分解，因此 3 个功能的输入（I）和输出（O）与外部主功能一致，用箭头连接。内部子功能间的功能关联需通过分析执行、感测、控制之间的约束关系建立。例如，若规定必须有监管人员在现场时操作者才可以开启阀门，则监管人员（感测）便可视为开启阀门（执行）的前提条件，即感测功能的输出（O）与执行功能的前提（P）相连。

可见，利用 ACAT 矩阵对 FRAM 方法进行完善可以实现功能的深度分解和结构化界定。为了直观地表示上述功能描述的过程，构建基于 ACAT/FRAM 的功能分解与共振嵌套模型，如图 2.15 所示。

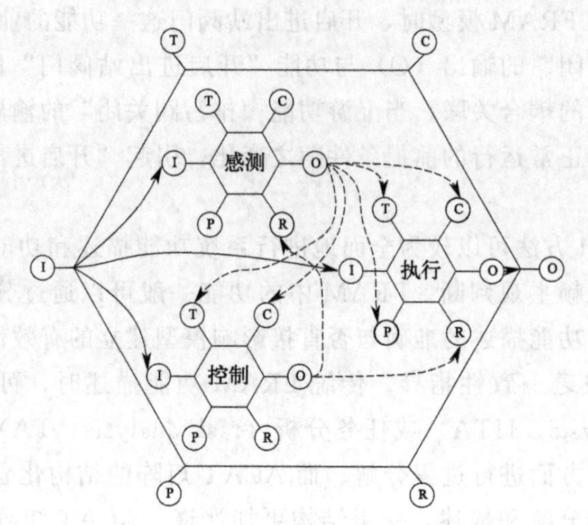

图 2.15　基于 ACAT/FRAM 的功能分解与共振嵌套模型

由于一个作业过程通常由多个功能实现，且功能间存在耦合关联，因此作业过程的功能分解与共振模型可用图 2.16 表示。

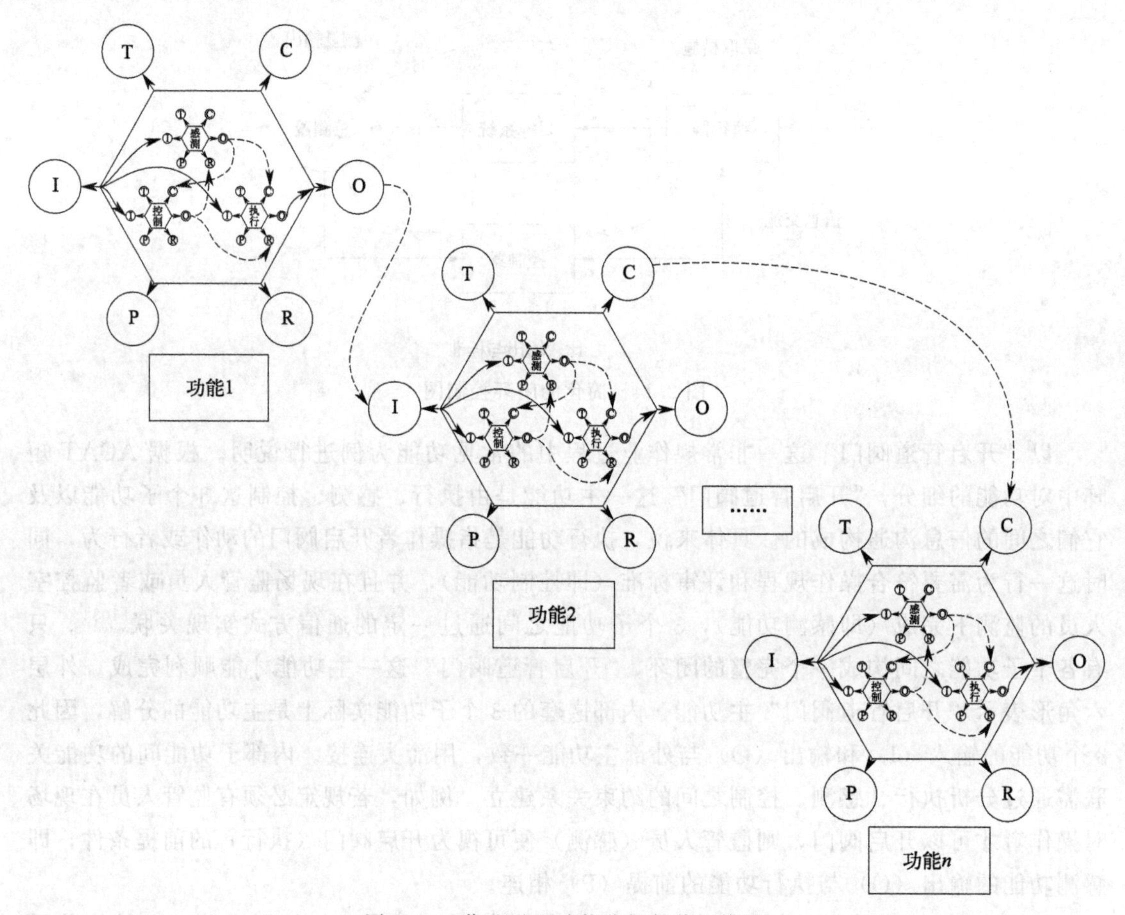

图 2.16　作业过程功能分解与共振模型

从图 2.16 中可以看出模型由外部功能和内部功能嵌套而成。内部功能的描述规则与外部功能一致，不同之处在于功能分解的依据。外部功能是将过程分解为子任务形成的，而内部功能来源于 ACAT 模型闭环控制要素，即执行、感测、控制和通信。需要注意的是，外部功能与内部功能的连接依靠输入和输出。内部功能与对应的外部功能的目的是一致的，因此内部功能的输入与外部功能的输入相连接。内部功能中，执行是任务的主体，感测与控制通常为执行提供资源或者条件等支持。因此，内部执行功能的输出与外部功能的输出相连接。

由 ACAT/FRAM 的分析过程可知，该综合模型并非针对某一特定的事故，而是从系统化、结构化的视角挖掘某一系统或者过程正常运行所必需的功能及功能约束条件。当功能输出发生变化或者功能约束失效时，系统功能发生异常共振，导致事故的发生。这种共振不是简单的因果关系，而是与系统功能密切相关的约束关系。相应地，事故的预防也不是简单地追溯并消除某些事故的原因，而是采取措施使系统在变化的环境中保持正常的功能和功能约束。

因此，基于 ACAT/FRAM 的事故致因分析不是从事故中学习教训，而是从成功中学习经验，是一种主动的事故预防，根据功能变化的形式，可从以下两个方面制定复杂系统的事故预防策略。

① 提高功能本体的自约束性。整个系统的安全性取决于系统中每个功能的输出。由模型的定义可知，每个功能的输出与该功能的输入、时间、控制、前提、资源等 5 个参数有关。因此，可以构建功能输出与功能参数的函数关系，通过调整、优化功能参数约束功能的输出。例如，对于具有严格时间要求的操作（如调度），可利用时间这一参数进行功能设计（如设计一定时间后才允许功能输出）实现自约束。

② 加强或增加功能间的正向功能约束。系统可以分解为多个功能，功能之间存在约束关联。功能输出的变化通过功能间的关联进行传导，通过分析微小变化对其他功能的影响，辨识引起异常功能共振的条件。通过添加或者增强能够减少共振的功能，如控制功能、感测功能等，抑制异常功能变化的传导，减少不期望事件的产生。

2.3 输气站场非常规作业事故致因分析实例

2.3.1 开启阀门作业过程事故致因分析

阀门开启是工业领域中最常见的操作之一。天然气集输系统中发生的许多事故都是由阀门泄漏引起的[109]。尤其是非常规作业过程涉及阀门开启的操作环节较多。利用功能分解与共振模型全面分析可能的失效原因有助于预防阀门开启事故。

因此，在本例中将阀门开启视为一项任务，需要分析影响该任务成功运行的约束功能。

根据 ACAT，可对输气管道阀门开启过程进行如下功能分解。

① 执行（actuator）：操作者开启阀门。

② 感测（sensor）：现场管理人员监督操作过程。

③ 控制（controller）：对开启阀门作业进行评审和检查。

在任务分解的基础上，对功能间的关联进行描述。在操作过程中，操作者与评审者均受现场管理者的监督，因此感测功能的输出（O）与执行功能和控制功能的控制（C）相连接。此外，监督指令的时间参数可能过早或过晚，对操作者行为产生影响。因此，感测功能的输出还应当与执行功能的时间（T）和控制功能的时间（T）相连接。考虑到具体场景，输气管线阀门开启操作可能会产生可燃气体的泄漏，现场管理者需要对作业环境进行检查，确保没有点火源才能开始作业。因此，感测功能的输出还应当与执行功能的条件（P）相连接。作业的评审检查为作业过程提供操作程序、操作者和管理人员的培训等资源，因此，控制功能的输出（O）与执行功能和感测功能的资源（R）相连接。根据上述分析，功能间的耦合关联如图 2.17 所示。该过程功能输出的变化模式如表 2.7 所示。

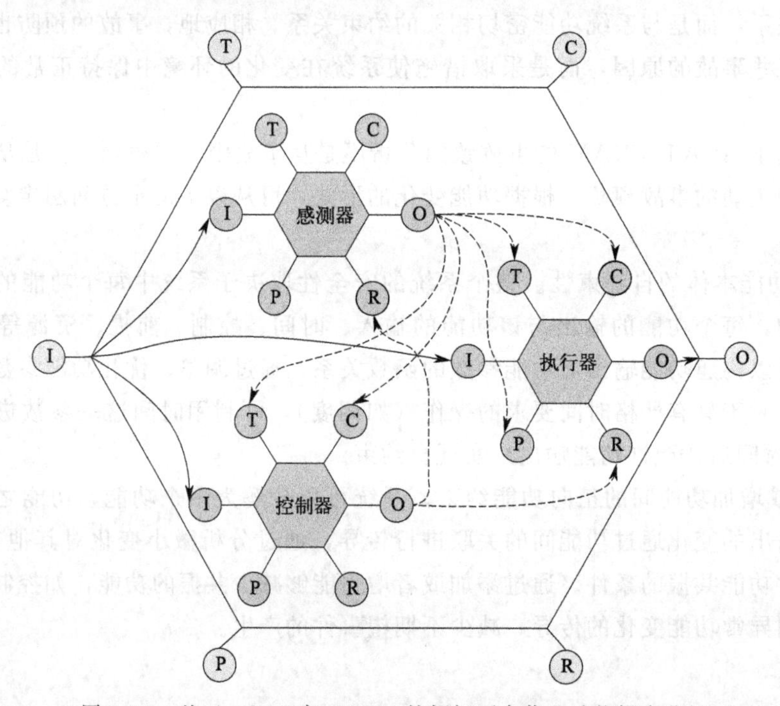

图 2.17 基于 ACAT 与 FRAM 的阀门开启作业功能耦合分析

表 2.7 阀门开启案例的输出模式

功能	输出	输出模式
操作者打开阀门(执行器)	打开	过早或过迟:操作者在计划时间之前或之后打开阀门
现场监管人员监视操作过程(感测器)	监视	不准确:现场监管不力或不完备
作业审核与评价(控制器)	完成	不准确:评估不仔细或不完备

为了进一步得到可能的事故致因，需要分析功能间的共振作用。从图 2.17 中可以看出，执行的异常输出取决于时间（T）、控制（C）、条件（P）、资源（R）四个功能，这些功能的变化可看作阀门开启作业失效的直接致因。而深层的致因因素可通过不同功能的关联关系得到，如表 2.8 所示。可以看出，通过功能分解与共振分析，可以全面地识别出输气管道阀门开启作业过程的功能约束。

表 2.8 阀门开启失效的风险因素

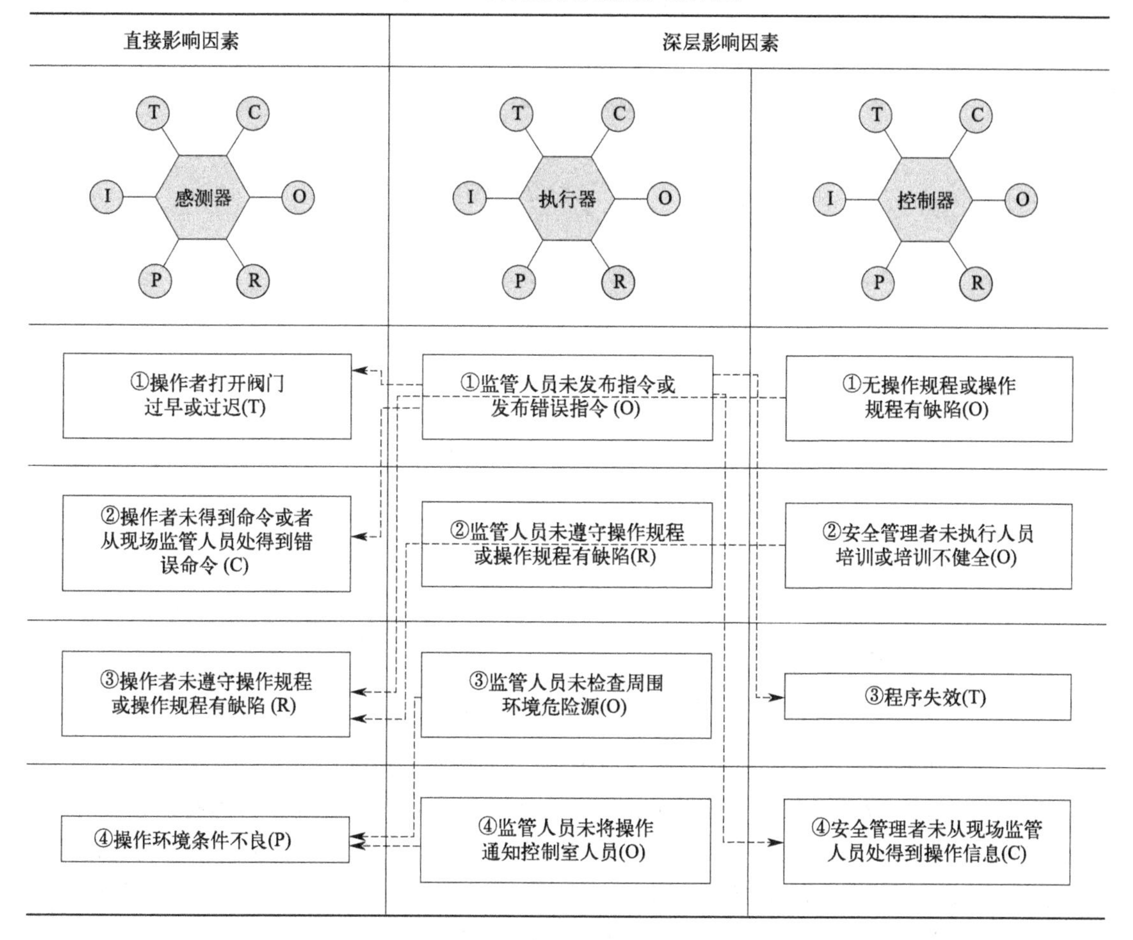

直接影响因素	深层影响因素	
感测器（T、C、I、O、P、R）	执行器（T、C、I、O、P、R）	控制器（T、C、I、O、P、R）
①操作者打开阀门过早或过迟(T)	①监管人员未发布指令或发布错误指令 (O)	①无操作规程或操作规程有缺陷(O)
②操作者未得到命令或者从现场监管人员处得到错误命令 (C)	②监管人员未遵守操作规程或操作规程有缺陷(R)	②安全管理者未执行人员培训或培训不健全(O)
③操作者未遵守操作规程或操作规程有缺陷 (R)	③监管人员未检查周围环境危险源(O)	③程序失效(T)
④操作环境条件不良(P)	④监管人员未将操作通知控制室人员(O)	④安全管理者未从现场监管人员处得到操作信息(C)

2.3.2 输气站场受限空间作业过程事故致因分析

输气站场受限空间作业也是常见的非常规作业之一，发生事故的危险性较大。根据作业规程，输气站场进入受限空间作业过程可以大致分为三个阶段：受限空间作业前 30min 内对受限空间进行气体分析，符合安全要求后方可进入；作业过程中，定时监测空间内的有害气体，如气体浓度变化过大，立即停止作业；完成作业。

按照功能分解原则，每个阶段可看作一个功能，作业过程的完成取决于每个功能的实现。按照 ACAT/FRAM 主动事故预防模型的构建原则，绘制该过程的功能共振嵌套图形，如图 2.18 所示。

通过观察外围结构，对照功能输出变化模式可知，进入受限空间作业过程对“顺序”“持续”“时间”三个参数的变化较为敏感，通过模型可分析引起整个系统输出异常的功能参数变化。以功能①的“时间”参数为例，该功能要求作业前的气体分析需在 30min 以内，时间过早可能导致气体分析结果与实际作业环境存在较大偏差，功能输出异常。该功能异常可直接影响功能②的输入，导致作业时环境条件（P）不符合要求。进一步分析每个外围结构内部嵌套的功能，可确定使外部功能正常运行的内部约束条件。以功能①的内部嵌套结构为例，该功能需要操作者（执行）在监管人员（控制）的监控下按照操作规程（感测）完

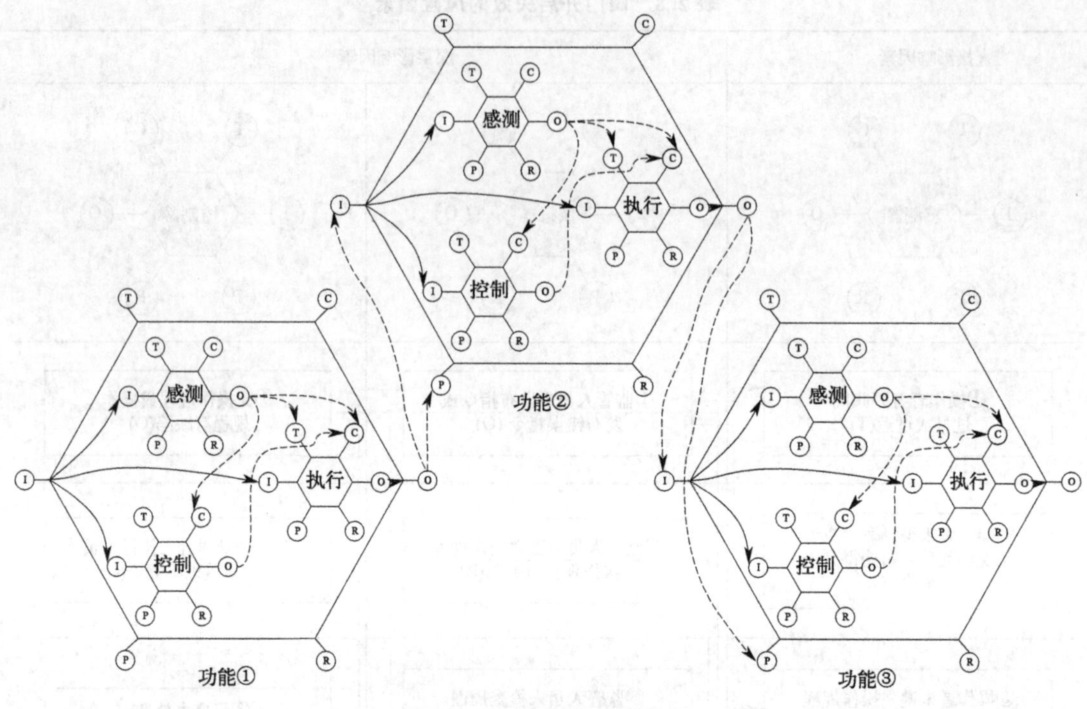

图 2.18 功能共振嵌套模型

成，任何一个功能约束失效都可能造成作业失败，造成中毒事故。

可见，通过 ACAT/FRAM 模型可以全面地分析非常规作业过程正常运行所需的条件，基于该模型的事故预防也不局限于某几种特定的事故模式，而是从一种更加主动的视角分析如何使作业过程保持正常的功能。在该案例中，针对内部嵌套结构，可通过加强操作规程的培训、监管者的管理和操作者的教育使三者之间功能约束更加可靠；针对外围结构，可在功能①和功能②之间增加控制功能，即在完成气体分析后和作业前，增加监测管理，减弱功能①的异常输出和功能②之间产生的共振，减少事故发生。

2.4 本章小结

本章主要介绍了非常规作业的内涵，提出两种非常规作业引发事故的致因分析模型，并进行了实例分析。对于事故原因分析与分类模型，主要从结构和功能两个方面对事故要素进行分解，可以得到较为细致的事故原因，该模型既可用于非常规作业事故致因分析，也可推广应用到其他事故的分析；而功能分解与共振分析模型，是在事故原因分析与分类模型的基础上，进一步融合现有的功能共振模型，重点在于描述不同要素间的功能关系，是对传统模型的一种改进。通过输气站场中开启阀门、受限空间作业这两种非常规作业过程的事故致因分析，验证了所提出模型在挖掘非常规作业事故原因方面的有效性。

3 非常规作业风险动态累积演化特性与动态评估

3.1 作业过程风险动态累积理论

作业过程是一个典型的动态、复杂过程，涉及人员操作、设备、工艺等多种因素。因此，对作业过程的风险评估与对静态设备或相对固定工艺的风险评估有所不同。“作业危害分析”对于处理人-机-环境系统的协调与耦合问题优势明显，是使用最广泛的作业过程风险评估方法之一[110]。

作业危害分析（job hazard analysis，JHA），又称作业安全分析（job safety analysis，JSA）或任务风险分析（task hazard analysis，THA），起源于海因里希的作业分析（job analysis）术语[111]。它是一种针对作业过程的风险分析方法，基于操作规程进行危险源辨识和风险评估，旨在减少作业过程中事故的发生，保证作业顺利、安全进行。由于该方法简单易行，已经被广泛应用于建筑[112]、石油化工[113]、医疗卫生[114]、港口管理[115] 等众多行业的风险分析和事故预防中。Glenn 对 2001～2009 年美国安全工程师协会专业发展会议进行了统计，结果表明约 12.6％的会议涉及作业危害分析[116]。作业危害分析由熟悉作业流程的操作人员、监督人员和管理者组成的专家组完成。其基本过程是：针对某一项作业活动或过程，首先将作业过程分解为若干个相连的子过程，然后辨识每个子过程的潜在风险因素，并评估每个子过程的风险等级，最后根据评估结果制定相应的风险控制措施。作业危害分析的结果是一个三列的检查表，包括作业的基本节点、潜在风险及建议措施三部分内容[117]。

由于原始的作业危害分析对风险的辨识主要依据经验，可靠性不强。我国一些学者在运用该方法时结合了一些现有的风险辨识方法。例如，在评估起下钻过程风险时，通过事故树分析作业过程各个阶段的风险，结合数据库和知识管理系统对数据进行综合，实现过程-知识的有效融合[118]；在对欠平衡钻井作业进行风险评估时，利用风险评估指标和模糊事故树进行风险评估[119]；针对石化码头流体装卸工艺和作业特点，结合 HAZOP 方法和风险矩阵分析装卸过程可能存在的偏差及后果[120]；等等。

然而，目前的作业风险评估方法仍然存在以下不足：虽然对每一节点的风险进行了详细的分析，但缺少对过程节点间关联性的描述。实际的作业过程是一个连续的过程，作业过程中的风险并不随着过程的分解而分解，且与过程中各子事件的时序密切相关。传统方法在对作业过程进行分解的同时，忽视了风险的动态性和传播性。

综上所述，目前大部分的作业过程风险分析都进行步骤分解，即将过程分解为细化的、便于执行的子步骤，本质是对动态的作业过程进行了简化。实际上，作业过程是一个动态过程，一个节点的改变或失效会影响后续节点的进行，甚至导致整个作业的失效；此外，前一节点的失效造成的风险并不会随着其节点的完成而消失，而是传播到下一个作业节点中。例如，使用广泛的作业危害分析方法虽然能够快速有效地展示每一节点可能存在的风险，但传统方法仅仅是对分解后的节点单独进行风险分析，未考虑风险的累积效应。

"风险累积"一词多用于金融领域，是衡量金融风险水平的重要指标之一。李红权等对金融领域"风险累积"概念的产生背景进行了描述：金融危机的发生多是由资产组合连续下跌、资产价值大幅缩水，财务杠杆放大累积性负效应，加之损失事件的触发导致的[121]。

风险的动态累积效应在工程领域也普遍存在，事故的发生也是由一系列风险因素累积而成的。1988 年英国北海海域 Piper Alpha 平台爆炸事故的原因之一是在开启泵之前未确定泵的状态，这一风险在泵维修后的许可签发环节就已经存在，且其影响一直累积到备用泵的启用。

为此，定义"风险动态累积理论"如下：一个动态过程通常可以分解为多个节点，前一节点产生的风险因素会持续累积到后续的节点中，并与后续节点中的风险因素相互作用，改变原有的风险水平或产生新类型的风险。将单独对某一作业过程节点进行风险分析后得到的风险叫作独立风险，而把基于风险动态累积理论分析得到的作业风险叫作累积风险。

因此，在进行作业过程风险分析时，危险来源有两种：一种是作业节点自身的风险，另一种是从之前节点中累积下来的风险。例如，操作人员在开阀操作之前未配备个人防护用品，那么在完成作业前，人身伤害的风险始终存在并累积到后续的每一个节点中。

3.2 非常规作业动态累积风险评估方法

根据风险动态累积理论，在传统作业风险评估方法的基础上，改进后的作业风险动态评估方法的表述如下。

（1）作业分解

作业分解过程与传统的作业危害分析方法相同，主要依据操作程序或经验。以开气操作为例，操作人员必须配备个人防护用品后方可进入现场。配备个人防护用品与开气作业没有直接联系，但是该作业操作程序的一部分，因此作为作业分解的节点之一。

（2）风险预先分析

在分析每一分解节点的风险之前，需要预先辨识整个作业过程可能出现的风险类型，以便于对整个作业过程中风险的动态变化进行持续追踪。

（3）累积风险分析

传统作业危害分析将每一子节点作为独立的分析对象，因而未考虑节点间的连续性。作业风险动态评估同时考虑两种风险来源：独立风险与累积风险。例如，若操作人员未穿戴个人防护用品进入现场进行开阀操作，即存在人身伤害的风险。而这一风险来源于上一节点，属于累积风险。

（4）风险评估

对风险进行评估就是确定风险大小的过程。风险的大小通常被定义为事故发生的可能性（probability，P）与严重程度（severity，S）的乘积。风险矩阵能够识别风险的重要性，评估风险的潜在影响，确定风险等级[122]。按照风险的定义，衡量风险大小需要同时考虑“风险发生的可能性”和“后果的严重程度”两个指标。描述风险发生的可能性即风险概率，而现有的概率计算方法对数据的准确性要求较高且获取困难；描述后果严重程度通常用指标的形式，如个人风险指标、财产损失指标等。为了使风险评估结果更加直观，美国空军电子系统中心系统地提出了风险矩阵的方法[123]。该方法提供了一种简洁、快速描述风险大小的工具，目前已经在多个领域得到了广泛应用。

风险矩阵的确定主要有以下四步[124]。

① 对可能发生的事故后果和频率分别进行等级划分。风险矩阵中采用模糊语言或模糊数的形式描述事故后果和频率，并且模糊语言与统计概率间的对应关系也不严格限定。例如，对于事故后果可以近似分为不严重、严重、非常严重等；对于事故频率分级可表达成偶尔发生、经常发生等模糊语言。由于研究对象不同，使用者对风险感知的程度不同，等级划分不可避免地带有一定的主观性。

② 对风险指数进行分类和等级划分。由于对事故后果和频率的表示是模糊的，对风险大小的表示也必定是模糊的。例如，按照人们对风险的可接受程度分为不可接受、可接受、可忽略等。

③ 建立风险等级的确立规则。通常，风险是事故后果和频率的乘积。但在风险矩阵中各因素间不存在严格的数学关系，因此需要确定因素间的对应规则。总体来说，事故后果越小，风险等级越低；事故发生频率越低，风险等级越低。

④ 风险矩阵的图形化表示。将划分好的风险等级绘制成表格，形成风险矩阵表。为了直观，通常进一步对矩阵表进行着色。例如将风险分为三级，可分别用绿色、黄色、红色表示风险由小到大的过渡。

由风险矩阵的定义过程可知，其形式并非是固定的，可以根据需求进行调整的。因此，风险矩阵的变体有很多，例如，Roughton 等同时列举了 5×4 和 3×3 的风险矩阵[125]，Marhavilas 等根据实际的事故数据范围制定了 6×6 的风险矩阵[126]，等等。

然而由于现有的风险矩阵对风险等级的划分范围有限，必定存在将多个风险水平划为同一个风险等级的问题，造成最终的评估结果不稳定，本书以较典型的 5×5 矩阵为例进行说明[127]。5×5 风险矩阵将可能性和严重性分为五个等级，对应的风险也分为五个等级，如

表 3.1 所示。为了直观地表示风险大小，将五个风险等级分别用数值 1～5 进行表示。

表 3.1　5×5 风险评估矩阵

概率等级	损失等级				
	1	2	3	4	5
1	可忽略(1)	可忽略(1)	可接受(2)	可接受(2)	合理控制(3)
2	可忽略(1)	可忽略(1)	可接受(2)	合理控制(3)	严格控制(4)
3	可接受(2)	可接受(2)	合理控制(3)	严格控制(4)	不可接受(5)
4	可接受(2)	合理控制(3)	严格控制(4)	不可接受(5)	不可接受(5)
5	合理控制(3)	严格控制(4)	不可接受(5)	不可接受(5)	不可接受(5)

从表 3.1 中可以看出，每个风险等级对应多个风险概率和后果的组合，忽略了不同组合间的差异性。为了更加直观地表示风险等级的重复现象，绘制该风险评估矩阵的 3D 曲面图，如图 3.1 所示。

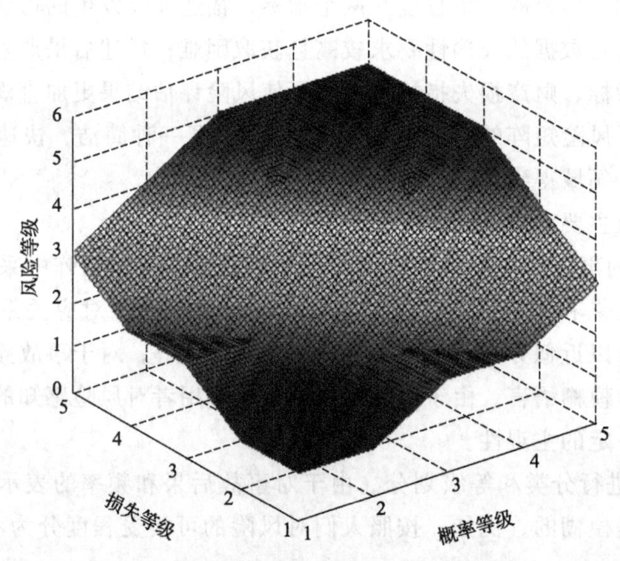

图 3.1　原始的风险评估矩阵 3D 曲面图

一个理想的风险矩阵需要既能够对风险大小进行量化，又可以直观地反映风险的动态变化。而原始的风险矩阵对不同风险概率和后果组合的区分性能较差，不适用于描述动态风险。

在作业风险动态评估中，若将多个节点的风险划分为同一风险等级，便不能反映风险的动态累积性。因此，为了直观地显示累积风险对作业风险评估结果的影响，避免出现不同风险场景处于同一风险等级的情况，实现风险的全面排序，本书提出如表 3.2 所示的“连续递增型”风险评估矩阵。考虑到作业危害分析的子节点一般不超过 15 个，在参考以往风险等级划分的基础上，采用 4×4 的矩阵形式。将事故发生的可能性分为非常可能、很可能、可能、不太可能四级；将严重程度划分为不严重、严重、很严重、非常严重四级。为了对不同风险水平进行量化区分，并直观地反映风险的累积效应，对风险矩阵的每个单元赋予不同的取值。风险取值范围为 1～16，值越大代表风险越大。通过绘制 3D 曲面图（图 3.2）可反映出风险评估的连续性。

表 3.2 连续递增型风险评估矩阵

风险(R)		严重性(S)			
		不严重(MN)	严重(MG)	很严重(CR)	非常严重(FT)
可能性(P)	非常可能(VL)	10	13	15	16
	很可能(PB)	6	9	12	14
	可能(PS)	3	5	8	11
	不太可能(UL)	1	2	4	7

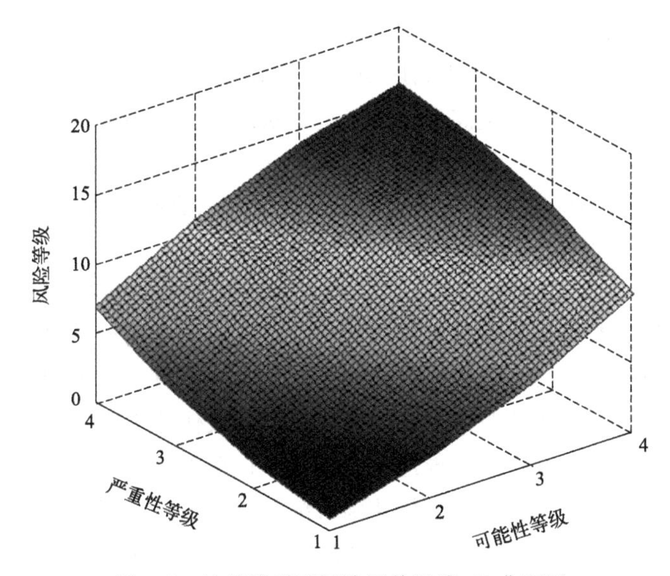

图 3.2 连续递增型风险评估矩阵 3D 曲面图

根据上述方法构建如图 3.3 所示的作业风险动态评估模型。在应用时，虽然在不同的作业过程中辨识的风险类型不同，但该方法的基本步骤具有通用性。

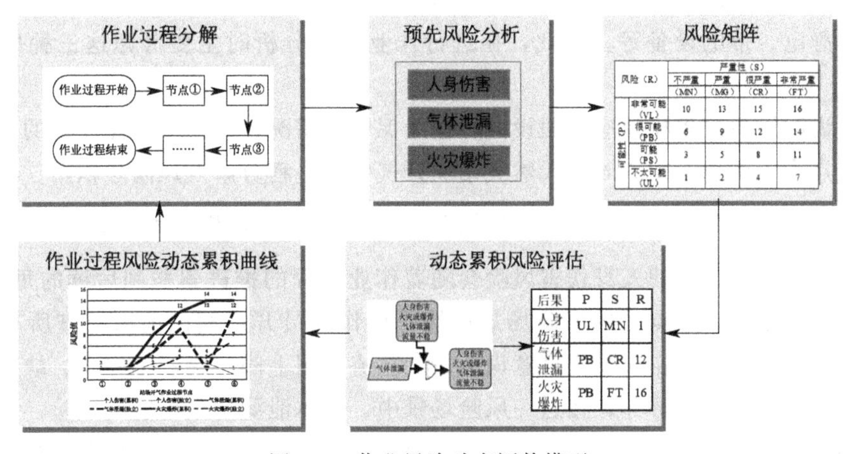

图 3.3 作业风险动态评估模型

3.3 输气站场非常规作业过程风险演化评估实例

对于非常规作业，由于作业频率低、风险大，在每次作业前均需进行风险评估[128]。以输气站场开气作业过程为例说明作业风险动态分析方法的有效性。

天然气站场在进行关键设备的维修或更换时，需要进行有计划的停气，恢复供气时需要进行开气作业。开气作业是停产整顿后的输气站场重新投入使用的第一道工序。现场的开气作业通过一定的操作规程保证其安全实施。一般来说，开气作业可以分解为以下六个节点：

① 穿戴个人防护用品，防止发生人身伤害事故；

② 检查人员有无携带火种；

③ 检查排污阀、放空阀、自力式调压阀、计量装置截断阀，以及预留的工艺接口阀门等是否关闭，输送线阀门（如安全阀等）处于全开状态，操作完成后，更换阀门状态牌，缓慢开启进、出站阀门；

④ 检查放空阀、排污阀有无泄漏，其他连接部位有无泄漏；

⑤ 压力稳定后，打开流量计和自力式压力调节器；

⑥ 检查有无设备或仪表泄漏。

可见，非常规作业对操作程序具有严格的要求，任何顺序的调整或节点的省略都可能导致作业失败甚至引起重大事故。然而操作程序仅仅是对操作过程的罗列，未将风险辨识纳入其中。如果对作业过程中的风险辨识不足，同样可能导致作业失败或者事故发生。尤其是对于非常规作业过程，风险随着作业的推进不断变化，存在未知风险。此外，非常规作业节点衔接紧密，前期节点中未消除的风险会传播到后续的节点中。为了解决开气作业过程风险评估的问题，采用基于风险动态累积理论的作业风险动态分析方法。

划分节点后，需要对天然气站场开气作业进行预先风险分析。通过现场调研，辨识到的三种主要事故风险类型分别是个人伤害、气体泄漏、火灾爆炸。其中，可能造成个人伤害的因素主要包括噪声、粉尘、高空坠落、机械伤害、物体打击、中毒等，可能造成气体泄漏的因素主要有法兰、管道、阀门等处的泄漏、腐蚀、磨损、振动等，造成火灾爆炸的因素主要有点火源、静电、带电设备等。因此，在进行作业危害分析时主要考虑这三种风险的影响因素。

为有效说明风险的累积效应，假设一种最为保守的情况，即每一节点产生的风险均会传播到后续节点中。例如，图 3.4 为天然气站场开气作业过程分解及风险累积图。实线表示开启作业过程的操作顺序，虚线表示风险传播路径，符号▷表示累积风险和独立风险的叠加。从图中可以看出节点①中的人身伤害风险会随着作业过程的推进累积到后续的每个节点中，直到开气作业的结束。节点③的风险场景可能是操作人员开启阀门前未检查所有阀门的状态。该失误可能是由于操作人员安全意识低、工艺流程图上阀门绘制不完全、缺少检查或维修程序、管理人员缺少监督等。在这一风险场景中，气体泄漏是最可能的风险，而且这种风险会传播到节点④～⑥，增大了后续节点的危险性。因此，在进行作业危害分析时，需要考虑累积风险，研究风险动态传播的机理。

根据风险传播机理图，构建开气作业的风险评估表，见表 3.3。表中风险矩阵里的符号

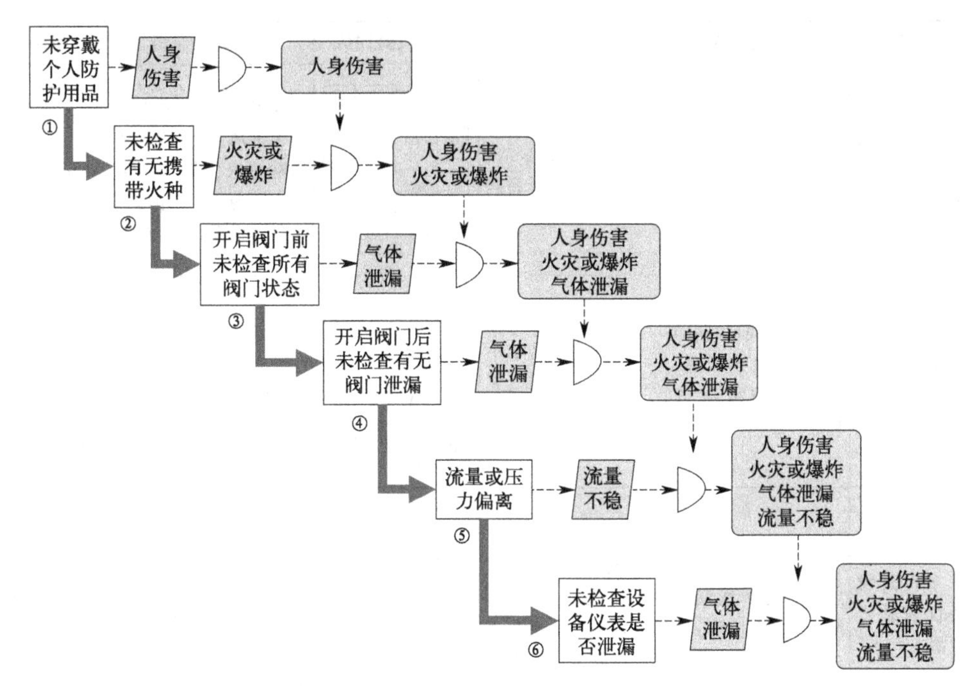

图 3.4 天然气站场开气作业过程分解及风险累积图解

I、L、F 分别表示三种事故风险类型——人身伤害、气体泄漏、火灾爆炸，符号 P、S、R 分别表示可能性、严重性、风险，其余符号表示可能性和严重性的等级，与表 3.2 中的符号相对应。

表 3.3 开气作业风险评估表

<table>
<tr><th>节点</th><th>风险描述</th><th>可能的原因</th><th>独立风险分析</th><th colspan="4">独立风险评估</th><th>累积风险分析</th><th colspan="4">累积风险评估</th></tr>
<tr><td rowspan="4">①</td><td rowspan="4">未穿戴个人防护用品</td><td rowspan="4">安全意识薄弱；不适当的个人防护用品；缺少监管；不良的天气或现场条件</td><td rowspan="4">虽然违反操作规程，但在不考虑后续作业的情况下，人身伤害的可能性很低</td><td></td><td>P</td><td>S</td><td>R</td><td rowspan="4">由于这是作业的第一步，因此累积风险与独立风险相同</td><td></td><td>P</td><td>S</td><td>R</td></tr>
<tr><td>I</td><td>UL</td><td>MN</td><td>1</td><td>I</td><td>UL</td><td>MN</td><td>1</td></tr>
<tr><td>L</td><td>UL</td><td>MG</td><td>2</td><td>L</td><td>UL</td><td>MG</td><td>2</td></tr>
<tr><td>F</td><td>UL</td><td>MG</td><td>2</td><td>F</td><td>UL</td><td>MG</td><td>2</td></tr>
<tr><td rowspan="4">②</td><td rowspan="4">未检查有无携带火种</td><td rowspan="4">安全意识薄弱；没有火种检测设备；缺少监管</td><td rowspan="4">在不考虑后续作业的情况下，现场暂时是安全的</td><td></td><td>P</td><td>S</td><td>R</td><td rowspan="4">步骤①的风险虽然存在但不影响步骤②的操作，因此不增加人身伤害风险</td><td></td><td>P</td><td>S</td><td>R</td></tr>
<tr><td>I</td><td>UL</td><td>MN</td><td>1</td><td>I</td><td>UL</td><td>MN</td><td>1</td></tr>
<tr><td>L</td><td>UL</td><td>MG</td><td>2</td><td>L</td><td>UL</td><td>MG</td><td>2</td></tr>
<tr><td>F</td><td>UL</td><td>MG</td><td>2</td><td>F</td><td>UL</td><td>MG</td><td>2</td></tr>
<tr><td rowspan="4">③</td><td rowspan="4">开启阀门前未检查所有阀门状态</td><td rowspan="4">安全意识薄弱；信息卡错误；缺少监管；工艺流程图阀门缺失；缺少检查或维修程序</td><td rowspan="4">错误的阀门状态可能导致气体泄漏事故</td><td></td><td>P</td><td>S</td><td>R</td><td rowspan="4">步骤①增加了人身伤害的风险；步骤②的风险是火灾爆炸事故的点火源</td><td></td><td>P</td><td>S</td><td>R</td></tr>
<tr><td>I</td><td>UL</td><td>MN</td><td>1</td><td>I</td><td>PS</td><td>MN</td><td>3</td></tr>
<tr><td>L</td><td>PS</td><td>MG</td><td>5</td><td>L</td><td>PS</td><td>MG</td><td>5</td></tr>
<tr><td>F</td><td>UL</td><td>MG</td><td>2</td><td>F</td><td>PS</td><td>CT</td><td>8</td></tr>
</table>

续表

节点	风险描述	可能的原因	独立风险分析	独立风险评估	累积风险分析	累积风险评估
④	开启阀门后未检查有无阀门泄漏	安全意识薄弱;不适当的气体泄漏探测器;缺少监管;缺少检查程序	错误的操作可能引起气体泄漏事故,例如,过快地开启阀门引起阀门抱死	P S R I UL MN 1 L PB MG 9 F UL CT 4	步骤①增加了人身伤害的风险;步骤②的风险是火灾爆炸事故的点火源;步骤③增加了气体泄漏的严重性	P S R I PS MN 3 L PB CT 12 F PB CT 12
⑤	流量或压力偏离	操作失误;控制面板故障;仪表故障;缺少检查或维修程序	不稳定的流量不会造成重大事故,但会影响气体供应	P S R I UL MN 1 L UL MG 2 F UL CT 4	步骤①增加了人身伤害的风险;步骤②、③、④的风险可能引起中毒、火灾和爆炸	P S R I PS MN 3 L PB CT 12 F PB FT 14
⑥	未检查设备仪表是否泄漏	安全意识薄弱;不适当的气体泄漏探测器;缺少监管;缺少检查程序	气体可能从阀门、管线、法兰等处泄漏,发生气体泄漏事故,造成人身伤害	P S R I UL MN 1 L PB CT 12 F UL FT 7	步骤②的风险是火灾爆炸事故的点火源;步骤③、④气体泄漏增加了火灾事故的严重性;步骤⑤的风险影响泄漏检测与监控的准确性	P S R I UL MN 1 L PB CT 12 F PB FT 14

评估表除了常规的节点分解、风险描述、原因分析外，进一步将风险分为独立风险和累积风险两部分。为了方便对比，风险评估结果也分为独立风险评估与累积风险评估两部分。对每一作业节点，评估专家需要进行两次风险评估。根据美国矿山安全与健康管理局（Mine Safety and Health Administration）文件，评估专家应当包括操作人员、监督人员、管理人员等负责具体作业过程的人员[129]。首先进行独立风险评估，即分别分析每一节点风险及其原因，评估风险等级；然后进行累积风险评估，在考虑累积风险的情况下重新对每一节点的风险进行分析。以节点③为例，由于不考虑节点①中人员未穿戴个人防护用品的风险，人身伤害的风险较低，等级为1；由于不考虑节点②中携带点火源的风险，因此发生火灾爆炸的风险较低，等级为2；节点③未检查阀门状态会产生较大的气体泄漏风险，因而等级为5。但是运用风险动态累积理论进行作业风险分析时，需要考虑风险的叠加和耦合作用，因此相应的风险等级均比独立风险等级高。

由表3.3可以得到每一节点三种类型的独立风险与累积风险评估值，数据如表3.4所示。

表3.4 风险评估数据

节点	累积风险			独立风险		
	人身伤害	气体泄漏	火灾爆炸	人身伤害	气体泄漏	火灾爆炸
节点①	1	2	2	1	2	2
节点②	1	2	2	1	2	2
节点③	3	5	8	1	5	2
节点④	3	12	12	1	9	4

续表

节点	累积风险			独立风险		
	人身伤害	气体泄漏	火灾爆炸	人身伤害	气体泄漏	火灾爆炸
节点⑤	3	12	14	1	2	4
节点⑥	1	12	14	1	12	7

由于作业过程是一个动态连续过程，为了体现风险累积的变化趋势，需进一步绘制风险动态累积曲线。图 3.5 为开气作业过程风险累积曲线图，曲线以分解的各个作业节点为横坐标，以评估的风险值为纵坐标。为了方便对比，用实线表示动态累积风险，虚线表示每一节点的独立风险。

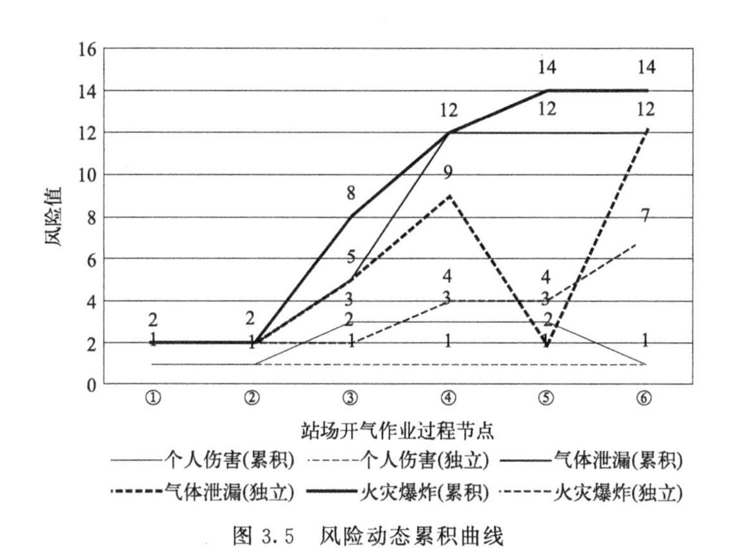

图 3.5　风险动态累积曲线

从图 3.5 中可以看出，节点③、④、⑤的个人伤害累积风险相比其他节点较高，但独立风险保持不变。在实际作业过程中，由于作业人员暴露于作业环境中，若在节点①中未配备个人防护用品，其余节点的风险（如物体打击）会增大。因而可以得出，动态累积风险值与实际操作过程更加一致。

对于气体泄漏风险，累积风险评估结果表明节点④、⑤、⑥的风险值均为 12，均高于独立风险水平。以节点⑤为例，该节点对应的是打开流量计和自力式压力调节器。从静态的角度分析该节点的独立风险，打开流量计和自力式压力调节器的操作引起气体泄漏风险较小。然而从动态的角度，考虑节点④未检查有无阀门泄漏，气体泄漏的风险会累积到节点⑤，甚至后续的其他节点和作业。

独立风险评估结果中，火灾爆炸风险相对处于较低水平，主要原因是独立风险评估中未充分考虑点火源。从火灾爆炸累积风险曲线中可以看出，若节点②“检查人员有无携带火种”失效，火灾爆炸风险将快速增大并持续累积到后续作业的每个节点中。

从上述的分析中可以看出，动态累积风险分析与实际作业情景更加吻合，印证了作业过程风险的不可分解性。该方法不但可以得到更准确的风险评估结果，而且能够帮助决策者查找风险源。需要指出的是，为了方便与传统方法比较，本章中应用于案例的评估方法是建立在每个节点都失效的假设基础上的，因而得到的风险值是可能的最大值，实际风险值应当介于传统值与最大值之间。

3.4 本章小结

本章对非常规作业风险的动态累积特性进行了分析和表征，提出并定义了风险动态累积理论；在风险动态累积理论的基础上构建了作业风险动态评估模型；设计了一种连续递增型风险矩阵，消除了风险等级的“重合”现象，更加直观地反映了风险的累积效应和动态变化，使其适应作业风险动态评估；通过将输气站开气作业过程作为对象对方法进行应用，得到作业风险累积变化曲线。通过分析风险累积变化曲线，并与实际作业过程中的风险变化情况进行比对，论证了方法的有效性。

4 非常规作业时序关联特性与动态评估

4.1 非常规作业过程图形化表征

图论模型在知识表示、关系推理和数据处理等方面优势明显，能够通过抽象事物及事物间的关系简化复杂信息，并为信息处理提供数学工具[130]。因此，图论模型为故障因果关系结构提供了一种直观的表示方法，并且已被广泛用于危险工业领域的风险辨识、评估和控制[131]。目前，图形化风险推理模型有很多，如 Petri 网模型、多信号流模型、符号有向图模型、事故树模型、功能模型等[132]。其中，Petri 网模型、符号有向图模型、事故树模型的应用最为广泛，下面重点介绍这三种常用的图形化风险推理方法。

（1）事故树分析（fault tree analysis， FTA）

事故树通过顶事件、中间事件、底事件表示对象事件，用逻辑门表示事件间的因果关系，从而实现图形化建模。目前，事故树分析的使用已经十分广泛，由于方法简单、逻辑清晰、易于解释，是最常用的分析事故原因的图形化方法之一，并在设备故障诊断中已有所应用[133]。近几年对事故树的研究集中在动态推理方面，目前比较有效的途径是借助其他方法，如马尔可夫链[134] 或贝叶斯网络[135] 等，辅助处理动态问题。但由于事故树本身是静态的，在动态建模方面仍然存在不足。此外，树形结构导致对知识的表达能力不足，对因果关系简单的系统较为适用，很少用于复杂系统。

（2）符号有向图（signed directed graph， SDG）

符号有向图，又称为符号定向图，是在诸如故障传播图、认知图、过程图等定向图的基础上发展起来的[136]。符号有向图将化工过程或设备进行抽象表示，用节点表示参数，用箭头表示参数变化关系，通过分析节点间关系及状态变化描述系统故障。SDG 模型自建立以来，在模型准确性、结果分辨率、推理过程智能化方面均有所发展。通过结合其他数据处理的方法，例如主成分分析[137]、模糊逻辑[138]、灰色聚类[139] 等，SDG 的应用范围逐渐扩大。该方法相对于事故树来说，能够表达复杂的因果关系，但通常要求节点间具有强耦合性。此外，在风险的动态传播方面，因其缺少对故障路径的标记，直观性不强[140]。

(3) Petri 网 (Petri net)

Carl Adam Petri 于 1962 年首次提出 Petri 网模型，该模型在发展初期主要针对计算机科学领域[141]。由于其在处理并发问题方面优势显著，随后在风险分析和故障诊断领域也有着广泛的应用[142]。故障征兆与后果之间往往存在着复杂的对应关系，包括“一对一”“一对多”“多对一”“多对多”的关系。Petri 网利用自身的网状结构能够简洁地表达这种复杂关系，并且通过托肯的形式从动态的角度表示复杂系统，模拟风险传播路径[143]。同一种风险类型可能引发不同的故障，但并非所有的故障都能被观测或检测到。并发推理能够充分挖掘风险与故障间的复杂关联，锁定风险传播路径。但目前 Petri 网并发推理的优势在设备风险并发分析方面并未得到充分的利用。

随着 Petri 网在各个领域的发展，许多学者在原始 Petri 网络模型的基础上对其进行了改进和完善。例如，时间 Petri 网（timed Petri net，TPN）考虑了时间因素对变迁的影响，从而解决了系统的动态可达性问题[144]；在 TPN 的基础上，随机 Petri 网（stochastic Petri net，SPN）将时间参数描述为一个服从指数分布的随机变量，使其能够与马尔可夫链很好地结合在一起[145]；有色 Petri 网（colored Petri net，CPN）将托肯用不同的颜色表示，使事件的表达更加直观、简洁[146]。由于知识与规则的表示存在一定的模糊性，在 20 世纪 90 年代，模糊推理 Petri 网成为研究热点，其有效地解决了模糊产生式规则的表示问题[147]。尤其在将 Petri 网推理规则进行代数化之后，Petri 网既能够实现知识的充分表达，又有严谨的数学推理形式[148]。规范化的矩阵运算大大简化了复杂逻辑关系的推理过程，模糊推理 Petri 网的定量评估得到迅速发展[149]。其中，Gao 等提出的计算模型得到了广泛的应用[150]。然而随着知识库的扩大和规则的复杂化，构建的 Petri 网模型极易变得庞大[151]。尤其在故障诊断领域，各种类型的故障、征兆、原因之间存在着复杂的关系，如何简化现有的模型成为待解决的关键问题。

一个典型的 Petri 网通常由一系列库所（places）、变迁（transitions）、连接弧（arcs）和托肯（tokens）构成。一般来说，库所表示系统局部状态，变迁表示系统状态改变这一事件，连接弧表示输入和输出的关系，托肯表示其所在库所中是否有资源和资源的数量。Petri 网中的各符号及其含义如表 4.1 所示。

表 4.1 Petri 网中的基本符号及其含义

符号	含义	解释
○	库所	库所按照绝对位置的不同，可以分为初始库所、终止库所、中间库所。初始库所是指只有输出没有输入的库所，表示起始位置；终止库所指只有输入没有输出的库所，表示终止位置；中间库所是除了初始库所和终止库所之外的其他库所。按照相对“变迁”的位置不同，可以分为输入库所和输出库所

续表

符号	含义	解释
●	托肯	托肯是依托于库所而存在的，库所中的托肯有两种形式：有托肯和无托肯。有托肯表示当前库所被激活，即库所对应的命题成立；反之命题不成立
▭	变迁	变迁是将多个库所连接起来的各种规则。变迁的输入库所表示规则的前提条件，输出库所表示规则的结论或结果。若变迁发生，表示规则成立，托肯由变迁的输入库所衍生到输出库所；反之，规则不成立，托肯不发生衍生
→	连接弧	连接弧连接的是库所和变迁。箭头指向的方向与系统状态变化的方向一致。每条连接弧代表一条可能的风险传播路径

Petri 网的元素构成了对系统静态结构的描述，而变迁行为形成了对系统状态变化的描述：当一个变迁的输入库所中含有托肯，变迁才有可能发生；当现有条件满足变迁规则，变迁发生；变迁发生后，输入库所中的托肯转移到输出库所，从而完成对状态变化的标记。

然而在故障推理与诊断领域，Petri 网的定义与普通的 Petri 网有所不同。故障诊断领域中的 Petri 网具有如下特点[152]：

① 库所中托肯不代表资源，因此不存在多少的问题，只存在有无的问题，即任何库所中托肯数目为 0 或 1；

② 托肯迁移代表风险的动态传播，且托肯变迁到输出库所后，输入库所中的托肯并不消失，即托肯不是以流动的形式而是以衍生的方式进行标记；

③ 托肯仅作为库所状态的标记，跟资源的流动无关，因而不存在冲突、冲撞的问题；

④ 网络结构代表故障因果关系，不存在闭环问题，即所构建的 Petri 网均为纯 Petri 网 (pure Petri net)，为了简化，全书统称为 Petri 网。

Petri 网以图形的方式表示故障推理规则，并模拟风险的传播过程。在故障诊断 Petri 网中，库所代表故障命题，变迁代表故障诊断规则，连接弧表示因果关系，托肯表示故障命题成立。

在基于规则的故障推理中，Petri 网的表达与故障规则有着一一对应的关系。故障规则中有四种最基本的规则，其他复杂规则大多可以通过这四个基本规则表示[153]。下面分别介绍四种基本的布尔规则及其在故障诊断中的含义，以及每一条规则对应的基本 Petri 网结构，如图 4.1～图 4.4 所示。

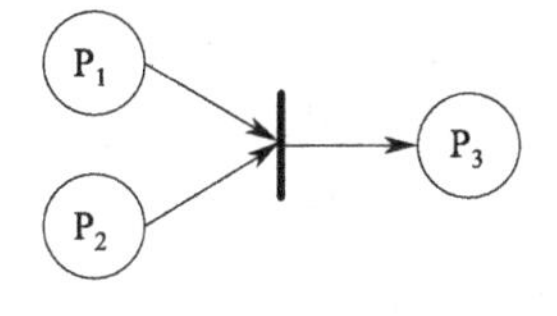

图 4.1 基本 Petri 网结构类型一

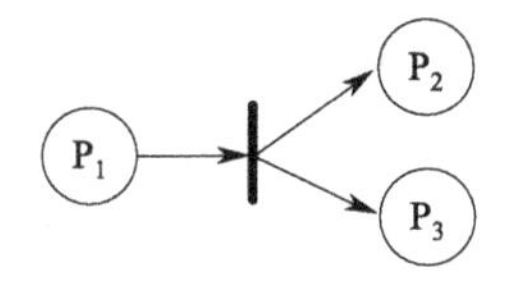

图 4.2 基本 Petri 网结构类型二

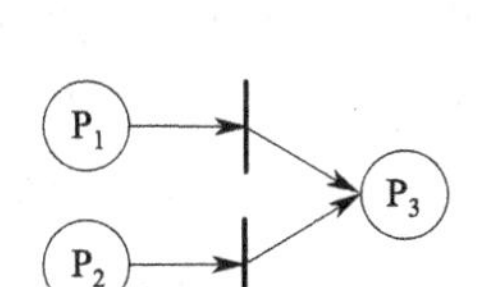

图 4.3 基本 Petri 网结构类型三

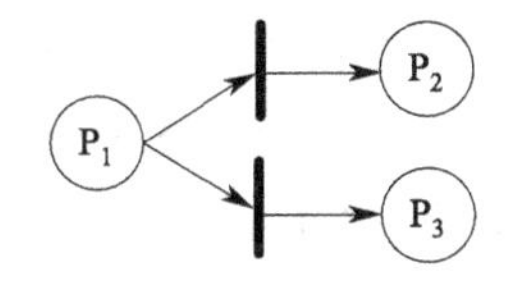

图 4.4 基本 Petri 网结构类型四

① IF P_1 AND P_2 THEN P_3，在故障诊断中表示两种故障同时发生，会引发第三种

故障。

② IF P_1 THEN P_2 AND P_3，在故障诊断中表示一种故障发生，会引发另外两种故障同时发生。

③ IF P_1 OR P_2 THEN P_3，在故障诊断中表示只要两种故障中至少有一个发生，就会引发第三种故障。

④ IF P_1 THEN P_2 OR P_3，在故障诊断中表示一种故障发生，会引发两种可能的故障发生，但不一定同时发生。

4.2 JHA-改进 Petri 网融合风险分析模型

除了风险的动态累积性，非常规作业过程的另一个重要特征是其步骤之间的时间序列约束。非常规作业过程是一个连续过程，虽然在实际生产中被分解为若干个节点（或步骤）依次进行，但其风险并不随着作业过程的分解而分解，即前一节点的风险因子可能会对后续节点产生影响。若只针对每一节点的风险进行独立辨识和分析，而不考虑与其他节点间的关联性，易造成对风险的低估。因此，要求风险辨识不仅对风险因子进行识别，而且能够建立因子间的耦合关系。此外，由于非常规作业过程都具有严格的时序性，节点的顺序颠倒或者遗漏均可能导致系统失效[154]，因而风险因子间的时序关联性也至关重要。换而言之，非常规作业过程主要危险源在于作业时序混乱。传统的作业危害分析方法没有考虑时间序列约束，应针对解决这一问题进行调整。

经典的作业危害分析可分为四个步骤，分别为作业选择、过程分解、潜在危险分析和预防措施[155-159]。理论上，所有工作流程都隐含着风险。但在实践中，由于时间和财力有限，并非所有风险都需要进行作业风险评估。通常，需要进行作业风险评估的过程包括具有潜在致命因素、经常受伤或历史事故等的作业[160]，然后对过程按照作业时间顺序进行分解，并对每个步骤进行危害分析和风险评估[161]。最后，提出降低危险的预防措施建议。

为了解决非常规操作的不确定性和动态可变性，现有研究对作业安全分析进行了多次改进。例如，Veland 和 Aven[162] 针对不确定性和不可预见性的特点，提出了改进作业危害分析方法用于海上平台改造作业风险评估。Li 等[163] 通过使用累积风险理论描述风险动态传播机制，改进了传统的作业危害分析方法。上述改进方法分别从风险不确定性、累积性的角度开展研究，均未涉及时序性。非常规作业过程的一个重要特征是它需要严格的时间序列约束。虽然一些学者指出在作业危害分析中，作业步骤必须按照时序进行，但在实际分析方法实施过程中未考虑无序的风险场景[164]。

为了克服现有作业危害分析方法的缺点，提出一种基于图形化建模的非常规作业过程风险评估模型。图形化风险分析方法可以提供一种直观的方式来描述风险要素之间的结构和关系。特别是在危险行业，图形化风险分析已被广泛地应用于辅助风险识别、评估和控制。例如，事故树分析（FTA）、蝴蝶结、Petri 网（PN）等方法是分析关键故障原因的最常用的图形方法。尤其是 Petri 网（PN）以直观的网络结构表示复杂系统，并从动态角度模拟风险传播路径，由于其路径标记和动态推理能力，已应用于许多领域[165]。特别是在安全分析领域，Petri 网与现有安全相关理论和方法相结合的研究也十分广泛[166-169]。

Petri 网利用其强大的图形化表征能力可以直观地展现时间约束，因此可将其应用于非常规作业过程的风险评估中。Petri 网通常由库所、变迁、连接弧和托肯组成。在研究时序约束时，需要对传统 Petri 网进行改进，利用其图形结构的表达能力，不包括 Petri 网的定量推理机制。图形模型的基本元素符号如图 4.5 所示[170]。

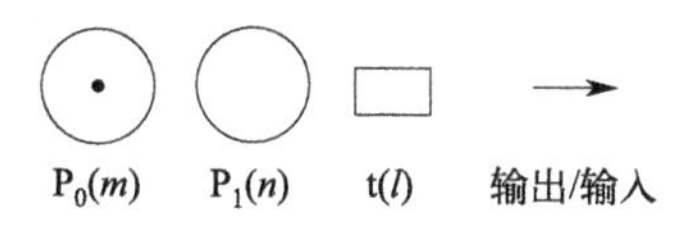

图 4.5　图形模型的基本元素符号

$P_0(m)$ 由圆形和点表示，表示库所 P_0 中存在托肯。常数 m 表示 P_0 的时滞，P_1 表示具有时滞 n 的库所，长方块 $t(l)$ 表示变迁，连接弧用于连接存在关联的库所和变迁。在所有实际应用系统的要素与要素之间，协作、约束、制衡等多种关系普遍存在，并发与冲突是其中最主要的两种关系。

（1）并发关系

Petri 网中，如果两个或多个变迁同时具有被触发的可能，如图 4.6 所示，变迁 t_2、t_3 在同一时刻都可能发生，而且变迁触发相互之间不会影响，那就称这两个变迁是在该状态标识下的并发关系。

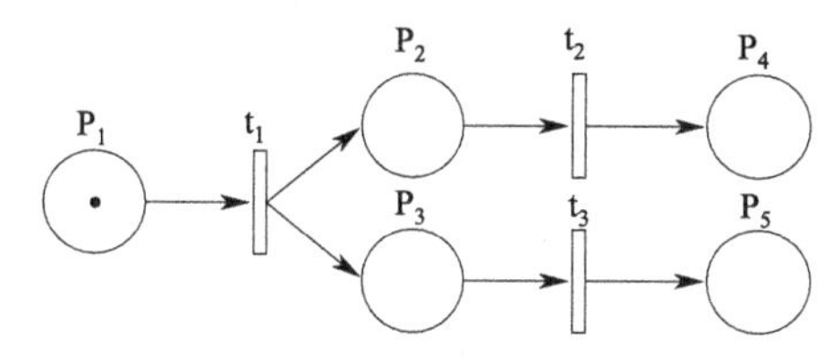

图 4.6　并发关系示意图

（2）冲突关系

Petri 网中，满足被触发条件的不只有一个变迁，且在这些变迁中只能有一个变迁能够被触发，这时其他的变迁就失去被触发的可能，这就是 Petri 网的冲突情况。如图 4.7 所示，可能被触发的变迁有 t_1、t_2，但无论 t_1、t_2 哪一个发生，都会使另一个变迁失去被触发的可能性，在这样的情况下，有必要在 Petri 网进行动态运行之前就规定好所有变迁发生的优先级。

在安全领域，上述图形符号具有特有的含义：库所通常表示异常事件的原因事件或者结果事件；若事件发生或被检测到，则在相应位置的库所中添加托肯；变迁用于表征描述风险传播的产生式规则；如果产生式规则为“真”，相应的变迁发生，与该变迁关联的库所中的托肯迁移到下一库所。

根据上述规则，可以改进传统的 Petri 网结构用于描述非常规作业过程的风险产生与传播。由于非常规作业过程可以分解为具有严格时序约束的多个步骤，因此该结构应当既反映不同的作业步骤，又表征时间序列。为此，构建如图 4.8 所示的图形化模型基本单元。

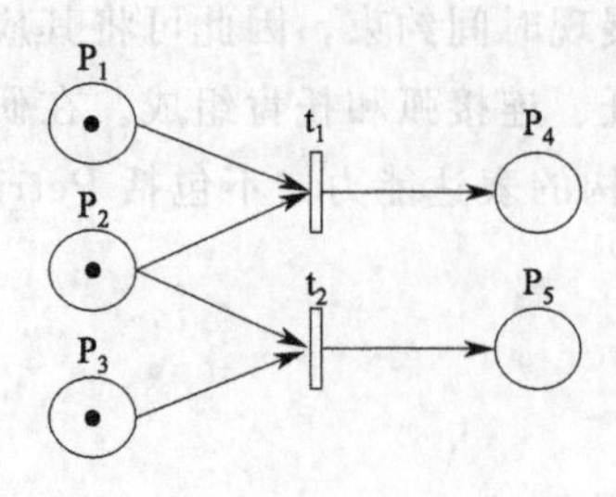

图 4.7 冲突关系示意图

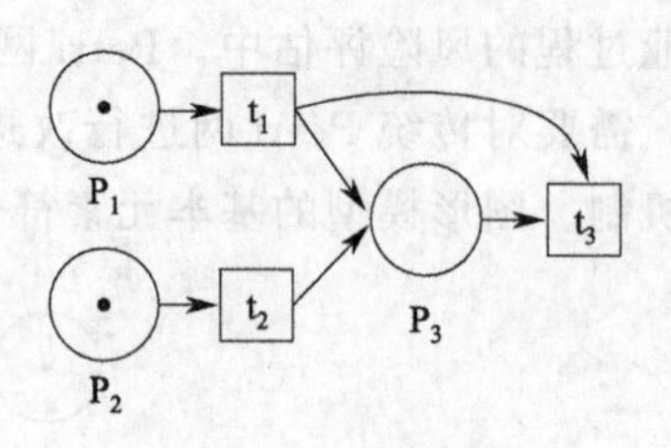

图 4.8 图形化模型基本单元

在该单元中，时序约束通过变迁来实现。每个基本单元对应于作业过程中的每个步骤。在基本单元中，输入库所 P_1 和 P_2 是相应步骤的基本操作或元素。输出库所 P_3 是该步骤的目标。例如，现场工作人员穿戴个人防护装备（PPE）是许多非常规作业过程的第一步。在此步骤中，P_1 表示现场工作人员准备进入现场，P_2 表示工作人员穿戴 PPE，输出库所 P_3 表示这一步骤的完成。变迁和时间约束由连接弧和 t_1、t_2、t_3 表示。通过连接弧和时间约束的组合可以反映不同的操作模式。

每个步骤中有两种操作模式，即成功模式和失败模式。在图形模型中，这两种模式可以用时间约束关系来描述。同样以“现场工作人员穿戴个人防护装备”为例，成功模式是现场工作人员在穿戴 PPE(P_2) 后准备进入现场（P_1）。因此，可定义正常时间序列约束（$t_2 \rightarrow t_1 \rightarrow t_3$）以描述该模式。反之，如果现场工作人员未穿戴 PPE 进入现场，则操作模式失败，即产生了异常时序约束，箭头指向为 $t_1 \rightarrow t_3$；如果现场工作人员在穿戴 PPE 之前进入现场，则异常时序约束为 $t_1 \rightarrow t_2 \rightarrow t_3$。

利用上述图形化建模在反映时序关联方面的优势，可以对改进 Petri 网与作业危害分析进行融合，得到综合的分析模型，如图 4.9 所示。

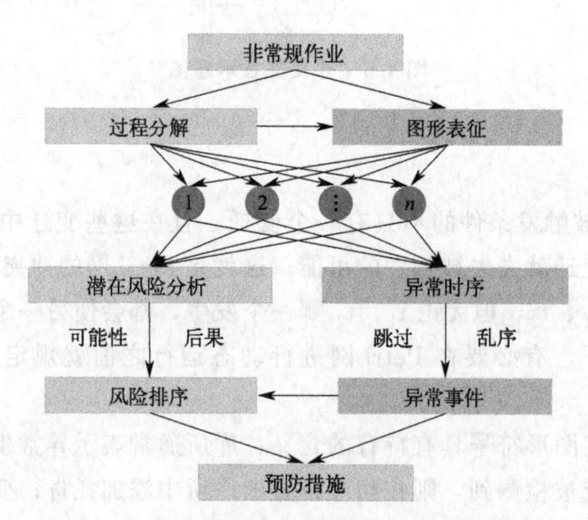

图 4.9 JHA-改进 Petri 网融合风险分析模型

左侧表示作业危害分析的程序，右侧表示图形化建模的程序。可以看出，作业危害分析和图形化模型之间的互补关系为非常规作业过程的时序特征及风险分析提供了解决方案。该综合方法的过程可以描述如下：

① 对非常规作业过程进行步骤分解，将每个步骤表示为图形化模型的基本单元，步骤

间的时序关联通过时间约束进行表征；

② 识别图形化模型中可能的异常时间序列及其导致的潜在危险，对于每个步骤，主要考虑两种类型的异常时间序列——跳过步骤和步骤乱序；

③ 对异常事件进行概率等级和后果等级赋值，并利用风险矩阵评估异常事件的风险；

④ 根据风险评估结果，为每个步骤制定事故预防措施。

4.3 非常规作业时序风险演化评估实例——以开气过程为例

以输气站场开气作业过程为例，对 JHA-改进 Petri 网融合风险分析模型进行应用说明。根据操作规程，输气站场开气作业过程通常包括六个步骤。

① 进入工作场所的操作员应穿戴个人防护设备（PPE）；

② 进行火种检查；

③ 进入工作场所后检查所有阀门的状态，完成状态检查前不得开启任何阀门；

④ 缓慢打开目标阀门时，必须进行泄漏检测；

⑤ 缓慢打开流量计和自动压力调节器；

⑥ 检查所有相关仪器和设备的泄漏情况。

可以看出，输气站场开气过程的安全取决于每个步骤的正确执行，既包括正确的操作程序也包括不同操作间的顺序。根据 JHA-改进 Petri 网融合风险分析模型，对上述开气过程进行图形化表征，如图 4.10 和表 4.2 所示。

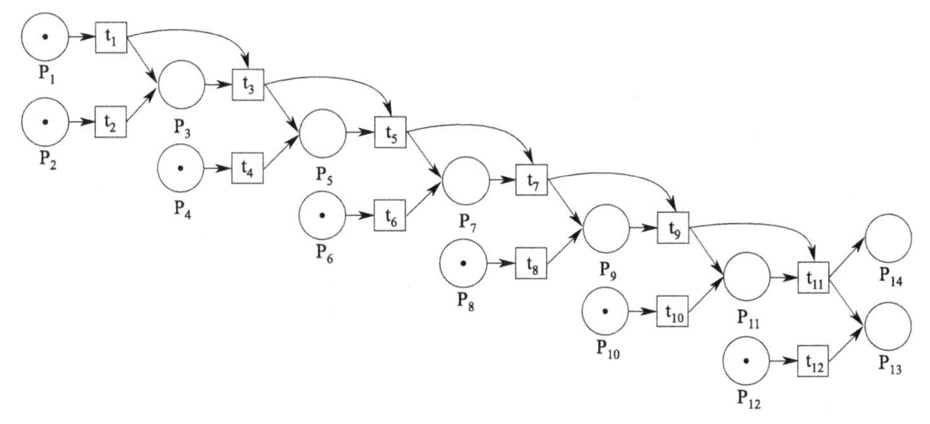

图 4.10 输气站场开气过程的改进 Petri 网模型

表 4.2 输气站场开气过程的图形化符号含义

图形化符号	含义
P_1 t_1 P_2 t_2 P_3 t_3	单元：穿戴 PPE(步骤 1) P_1,t_1:工作人员准备在 t_1 时间进入现场 P_2,t_2:工作人员在 t_2 时间穿戴个人防护装备 P_3:工作人员穿戴个人防护装备进入现场(目标) $P_3 \rightarrow t_3$:步骤 1 在时间 t_3 完成 $t_1 \rightarrow t_3$:步骤 1 在时间 t_3 未完成

续表

图形化符号	含义
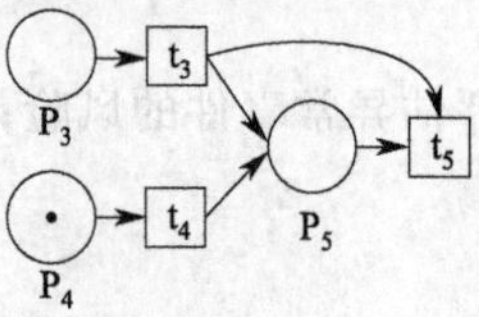 P_3 t_3 t_5 P_4 t_4 P_5	单元：检查火种（步骤 2） P_4，t_4：检查 t_4 时刻的火源情况 P_5：工作人员检查火种后进入现场（目标） $P_5 \rightarrow t_5$：步骤 2 在时间 t_5 完成 $t_3 \rightarrow t_5$：步骤 2 在时间 t_5 未完成
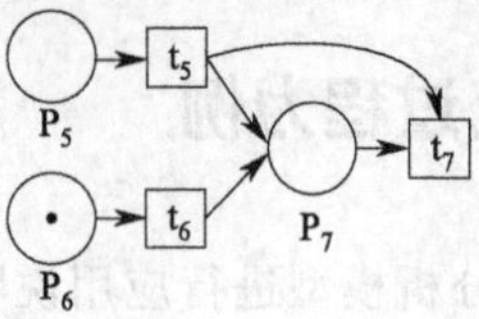 P_5 t_5 t_7 P_6 t_6 P_7	单元：检查所有阀门的状态（步骤 3） P_6，t_6：在时间 t_6 检查所有阀门的状态 P_7：检查所有阀门的状态后打开阀门（目标） $P_7 \rightarrow t_7$：步骤 3 在时间 t_7 完成 $t_5 \rightarrow t_7$：步骤 3 在时间 t_7 未完成
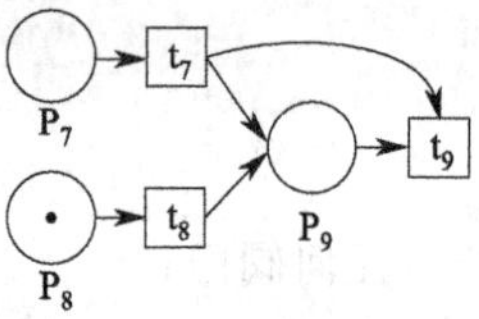 P_7 t_7 t_9 P_8 t_8 P_9	单元：检查所有阀门的状态（步骤 4） P_8，t_8：在时间 t_8 检查阀门泄漏 P_9：检查阀门泄漏后继续操作（目标） $P_9 \rightarrow t_9$：步骤 4 在时间 t_9 完成 $t_7 \rightarrow t_9$：步骤 4 在时间 t_9 未完成
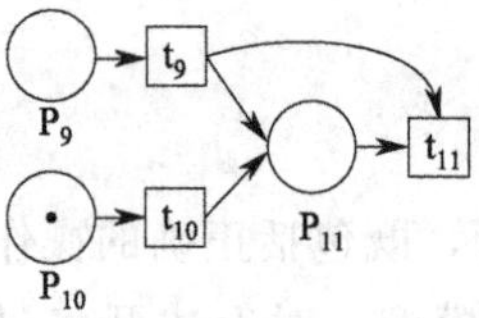 P_9 t_9 t_{11} P_{10} t_{10} P_{11}	单元：调节流量和压力（步骤 5） P_{10}，t_{10}：在时间 t_{10} 打开流量计和自动压力调节器 P_{11}：打开阀门后打开流量计和自动压力调节器（目标） $P_{11} \rightarrow t_{11}$：步骤 5 在时间 t_{11} 完成 $t_9 \rightarrow t_{11}$：步骤 5 在时间 t_{11} 未完成
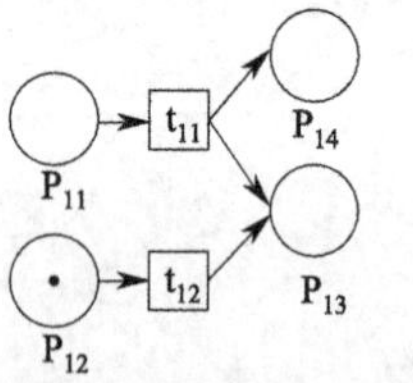 P_{11} t_{11} P_{14} P_{12} t_{12} P_{13}	单元：作业完成（步骤 6） P_{12}，t_{12}：在时间 t_{12} 检查仪器设备泄漏 P_{13}：检查仪器设备泄漏后完成作业（目标） $t_{11} \rightarrow P_{13}$：步骤 6 完成 $t_{11} \rightarrow P_{14}$：步骤 6 未完成

为评定风险等级，需要综合考虑事故发生的可能性和后果。因此，选用风险矩阵进行风险的量化分析[171]。对于可能性这一参数，考虑到非常规作业过程的特殊性，缺乏足够的历史数据，概率统计的方法不适用[172-173]。因此，采用频率描述来衡量风险的概率。非常规作业的频率较低，因此根据每 10 次操作中异常事件的数量将可能性分为四个级别，如下所示：

① 极有可能：异常事件发生 5 次以上。

② 很可能：异常事件发生 3～4 次。

③ 可能：异常事件发生 1～2 次。

④ 不太可能：异常事件从未发生，但应该引起关注。

对于后果这一参数，由于大多数非常规作业过程仅涉及有限的现场人员，且他们通常分散到不同的工艺装置，死伤人数相对较低。因此，根据异常事件发生时的死亡和受伤人数将后果分为以下四个级别：

① 死亡：多人死亡。

② 严重：有人死亡或 5 人以上受伤。

③ 中等：无死亡，3～4 人受伤。

④ 轻微：无死亡，1～2 人轻伤。

仍采用“连续递增型”风险矩阵进行风险等级的量化，可得到每一步骤的风险等级排序，如表 4.3 所示。

表 4.3 输气站场开气作业过程风险评估结果

步骤	正常时序约束	异常时序约束	异常事件	可能性	后果	风险等级	建议措施
1	$t_2 \to t_1 \to t_3$	$t_1 \to t_3$	员工未佩戴个人防护用品进入现场	可能	中等	9	①检查个人防护用品的完整性； ②加强对员工的操作顺序培训； ③加强现场监督，确保进入现场前配备好个人防护用品
		$t_1 \to t_2 \to t_3$	员工进入现场后才佩戴个人防护用品	可能	轻微	3	
2	$t_4 \to t_3 \to t_5$	$t_3 \to t_5$	员工进入现场未检查火源	极有可能	轻微	10	①加强对员工的操作顺序培训； ②加强现场监督，确保无火种进入现场
		$t_3 \to t_4 \to t_5$	员工进入现场后才检查火源	可能	轻微	3	
3	$t_6 \to t_5 \to t_7$	$t_5 \to t_7$	未检查阀门状态即开启阀门	很可能	死亡	14	①在阀门附近安装气体泄漏检测器； ②加强对员工的操作顺序培训； ③加强现场监督，确保在开启阀门前确认所有阀门的状态
		$t_5 \to t_6 \to t_7$	开启阀门后才检查阀门状态	可能	严重	8	
4	$t_8 \to t_7 \to t_9$	$t_7 \to t_9$	未检查阀门泄漏	很可能	死亡	14	①在阀门附近安装气体泄漏检测器； ②加强对工作人员的培训； ③加强现场监督
5	$t_9 \to t_{10} \to t_{11}$	$t_9 \to t_{11}$	未开启流量调节和自动压力控制装置	不太可能	中等	2	①确保仪表正常工作； ②加强对工作人员的培训； ③加强现场监督
6	$t_{11} \to t_{12}$	t_{11}	作业完成时未检查设备仪表泄漏	可能	严重	8	①加强对工作人员的培训，使其在工作结束前重新检查仪器设备； ②加强现场监督

从表 4.3 中可以看出，改进后的 Petri 网能够从时序约束的角度揭示作业风险的变化。理论上来说，需要考虑所有的跳过步骤（例如 $t_1 \to t_3$、$t_3 \to t_5$、$t_5 \to t_7$ 等）和步骤乱序（例如 $t_1 \to t_2 \to t_3$、$t_3 \to t_2 \to t_1$ 等）两种风险情景。但并非所有的情景都有实际意义或者是合理的。例如，时序 $t_3 \to t_2 \to t_1$ 是不合理的情景，因为 $P_3 \to t_3$ 表示的是步骤 1（员工佩戴 PPE 进入现场）已完成，就无须再分析员工是否佩戴个人防护用品进入现场。因此，表中所列仅为有意义的异常时序及其对应的异常事件。

从每个步骤的风险等级中可以看出，风险最高的步骤是第 3 步和第 4 步，即未检查阀门泄漏（风险等级值为 14）和开启阀门前未检查所有阀门的状态（风险等级值为 14）。此外，可以看出在步骤 3 和步骤 4 中辨识出的异常事件序列（$t_5 \to t_7$ 和 $t_7 \to t_9$）均属于“跳过步骤”这一情形，意味着操作人员忽略了部分操作。进一步分析可知，跳过步骤的风险等级均高于步骤乱序的风险等级。换言之，尽管步骤乱序会对作业安全产生影响，但相比于跳过步骤其风险较低。例如，步骤 1 的跳过步骤风险等级为 9($t_1 \to t_3$)，而步骤乱序的风险等级仅为 3($t_1 \rightarrow t_2 \rightarrow t_3$)。在实践中，非常规作业过程应严格遵循程序，以避免跳过步骤的发生。一旦出现遗漏，现场监督员可以采取补救措施，将风险等级限制在相对较低的水平。

需要指出的是，理论上作业步骤的排列和组合可以产生更多的风险模式，但所提出的方法仅识别相邻步骤中的异常时间序列。这与作业危害分析方法的特点是一致的，作业危害分析方法是一种逐步展开的过程风险分析方法。若需要辨识更多可能的风险模式，需要进行更加复杂的方法研究和建模分析。

4.4 本章小结

本章对非常规作业的时序约束性进行了分析，并通过作业危害分析方法确定时序约束失效的风险情景；利用图形化表征方法对非常规作业过程进行抽象，通过 Petri 网对时序风险演化过程进行建模和推理；通过输气站场开气作业过程风险评估验证了方法的有效性。

5 非常规作业风险偏离特性与 2GW-HAZOP 评估

5.1 2GW-HAZOP

大量的过程安全风险研究实践证明，FTA、事件树分析（ETA）、失效模式有效性分析（FMEA）、蝴蝶结（Bow-Tie）模型、HAZOP 等过程风险分析方法能有效降低过程工业的事故风险[174-175]。然而，与常规活动相比，非常规活动的风险评估方法较少。一个重要的原因可能是，FTA、ETA、FMEA 等逻辑因果推理方法不足以描述严重依赖人工操作和程序的非常规活动的风险生成和演化。非常规活动的常见危险分析和过程管理方法包括 HAZOP、假设分析、安全审计、改进程序和安全培训[176]。其中，HAZOP 已被广泛用于识别技术和操作过程中的危险。

危险与可操作性（HAZOP）分析方法是评估过程风险有效的方法之一，被广泛地应用于石油化工行业。HAZOP 区别于其他风险评估方法的特点包括引导词的使用和过程偏差的定义[177]。通过结合引导词和分析对象，可以识别可能的危险场景，从而进行因果因素和后果分析。国内外针对 HAZOP 的研究主要集中在对工艺参数偏差的分析，对作业过程偏差的定义与应用尚不足。为了全面评估企业的危险，应对所有操作模式进行 HAZOP 分析。然而，HAZOP 主要应用于管道和仪表图（P&ID），而在操作程序中的应用有限，尤其是非常规过程[178]。此外，标准的化工过程 HAZOP 分析费时费力，往往需要数周或数月[179]。

近年来，一些专家学者通过将 HAZOP 与其他方法结合实现了对 HAZOP 的改进，例如基于多目标决策支持的 HAZOP[180]、模糊层次分析 HAZOP[181] 等，但仍将其应用领域局限在工艺过程而非作业过程。究其原因，作业过程的主要风险因素是人因失误（如操作、管理等），因此传统的工艺参数偏差引导词已不再适用，需要重新定义其偏差分析的引导词。此外，传统 HAZOP 分析方法的引导词过多，使得风险分析过程过于复杂，也成为制约 HAZOP 应用的一个重要因素[182]。一种解决方案是进行计算机辅助 HAZOP 分析，在化工过程的标准 HAZOP 分析中，该方法已被证明可以显著减少劳动力和节省时间[183-185]。然而，该方法依赖软件的特异性及使用者对软件的掌握程度，现有的相关研究较少。另一种解决方法是通过定义不同的引导词来改进 HAZOP 方法。具体而言，提出一组新的引导词来解决操作过程中的偏差。Ostrowski 和 Keim 强调了风险分析对工业中开停工的重要性，并开发了瞬态操作 HAZOP（TOH）方法用于瞬态操作[86]。该方法定义了四个引导词，分别为“谁”“何时”“何事”“多长时间”，以描述工作任务中可能出现的偏差。针对设备调试过程中的风险分析，Cagno 等提出了一种多级 HAZOP 方法，将每个过程纵向分解为多个步骤，每个步骤再横向分解为操作员、控制系统和设备/工艺级。通过去除无关词，为每个层次定义了不同的引导词[187]。对于操作者和控制系统层面，“干得好”“更快”“更慢”是可能的引导词，而排除了“也”“错序”“重复”。对于设备/工艺层，采用与传统 HAZOP 中适用的相同的引导语。这样，人力资源完成每个程序的 HAZOP 表的时间由标准 HAZOP 的 20h 减少到改进 HAZOP 的 6～8h。Bridges 和 Clark 针对非常规操作模式提出了两种引导词：7-8-引导词的 HAZOP(7-8GW-HAZOP) 和 2-引导词的 HAZOP(2GW-HAZOP)。显然，2-引导词的 HAZOP 比 7-8-引导词的 HAZOP 节省更多的时间。

因此，针对现有问题，将传统七种工艺参数偏差引导词映射到一个偏差二元组中，形成适用于作业过程风险分析的方法——2GW-HAZOP(2 guide word hazard and operability)。该方法采用节点跨越和节点功能偏离两种引导词，其与传统 HAZOP 的映射关系如图 5.1 所示。

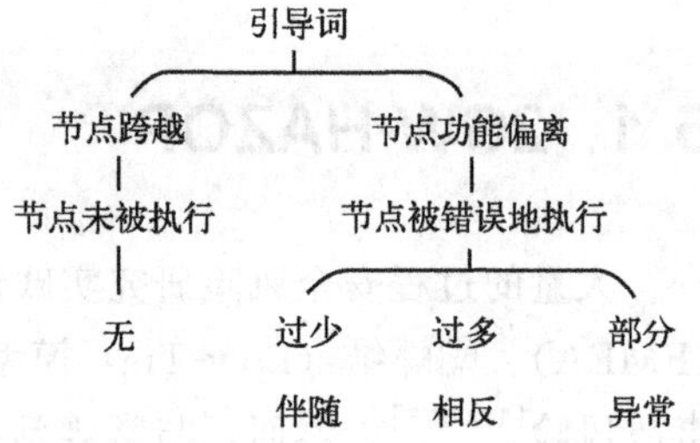

引导词

节点跨越　节点功能偏离

节点未被执行　节点被错误地执行

无　过少　过多　部分

伴随　相反　异常

图 5.1　2GW-HAZOP 引导词

对两种引导词进行如下定义。

① 节点跨越：节点未被执行。

② 节点功能偏离：节点被错误地执行。其中包括执行速度（过快或过慢）、执行程度（部分或过度）、执行顺序（提前或推迟）以及造成执行错误的其他情形。

从引导词的定义中可以看出，2GW-HAZOP 方法中的引导词既可以涵盖传统 HAZOP 的所有引导词，减少风险情景的遗漏，又可以针对作业过程风险的特点对引导词进行简化，节省 HAZOP 评估的时间。

5.2 偏离度风险计算方法及其在排污过程的应用

在作业过程风险分析中，可用偏离度来衡量实际作业情景偏离正常作业情景的程度，偏离度大小反映了作业活动的风险水平。偏离度的数学表达式如式(5.1) 所示：

$$\zeta=\frac{A-X}{A} \tag{5.1}$$

式中，ζ 为偏离度函数；A 为理想情景；X 为实际情景。

根据安全系统工程因果分析的基本原理，控制措施对风险具有一定的削减作用。因此，偏离既包括作业过程节点功能的偏离，又包括预防性控制措施的偏离。因此，分别从节点功能和控制措施两方面对偏离度进行界定。

(1) 节点功能偏离度ζ_1

根据 2GW-HAZOP 中对作业过程节点功能偏差的定义，偏离度值可分为以下几种情形：正常作业情况下，节点被完全执行，则说明无偏离，即偏离度值为 0；若节点不被执行，则说明完全偏离，此时偏离度为 1；当作业情况介于两者之间时，偏离度为 0～1 之间的数值，该情况所包含的子偏离较多。节点功能偏差定义及偏离度表示如表 5.1 所示。

表 5.1 作业节点功能偏离度

引导词	定义	偏离程度	偏离度值
节点跨越	节点未被执行	完全	1
节点功能偏离	节点被错误地执行	较大	(0.6,1)
		一般	(0.4,0.6]
		较小	(0,0.4]

(2) 控制措施偏离度ζ_2

单纯依靠节点功能偏离度并不能完全反映作业过程的风险水平，采取适当的控制措施可减少由作业活动引起的偏离。对比已有措施与风险分析得到的预防性措施，若无相关措施，则偏离度为 1；若已有措施符合或者超出预防性措施的要求，则偏离度为 0；否则，偏离度为 0～1 之间的数值，偏离程度与偏离度值的对应关系与表 5.1 相同。

(3) 总偏离度 *R*

计算总偏离度即是对上述两种偏离度进行加权耦合[188]，权重的大小取决于控制措施的实施难易程度。计算公式如式(5.2) 所示。

$$R=\partial\zeta_2+(1-\partial)\zeta_1 \tag{5.2}$$

式中，R 为总偏离度；ζ_1 为节点功能偏离度；ζ_2 为控制措施偏离度；∂ 为控制措施的权重系数。

同样采用半定量的方法定义 ∂ 的值，表 5.2 为对应关系表。需要注意的是，当存在多种不同类型的控制措施时，选取实施程度较难的措施对应的权重作为保守值。

表 5.2 控制措施的实施难易程度与权重对应关系

控制措施的实施	难易程度	权重值
组织管理类(教育、培训、演练等)	易	0.3
过程控制类(监视、监督、报警等)	中	0.5
设备改造类(加装设备、设施、仪表等)	难	0.8

输气站上游来气往往混有杂质，影响站内设备及管道的正常使用及寿命。因此，输气站

中设置有分离除尘器及排污系统对天然气中的杂质进行处理。尤其在输气站运行初期，排污作业较为频繁，以减少管道施工过程中的残留杂质对输气站生产运行的影响。以过滤分离为主要功能的输气站工艺简图如图 5.2 所示。图中虚线框内的部分为降压排污过程的主要作业对象，从图中可以直观地观察降压排污作业过程中物质的流经路径：天然气从分离器进口进入，分离产生的污水流经分离器出口阀门和管线，最后汇入污水池，分离产生的气体输入管汇，多余天然气由放空管线排出。

为了探究降压排污作业过程风险产生的位置及影响，需要首先对作业过程进行分解，分解的主要依据是作业操作规程。降压排污作业过程的详细作业步骤如下：

① 排污池环境检查，确保 50m 范围无火源；

② 排污池检查，确认排污池容量，且液位高于排污管口 0.1m；

③ 切断分离器进出口阀门；

④ 将分离器放空至 1.0MPa；

⑤ 全开分离器排污管线球阀，缓慢开启排污阀；

⑥ 排污结束立即关闭排污阀，全关球阀；

⑦ 检查阀门和排污池，确保无气体泄漏，排污作业结束。

上述每个作业步骤可视为作业过程 2GW-HAZOP 分析的节点，每个步骤的功能即为节点的参数。可以看出，与工艺过程的参数设定不同，作业过程参数主要受人员操作行为的影响。

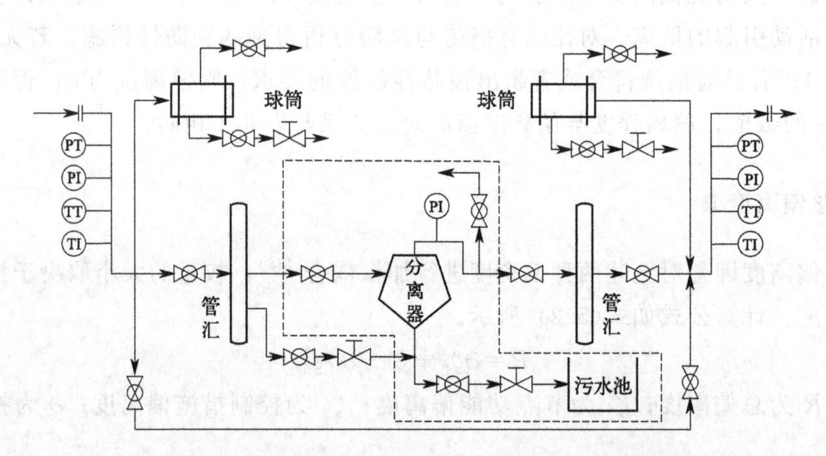

PT—压力变送器；PI—压力指示仪表；TT—温度变送器；TI—温度指示仪表

图 5.2　以过滤分离为主要功能的输气站工艺简图

2GW-HAZOP 方法采用“参数＋引导词＝偏差”的结构形式生成偏差描述。以降压排污作业过程中节点 1 为例，偏差分析过程如下：

① 作业节点 1 功能＋引导词 1(节点跨越)＝偏差(未对环境进行检查)；

② 作业节点 1 功能＋引导词 2(节点功能偏离)＝偏差(环境检查后周边仍存在火源)。

由此，每一种偏差描述即为一种可能的风险情景。以某输气站降压排污作业为例，通过建立 HAZOP 专家小组分析每种风险情景的原因和后果，制定预防性应对措施。然后按照偏离度赋值标准进行半定量分析，得到总偏离度值。降压排污作业过程的风险分析结果如表 5.3 所示。

表 5.3 基于 2GW-HAZOP 的降压排污作业风险分析

节点	引导词	偏差	ζ_1	原因	后果	预防性措施	已有措施	ζ_2	∂	R
1	节点跨越	未对环境进行检查	1.0	操作者个人失误或管理者未下达指令	作业过程中一旦发生泄漏，极易引起火灾、爆炸	加强人员培训	对作业人员进行了培训	0	0.3	0.70
	节点功能偏离	环境检查后周边仍存在火源	0.8	作业环境动态变化		设置警戒区域，安排专人进行全过程控制	操作规程中说明了设置警戒区域	0.5	0.5	0.65
2	节点跨越	未检查排污池容量	1.0	操作者个人失误或管理者未下达指令	排污池容量不足或液位过高导致污水外溢；液位过低时排出的天然气与空气混合形成爆炸性混合物	加强人员培训	对相关人员进行了培训	0	0.3	0.70
	节点功能偏离	排污池液位过高或过低	0.6	排污池液位可见度低		对排污池容量进行计算，设置液位高低报警系统	无	1.0	0.8	0.92
3	节点跨越	未切断分离器进出口阀门	1.0	操作者个人失误或管理者未下达指令	阀门自身故障；天然气经排污管线冲出，毁坏设备，聚集形成爆炸性混合物	设置阀门自动控制系统；加强人员培训	对相关人员进行了培训	0.6	0.8	0.68
	节点功能偏离	阀门部分关闭	0.6	操作者个人失误		在分离器进出口与阀门间设置压力变送器；加强人员培训	对操作人员进行了培训	0.6	0.8	0.60
4	节点跨越	未进行放空	1.0	操作者个人失误或管理者未下达指令	排污时天然气经排污管线冲出，毁坏设备，聚集形成爆炸性混合物	加强人员培训	对相关人员进行了培训	0	0.3	0.70
	节点功能偏离	放空不充分	0.8	放空管线压力计故障		定期检查压力计状态；在分离器出口与阀门间设置压力变送器联锁系统，使压力未达到要求时禁止阀门开启	无	1.0	0.8	0.96
5	节点功能偏离	球阀部分开启	0.6	操作者个人失误或阀门自身故障	阀门开启过快易造成阀门损坏，引发物质泄漏	加强人员培训；定期检查阀门状态	对作业人员进行了培训	0.5	0.3	0.57
		阀门开启过快	0.2	操作者个人失误		加强人员培训；设置阀门自动控制系统控制阀门开度及开启速度	对作业人员进行了培训	0.5	0.3	0.29
6	节点跨越	未关闭阀门	1.0	操作者个人失误或管理者未下达指令	天然气在阀门及排污池周边聚集，形成爆炸性混合物	加强人员培训	对相关人员进行了培训	0	0.3	0.70
	节点功能偏离	关闭阀门过迟或部分关闭	0.3	操作者个人失误或阀门自身故障		在阀门附近设置气体探测仪；设置联锁控制系统及时关闭阀门；加强人员培训	阀门附近设置有气体探测仪；对相关人员进行了培训	0.6	0.8	0.54

续表

节点	引导词	偏差	ζ_1	原因	后果	预防性措施	已有措施	ζ_2	∂	R
7	节点跨越	未检查泄漏情况	1.0	操作者个人失误或管理者未下达指令	天然气在阀门及排污池周边聚集，形成爆炸性混合物	在阀门及排出口处设置气体探测报警器；加强人员培训	对相关人员进行了培训	0.6	0.5	0.80

将分析得到的三组偏离度值分别绘制折线图，如图 5.3 所示。图 5.3 直观地反映了各个作业节点的风险水平，偏离度越大，说明风险越高。从图表中可以看出，在现有的作业状况下，分离器放空不充分（偏离度为 0.96）、排污池液位过高或过低（偏离度为 0.92）、排污结束未检查泄漏情况（偏离度为 0.80）三种偏离的风险最大，在实施作业前需要采取风险控制措施降低偏离度。

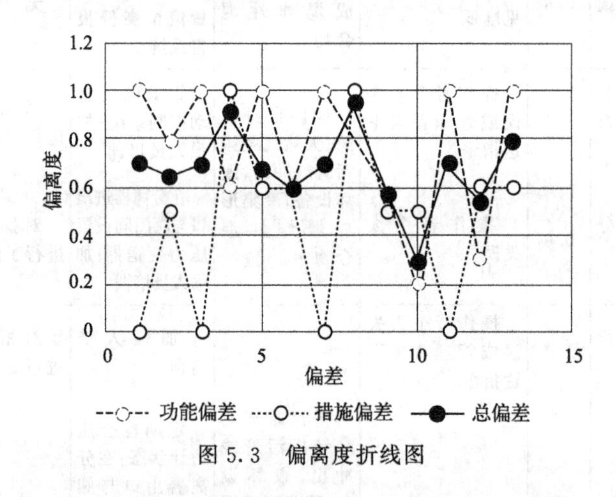

图 5.3　偏离度折线图

根据风险分析结果可知，输气站降压排污作业过程一旦出现偏差，轻则影响设备设施的安全性，重则导致泄漏、火灾、爆炸等事故的发生。通过 2GW-HAZOP 与偏离度的方法，能够对每个作业节点可能出现的偏离进行详细的分析，因而能够辨识更多的风险情景，减少风险情景的遗漏。在作业过程事故预防方面，对于操作者个人失误、管理者未下达指令等人员和管理上的风险致因，主要从加强人员培训的角度进行控制。此外，增加安全联锁系统可有效保障作业过程节点功能的实现。通过比较多层级模糊着色 Petri 网与 HAZOP 方法可以发现，多层级模糊着色 Petri 网能够清晰地辨识出不同类型的风险因素。

5.3　JHA-2GW-HAZOP-偏离度综合方法及其在加热器启动风险评估中的应用

5.3.1　JHA-2GW-HAZOP-偏离度综合方法

正常的活动是按照既定的程序进行规划的。换句话说，风险是由不充分的程序（包括没有程序）或不遵循程序产生的。因此，首先要对操作程序进行详细的分析。一种有效的方法是将操作过程分解成多个步骤，并将每个步骤视为一个分析单元。其次，需要考虑非常规作业时间较短的特点，对这些步骤进行深入风险分析的时间不应过长。最后，由于非常规活动很少发生，因此无法获得准确的概率值。

结合上述问题可知，对非常规活动进行系统的风险评估，需要解决以下三点问题：

① 如何将一个非常规过程分解为多个步骤？

② 如何在节省时间的同时考虑尽可能多的过程偏差？

③ 如何表征过程偏差的风险值？

为了解决第一个问题，引入作业危害分析（JHA）方法。JHA 是一种专门针对作业流程设计的风险分析方法，包括非常规作业过程[189-190]。它具有简单、实用等优点，已成为工业现场消除作业风险、减少不良事件使用最广泛的风险分析方法之一[191-196]。完成一个任务通常需要几个步骤，JHA 的主要功能是根据操作程序或专家的经验和知识将工作过程分解成连续的步骤[197]。因此，JHA 可以为非常规作业过程的步骤分解提供指导。

对于第二个问题，需要简化现有的 HAZOP。对于不太复杂的过程，2GW-HAZOP 能够在保证有效性的同时节省大量时间，因为它仅涉及未执行的步骤和执行错误的步骤。因此，采用两个引导词识别非常规作业活动的偏差和危险场景。

第三个问题可以看作是风险的量化问题。虽然基于概率的方法可以提供风险的精确测量，但需要大量的统计数据，遗漏一个影响因素可能会导致结果的偏差。尤其对于非常规过程，其风险衡量涉及复杂因素，其中大部分无法量化。此外，非常规过程多变、动态的运行环境使得统计数据获取困难。因此，概率计算并不适用于非常规过程。一种解决方法是将定性描述转化为定量值来定义风险评级原则。例如，在现有的一些 JHA 和 HAZOP 研究中引入风险矩阵或风险等级[198-199]。在一列中定义若干等级的概率，在一行中定义若干等级的后果，每一行和列的交叉点代表一个风险级别[200]。另外一种解决方案是从偏离的角度来定义风险，即操作过程中的风险可以看作是主体无法完成其功能时的偏差[201]。从这个角度来看，风险来自没有遵循正确的程序而导致的偏差。

根据作业过程的特点，考虑两种类型的功能偏差：操作功能偏差和控制功能偏差。非常规作业过程的每一步都需要正确操作，称为操作功能。偏差可能是由许多因素造成的，如粗心、培训不足、工作量大、沟通不畅等。因此，功能偏差被用来描述操作完成的程度。然而，非常规作业过程的风险水平不能完全通过功能偏差来反映，因为适当的控制措施可以降低风险。因此，还需要考虑控制功能，即控制措施。经典风险被定义为概率与后果的乘积。从偏差的角度来看，操作功能偏差描述的是风险的概率方面，而控制功能偏差描述的是后果方面。

此外，根据操作和控制功能偏离预期状态的程度可制定量化标准。如果节点的任务完全失败，则操作功能偏差度为 1；如果完全成功，则操作功能偏差度为 0。同样，如果没有控制措施，则控制功能的偏差度为 1；如果当前的控制措施等于或超过预期控制措施，则控制功能的偏差度为 0。进一步定义五个语言变量供决策者判断偏差程度：完全偏离、重大偏离、中等偏离、轻微偏离和无偏离。采用三角模糊数来明确定义操作和控制功能的偏差程度。对于每个等级，可根据三角函数定义，赋予 0 ～ 1 之间的隶属度，如图 5.4 所示。五级偏差赋值原则如表 5.4 所示。

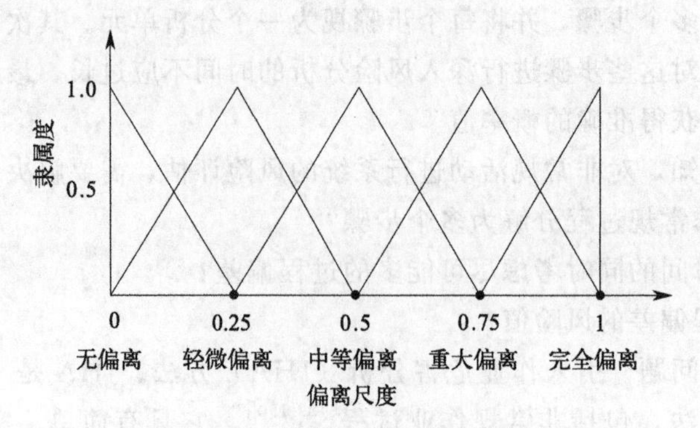

图 5.4 模糊三角函数隶属度

表 5.4 五级偏差度分配表

语言变量	偏差等级范围
完全偏离	(0.75, 1]
重大偏离	(0.5, 0.75, 1)
中等偏离	(0.25, 0.5, 0.75)
轻微偏离	(0, 0.25, 0.5)
无偏离	[0, 0.25)

操作功能和控制功能偏差都可以根据表 5.4 的偏差程度进行量化。总偏差度（TDD）应为操作功能偏离度（OFDD）和控制功能偏离度（CFDD）的加权求和，如式(5.3)所示。

$$\mathrm{TDD}=\frac{\alpha}{\alpha+\beta}\times\mathrm{OFDD}+\frac{\beta}{\alpha+\beta}\times\mathrm{CFDD} \tag{5.3}$$

其中 α 是 OFDD 的权重，β 是 CFDD 的权重。权重主要由操作或控制功能的实施难度决定，如预计时间和人力资源等。例如，如果通过教育和培训而不是通过维护和改造来实现控制功能，则 CFDD 的权重较低。由熟悉并参与操作过程的专家按照表 5.5 给出的比例进行 α 和 β 评分。

表 5.5 α 和 β 的参考区间

实施难度	α 和 β 的区间	操作功能	控制功能
低难度	[0, 0.4]	个人操作	教育培训、演习等
中难度	(0.4, 0.6]	通信	监控、监督、报警等
高难度	(0.6, 1]	设备状态	设备设施、仪器仪表等的维护

需要注意的是，操作功能偏差可能涉及未执行的功能及错误执行的功能。为了简便起见，假设未执行功能或错误执行功能的发生是随机的，OFDD 可以通过计算这两种类型的平均值得到。

综合方法的流程图如图 5.5 所示。JHA 方法可以为节点划分提供指导，并为非常规过程的 HAZOP 分析提供定义；采用 2GW -HAZOP 方法对每个操作节点进行偏差分析；利用偏差度量化每个节点中识别出的风险。

具体来说，该方法包括以下步骤。

① 选择一个非常规过程作为分析对象，收集信息和资料，如程序和流程图，对这一过

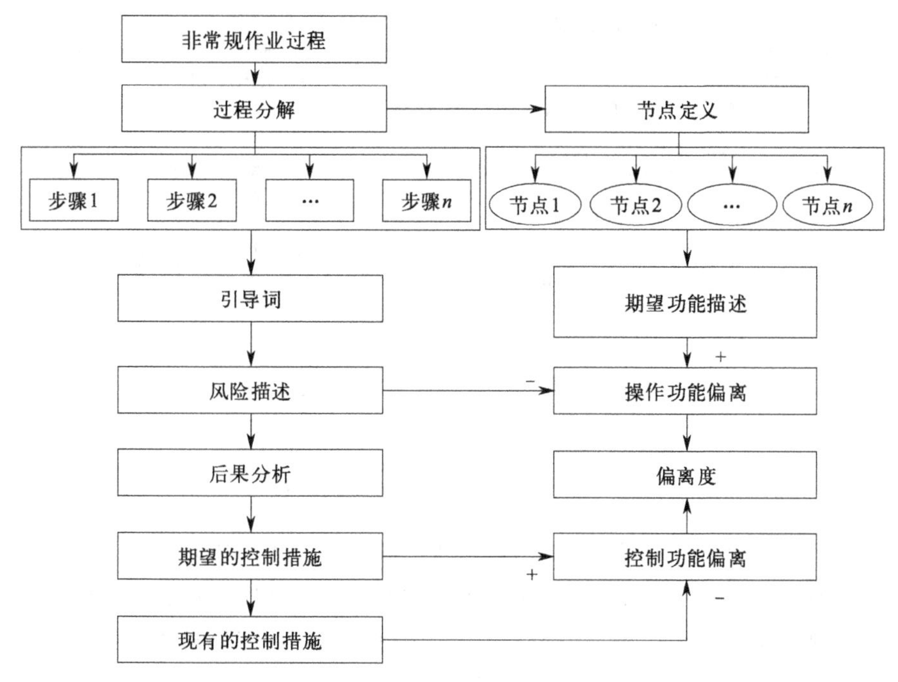

图 5.5 JHA-2GW-HAZOP 综合方法流程图

程进行详细描述。

② 将过程分解为多个步骤，每个步骤都有其预期的功能，作为过程的子目标。每一步都可以被视为一个节点，其功能被视为 HAZOP 的参数。

③ 利用引导词对各功能可能出现的偏差进行分析，并进一步对偏差程度进行评估。

④ 分析可能造成的后果，确定预期的防范措施。通过比较预期措施与当前措施来评估偏离程度。

⑤ 对操作和控制功能偏离程度取平均值来计算总体偏离程度。

5.3.2 案例应用

（1）非常规过程描述

加热炉是油气集输站场广泛使用的重要设备。为了降低石油黏度和避免冰堵，这些站场的典型方法是使用加热炉来提高温度。除了部件的缺陷外，不正确的操作也是大多数加热炉故障的原因。完整的风险评估和分析可以帮助识别操作过程中隐藏的危害，从而制定预防措施。在加热炉启动过程中，操作者遵循一系列操作规则，如点火操作前进行准备工作，包括佩戴 PPE、检查仪器和阀门。加热炉启动过程的分解如图 5.6 所示。

在实际操作中，加热炉的启动过程需要严格的操作顺序。任何偏离标准操作规程的操作都可能导致启动任务失败，甚至引发火灾或爆炸。

（2）风险评估

根据操作步骤，基于 JHA 定义节点。图 5.6 中描述的每一步都被视为一个节点，相应

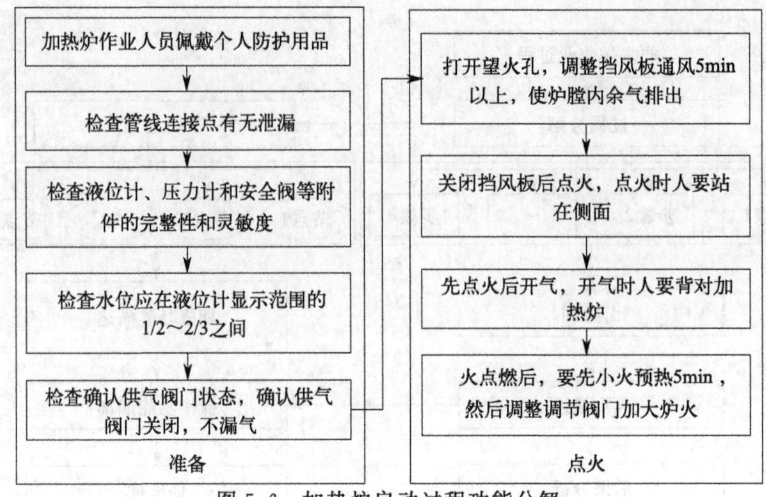

图 5.6　加热炉启动过程功能分解

的任务是预期功能。考虑两个引导词：“否”和“错误”。“否”表示完全不执行功能；“错误”是指功能不足。通过分析可能存在的偏差，并对偏差程度进行赋值，得到表 5.6 所示的加热炉启动过程的风险评估结果。以节点（2）为例，预期功能是检查管道的所有连接点。以“否”为引导词，偏差可以定义为“未检查管道任何连接点”，这是一个完全偏差情况，因此 OFDD 为 1。以“错误”为引导词，可将偏差定义为“部分管道连接点未检查”，这是一个重大偏差情况，因此 OFDD 为 0.8。由于未执行功能和错误执行功能的发生是随机的，因此最终的 OFDD 取平均值，为 0.9。为了降低风险，实施上锁/挂牌系统和安排专门的授权人员作为预期的控制措施。然而，目前的控制措施仅针对授权分配管理，未实施上锁/挂牌。因此，控制偏差水平适中，CFDD 为 0.4。同时，节点（2）的操作功能主要取决于个人操作，其实现难度较低，而监督相关控制措施实现难度适中。因此，对 α 赋值为 0.4，对 β 赋值为 0.5。最后，通过 OFDD 和 CFDD 的加权求和确定该节点的总偏差水平。

为了直观地表示加热炉启动过程中每个步骤的风险，功能偏差度的折线图如图 5.7 所示。

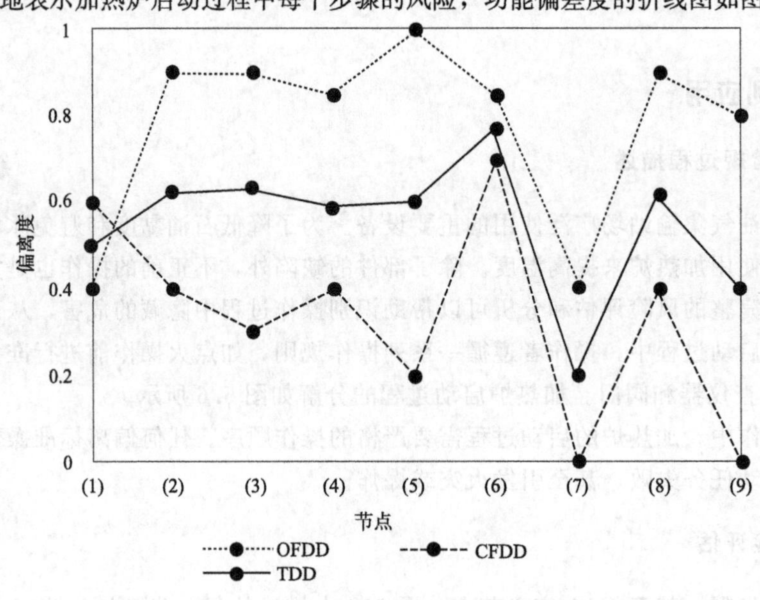

图 5.7　加热炉启动过程偏离度风险分析

表 5.6 加热炉启动过程基于偏差的风险评估结果

节点	操作功能	引导词	偏差	语言变量	OFDD		α	预期控制功能	偏差(当前管理)	语言变量	CFDD	β	TDD
(1)	所有操作人员必须穿戴个人防护装备	错误	一些操作人员不穿戴个人防护装备	中等偏差	0.4	0.4	0.3	每个操作人员的PPE检查	程序不包括检查阶段	中等偏差	0.6	0.3	0.5
(2)	检查管道的所有连接点	否	未检查管道任何连接点	完全偏差	1	0.9	0.4	实施锁定/挂牌系统,授权人员应与操作员不同	监管人员被分配到各单位,但当前单位未实施锁定/挂牌系统	中等偏差	0.4	0.5	0.62
		错误	部分管道连接点未检查	重大偏差	0.8								
(3)	检查液位计、压力表和安全阀的完整性	否	指示仪表和安全阀未检查	完全偏差	1	0.9	0.5	安排和培训专业人员进行指标检验	操作人员经过培训,但没有指定专门人员	轻微偏差	0.3	0.4	0.63
		错误	检查但未进行整体功能维修	重大偏差	0.8								
(4)	加水或排水,保证液位在液位计量程的1/2~2/3之间	否	未检查液位	完全偏差	1	0.85	0.5	加强培训,安装自动液位控制器	操作人员经过训练,但没有自动液位控制器	中等偏差	0.4	0.7	0.59
		错误	液位过高或过低	重大偏差	0.7								
(5)	检查供气管线上阀门的状态	否	未检查供气管线上的阀门	完全偏差	1	1	0.3	加强培训,并指派额外的监督员对操作进行监督	没有指派额外的监督员,但操作人员受过良好培训	轻微偏差	0.2	0.3	0.6
(6)	打开挡风玻璃保持通风5分钟	否	未进行通风	完全偏差	1	0.85	0.6	通风操作应在程序中仔细规定,并安装气体检测报警器	程序包括这个功能但没有安装气体检测报警器	重大偏差	0.7	0.7	0.77
		错误	时间不到5分钟,炉内有残留气体	重大偏差	0.7								
(7)	关闭挡风玻璃并启动点火	错误	操作者面向炉膛站立	轻微偏差	0.4	0.4	0.2	在炉前挂上禁止站立的标志	设置了禁止站立的标志	无偏差	0	0.2	0.2
(8)	点火后打开供气管路上的阀门	错误	点火前打开阀门	重大偏差	0.9	0.9	0.6	加强培训,安装自动联锁装置	操作人员受过良好培训,但未安装自动联锁装置	中等偏差	0.4	0.8	0.61
(9)	设定阀门全开前对炉膛进行5分钟的预热	否	炉膛未预热	完全偏差	1	0.8	0.5	加强培训,并指派额外的监督员对操作进行监督	操作员经过良好培训,并指派了一名额外的监督员	无偏差	0	0.5	0.4
		错误	预热时间少于5分钟	重大偏差	0.9								

点状虚线表示在不同节点上操作的风险偏离度。在不考虑控制措施的情况下，节点（2）、（3）、（4）、（5）、（6）、（8）和（9）可能会出现重大偏差。短划线表示风险控制措施的有效性。实线表明，考虑当前控制措施后，节点（2）、（3）、（4）、（5）、（8）和（9）的总风险水平显著降低。

折线图表明节点（6）上的偏差（TDD＝0.77）是最大的，应该得到重点关注。虽然节点（2）（OFDD＝0.9）、（3）（OFDD＝0.9）、（5）（OFDD＝1）的操作功能偏差度高于节点（6）（OFDD＝0.85），但节点（2）（CFDD＝0.4）、（3）（CFDD＝0.5）、（5）（CFDD＝0.2）的控制功能偏差度远低于节点（6）（CFDD＝0.7），说明采取足够的控制措施可以补偿事故风险。

因此，加热炉启动过程的运行监督应重点关注节点（6），即“打开望火孔，调整挡风板通风 5min 以上，使炉膛内余气排出”；其次为节点（3）（检查液位计、压力计和安全阀等附件的完整性和灵敏度）、（2）（检查管线连接点有无泄漏）、（8）（先点火后开气，开气时人要背对加热炉）、（5）（检查确认供气阀门状态，确认供气阀门关闭，不漏气）、（4）（检查水位应在液位计显示范围的 1/2～2/3 之间）。

通过比较 JHA-2GW-HAZOP-偏离度综合方法与现有的非常规作业风险研究方法，可进一步说明方法的有效性。Ostrowski 和 Keim 提出了一种瞬态操作 HAZOP（transient operation HAZOP，TOH）方法，使用四个主要的引导词，分别为“谁”、“何时”、“何事”和“多长时间”，来描述工作任务可能出现的偏差，如表 5.7 所示。

表 5.7　瞬态操作 HAZOP 关键词

引导词	解释
谁	是否明确执行该步骤所需的人员和人数？是否已确定、记录并传达了该步骤的最低人员配备水平？这对于现场/控制台互动问题尤为重要
何事	是否说明了一系列步骤的总体目标？这可以让相关人员适应可能发生的变化，也是团队发现遗漏步骤、行动和意外情况的地方。例如，在试运行前没有说明大型火炬管线的氮气吹扫
何时	任务的时间或顺序是否重要？如果设备的相关部分由不同的工作人员操作，例如，一个工作人员在调试火炬线，而另一个工作人员在加压设备，这就会产生影响
多长时间	一个动作（如清除作业）持续的时间长短是否重要

在此基础上，TOH 方法提供了基本的评估流程。

① 评估团队组建。团队的组成和经验要求与基于 P&ID 的 HAZOP 相同，但组长应接受过 TOH 流程培训，并参加过由合格组长主持的 TOH。操作代表应具备现场和控制台操作资质，并非常熟悉所审查的任务，尤其是这些任务在现场的实际完成情况；工艺技术代表必须了解所研究的工艺和设备类型以及公司的设计标准和做法，负责跟踪 P&ID 上正在审查的操作。

② 预选单元活动和相关程序。小组应对所有必要的单元活动和相关程序进行初步筛选，以确定符合“高风险 ”瞬态运行标准的活动和程序。这将简化后续审查，并确保 HAZOP 技术的一致应用。

③ 收集参考文件。小组必须能够获得与传统 HAZOP 研究相同的信息，包括：材料安全数据表、简化流程图、详细的 P&ID、电气区域分类图、管道规格、设施选址研究、设备运行及维护和应急程序、设备事故报告以及员工关注问题清单。

④ 最终选定要审查的单元活动和相关程序。在首次会议期间，提供一份“HAZOP 启动摘要”，向团队介绍 TOH 的目的、范围和方法。启动会议结束后，整个团队应查看收集的所有事故报告摘要。详细审查涉及瞬时操作、实际或可能释放危险材料的事故报告，以确定应纳入审查范围的操作。

根据上述流程，小组应首先对程序进行整体审查，查找风险项目；再将每个程序分成一系列相关步骤。对于每一个序列，提出问题：“这一系列行动中的缺陷是否可能导致更严重的后果?”如果没有可能，则在右侧或左侧空白处标注该组步骤，以记录该部分已被审核；如果存在风险，则分别评估每个步骤。首先要问：“这一步骤中的缺陷是否可能导致更严重的后果?”如果答案是“否”，则继续下一步。如果答案是“是”，则利用团队的知识和经验对该步骤进行评估。评估应确定改进程序的方法，以将发生事故的可能性降至极低；确定程序控制是否是确保活动安全可靠进行的最有效手段，改进措施可能是增加警告或警示，甚至是增加设施或控制措施以降低风险。

Bridges 和 Marshall 比较了连续过程和间断过程的 WHAT-IF 方法、2GW-HAZOP 和 7-8GW-HAZOP，得出 WHAT-IF 方法耗时远小于 2GW-HAZOP，2GW-HAZOP 耗时远小于 7-8GW-HAZOP。应针对不同的程序选择这三种方法：7-8GW-HAZOP 适用于那些具有极端危险的程序，2GW-HAZOP 适用于不太复杂的任务或后果较轻的情况，而 WHAT-IF 方法适用于低危险、低复杂度、简单的任务。

将所提出的 JHA-2GW-HAZOP-偏离度综合方法与现有的方法进行比较，如多级 HAZOP、TOH 方法、WHAT-IF 方法、2GW-HAZOP 和 7-8GW-HAZOP 等，选取了 6 个特征：通用性、综合性、简洁性、量化性、省时性和准确性。点的数量表示一种方法在多大程度上表现出某些特征。点数较多的模型比点数较少的模型具有更广泛的适用性。比较结果见表 5.8。

表 5.8 所提出的方法与现有方法的比较

方法	JHA-2GW-HAZAOP-偏离度综合方法	多级 HAZOP	TOH 方法	WHAT-IF	2GW-HAZOP	7-8GW-HAZOP
通用性	· · ·	· · · ·	·	· · · · ·	· ·	· · · · · ·
综合性	· · · · · ·	· · · ·	· · ·	·	· ·	· · · · ·
简洁性	· · · · ·	· ·	· · ·	· · · ·	· · · · · ·	·
量化性	· · · · · ·	·	·	·	·	·
省时性	· · · ·	· · ·	· ·	· · · · · ·	· · · · ·	·
准确性	· · · · ·	· · · ·	· ·	·	· · ·	· · · · · ·

输气站场非常规作业过程的成功需要严格的操作程序，任何偏差都可能导致工作失败。针对非常规活动的这一特点进行风险评估，以考虑每个步骤的潜在偏差。所提出的综合风险评估方法为将非常规过程分解为详细的步骤，并进一步分析每个步骤的偏差水平提供了指导。

与传统风险定量计算方法（如概率计算与风险矩阵）相比，所提出的综合方法将风险描述为实际运行情况与正常情况的偏差。因此，偏差度越大，风险越高。偏差程度为工艺操作人员提供了更为直观的途径从而了解可能存在的危害并加以控制，有助于提高现场工作人员的风险意识。此外，事故发生的概率值准确地表示了风险等级。然而，它对工艺操作者和管理者提供的帮助有限。此外，使用概率方法可以忽略小概率事件。利用所提出的综合方法，分析了偏离正常操作过程的微小偏差，以提醒现场操作人员和监督人员存在潜在的风险。

综合方法的另一个优点是节省了时间，这是影响非常规过程风险评估的最重要因素之一。通过采用两个引导词，将一个非常规过程的风险评估时间从标准 HAZOP 的几十小时缩短到 2 ～ 4 小时。同时，由于引导词“否”和“错误”可以进行一个详细的划分，因此可以保证识别出的偏差的完整性。

5.4 本章小结

输气站场非常规作业过程要求严格的操作规程，任何偏差都可能导致整个过程的失败。然而，缺乏系统及实用的方法来识别和评估非常规过程的风险。本章提出了一个非常规作业过程的综合风险评估方法，以解决三个问题：如何将非常规过程分解为多个步骤，如何在考虑尽可能多的程序偏差的同时节省时间，以及如何表征程序偏差的风险值。JHA 方法可以系统地将作业过程分解为多个步骤，这些步骤被定义为 HAZOP 中的节点。在非常规操作过程中，可以根据实际功能与预期功能之间的差异来确定偏差。此外，评估时间通常限于非常规过程。因此，功能偏差分析的引导词不同于传统 HAZOP 中工艺参数偏差分析的引导词。因此，采用 2GW-HAZOP 来帮助识别偏差和危险场景。采用偏离度来衡量风险水平，并整合操作和控制功能偏差对偏离度进行量化。这种综合方法可以系统地识别危险场景，并评估非常规过程的风险。以输气站场加热炉启动过程为例，对所提出的综合方法进行了说明和应用。

6 非常规作业风险多层流交叉特性与动态评估

6.1 风险多层流交叉理论

6.1.1 理论背景

近年来，在安全科学领域，系统的网络化建模问题已经引起学术界的重视，并成为风险控制研究的热点问题[202-203]。网络模型对系统要素间的非线性关联进行图形化表征，能够更加真实地反映目标的实际运行情况。目前，国内外众多研究者在网络建模方面做了大量的研究和应用，并初步形成了一些较为成熟的网络化建模方法，例如贝叶斯网络[204]、Petri网[205]、模糊认知图[206]、功能共振网络[207]等。输气站场各过程流的网状结构表明，一个节点的变化可能引起同一过程流其他节点甚至不同过程流中节点的变化，因此，需要构建多层的复杂网络模型模拟系统的状态变化过程。

然而，目前大多数的输气站场风险研究仅针对个别要素或者过程流开展辨识与分析，忽视了复杂网络系统中过程流的层次性、交叉性、动态性，其主要原因在于传统的风险相关理论与模型不能很好地表征复杂网络系统的上述特征。复杂系统的重要特征是系统要素繁多且存在着非线性相互作用[208-209]。如何表征复杂系统的结构机制及功能表现，是复杂性科学领域的研究重点。近年来，复杂网络作为研究复杂系统内部各组分及其关联性的有效工具，已成为国际学术界的研究热点[210-211]。复杂网络将复杂系统基本结构映射为节点与边的形式，并利用节点与边的特性（路径长度、聚集系数等[212]）分析反映系统内部的非线性关联。目前国内外对复杂网络的研究主要集中在两个方面：系统网络结构与行为表现。例如，针对系统网络结构表征问题，Gao等[213] 在著名杂志 *Nature* 上发表的文章“Universal resilience patterns in complex networks”，指出现有的低阶网络分析模型仅能够处理有限的系统要素，而不能适应复杂系统的多层级特性。多层级复杂网络（network of networks）除了描述同一层网络中节点与边的同质性，还能够表达层与层之间关联节点的异质性，因而相比于传统复杂网络能够传达更丰富的信息，更加符合实际。一个典型的复杂网络多层级结构如图 6.1 所示。

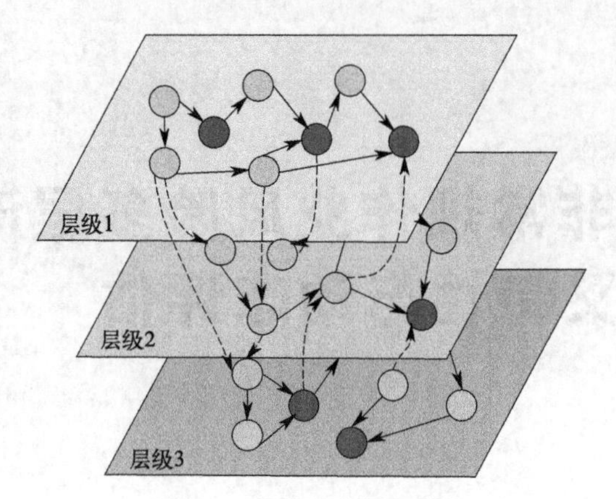

图 6.1 复杂网络层级结构

此外，构建复杂网络的根本目的在于研究系统行为，进而实现系统演变过程的预测与控制。根据节点相关性的强弱，可构建网络层级内部与层级间的依赖关系，从而构建由局部节点到关联节点间的级联失效过程[214]。在系统网络行为演化的理论分析方面，Justin 等在国际一流期刊 *Science* 上发表的文章“Control profiles of complex networks”中提出，利用控制理论揭示复杂网络拓扑结构元件间的控制关系，将控制工程知识融入复杂系统行为研究中[215]。目前，国内外研究人员已经认识到复杂网络在表征复杂系统行为方面的重要性，并进行了一些探索性的应用。例如，杜友田等[216] 针对人行为的多尺度特征，提出了行为分析的多层贝叶斯网络模型，并通过实验证明了多层复杂网络方法具有较高的识别率和稳健性；Lappenschaar 等构建多层贝叶斯网络用于挖掘多源医疗数据集的关联性，并通过与回归分析方法的比较验证了其准确性[217]；Meredith 等阐述了多层网络结构在知识密集型组织信息传递中的有效性[218]；等等。由此可见，多层级网络模型已经引起许多领域（如人的行为、社会组织、医疗信息等）科研工作者的极大兴趣。

6.1.2 理论提出

构建层级模型来描述风险因素之间的复杂性和耦合性，进而进行风险分析，已成为复杂性问题研究的共识。在过去几十年中，国内外学者已经建立了许多框架和模型来分析事故风险，其中层次模型发挥着越来越大的作用[219-222]。由于分析对象和范围不同，所建立的层次模型也存在较大差别。从社会技术系统的角度来看，AcciMap 识别了六个社会技术系统层面的风险因素，即设备和环境层面、物理过程和参与者活动层面、技术和运营管理层面、公司管理层和地方政府层面、监管机构和工会层面，以及政府政策层面。TeCSMART 框架定义了七个层，即设备视角层、工厂视角层、管理视角层、市场视角层、监管视角层、政府视角层和社会视角层。基于信息流的事故致因模型（IFAM）框架[223] 在微观、中观和宏观层面上定义了层次结构，微观层面为存在人为和固有风险的工作场所，中观层面为内部和外部组织，宏观层面为政府和监管机构。这些模型和框架为社会技术风险分析提供了更广阔的视角。然而，对于作业过程，场区外部的风险变化较慢，且很难在短期内消除。例如，政府层面的改进可能需要数年时间和大量资源。相对而言，较低层次的风险可以通过管理和技术措施来降低。因此，分析作业过程风险时，层级建模主要集中在设备、操作、管理等较低层次的风险。在 MFM 中，工业过程被分解并表示为物质流、能量流和信息流。虽然在 MFM 中提到的相互作用层主要指的是没有涉及行为流的社会技术系统，但在风险分析过程中，人的行为是必不可少的。鉴于此，风险分析时需要辨识跨越不同层流的事故风险因素及其相互关联。

输气站场的有序运行依赖于各种过程流（能量流、物质流、信息流、行为流等）的交互约束与控制作用，各个过程流关联交叉成“网”状结构，如图 6.2 所示。因此，可将输气站场看作一个复杂的网络系统。复杂网络系统的组成要素除了沿着各自的过程流执行功能，不同过程流间也必然通过其关联节点相互作用[224-225]。这些过程流中的任何故障都可能导致作业失效，甚至发生事故。因此，需要一种考虑物质流、信息流、行为流、能量流等多过程的风险分析策略，揭示层流内部和层流间的风险关联和传播规律，称之为多过程流交叉理论(multi-flow intersecting theory，MIT)。

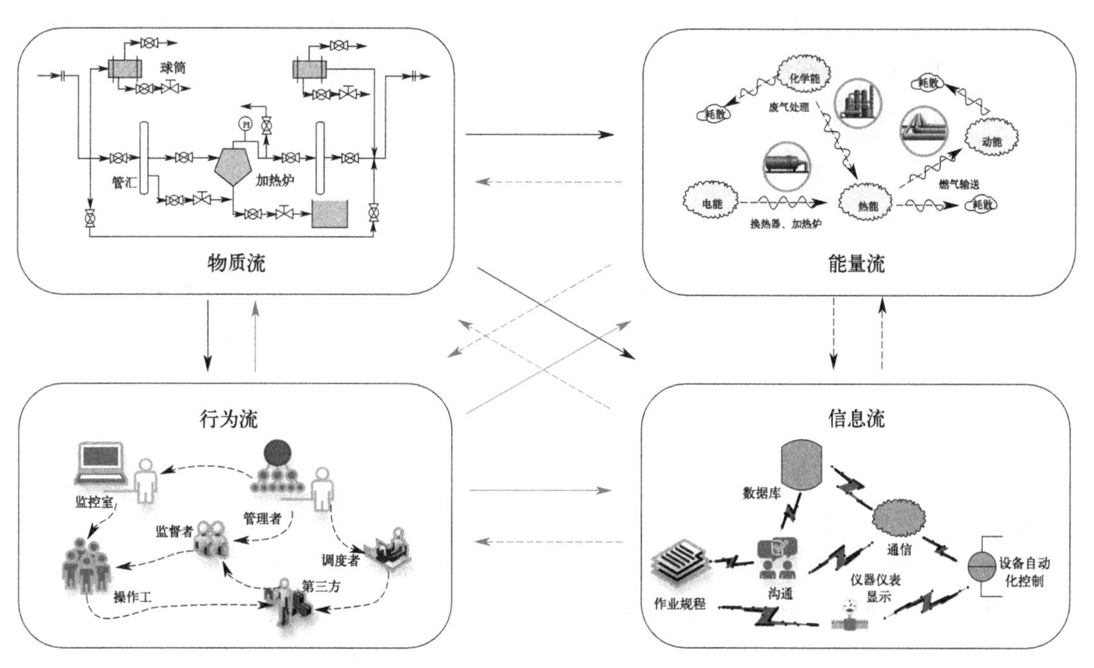

图 6.2 输气站场各过程流网状结构

此外，过程流的协同演化还具有如下性质。

(1) 自组织性

自组织从静态角度而言是指开放的系统在子系统的合作下而呈现出来的宏观尺度上的新结构；从动态角度而言是指系统从无序状态转变成具有一定结构的有序状态，或从旧的有序状态转变为新的有序状态[226]。而安全运行状态的打破往往也不是只受到一种过程流的影响。单过程流的失效往往不会直接导致事故的发生，如作业人员的误操作导致管道憋压，此时若管道的压力检测仪并未失效，就会及时检测到管道压力过高进而自动断开进气阀门。

(2) 突现性

在过程流的协同演化中，任何一种过程流都可能在某一节点发生变化进而影响其他过程流的作用，这种变化可以发生在协同演化的任何时间、任何节点，对后续的过程流产生影响，如发生电流屏蔽会导致管道的阴极保护失效，进而加速管道的腐蚀。

6.2 多层级模糊着色 Petri 网风险评估方法及应用

输气站场的有序运行依赖于能量流、物质流、信息流、行为流等过程流的交互约束。为了更系统全面地评估输气站场非常规作业过程中存在的风险，需将其看作一个复杂网络研究各种流要素之间的关联关系，提出一种适用于输气站场排污系统复杂网络风险评估的多层级模糊着色 Petri 网方法。

Petri 网具有借助矩阵运算进行定量风险评估的能力，因而能够解决大型、复杂系统的计算难题。系统的风险评估主要依赖于 Petri 网的动态性质，其中最主要的性质包括可达性、有界性和活性。这些性质允许在运行中分析系统的行为，确定系统可能出现的状态和行为，从而进行风险评估。

(1) 可达性

可达性是分析离散事件系统动态行为的基础。Petri 网在变迁的触发驱动下，其中的状态标识由 M_0 变为 M_1，此时称 M_1 是从 M_0 可达的。以此类推，若在变迁 T_1、T_2、…、T_n 下产生状态标识 M_1、M_2、…、M_n，则称 M_n 是从 M_0 可达的。可以用 $R(M_0)$ 来表示从 M_0 开始可达的所有标识的集合。

(2) 有界性

假设有一个正整数 K，令 $\forall M \in R(M_0)$，存在 $M(p_i) \leqslant K$，则称这个库所 p_i 是有界的，同时把 K 称为库所 p_i 的界。若在 Petri 网中，每个 $p \in P$ 都是有界的，则将这个 Petri 网称作有界 Petri 网。当 Petri 网的界为 1 时，就说明这个 Petri 网是安全的。尽管在 Petri 网中，通常不会从定义上去限制各个库所的容量，但如果在系统设计应用时，发现某一个库所的界为 k，为了保证系统能够正常运行，就必须要让该库所的资源容量比 k 大。

(3) 活性

一个 Petri 是活性的即说明该 Petri 网中不存在死锁现象。Petri 网中，若 $\forall M \in R(M_0)$，都存在 $M' \in R(M)$，则称变迁 T 是活性的。当且仅当变迁都是活性的时候，就称该 Petri 网为活性 Petri 网。活性用来评估 Petri 网在运行期间的变迁。如果变迁是活的，则说明该变迁在给定的初始标识 M_0 下具有潜在发生权。

在风险评估领域，由于评估信息的模糊性和不确定性，需要引入模糊数学的方法。采用模糊 Petri 网进行风险评估。然而相比于常用的事故树分析，传统 Petri 网模型缺乏结构性和层次性，导致对原因的分析不够直观；此外，传统算法在求解局部库所状态时仍需对整个模型进行运算，灵活性差；如何在 Petri 网中表征多层流风险因素及其交叉关联，也是传统建模需要突破的关键问题。为了使模型更加直观、计算过程更加灵活、层流特征更加明显，提出一种多层级模糊着色 Petri 网（multi-level fuzzy colored Petri nets）风险评估方法。

6.2.1 多层级模糊着色 Petri 网分层原则与推理算法

模糊推理 Petri 网利用网状结构表示事件间的复杂关系，利用变迁描述推理过程，利用推理规则进行定量风险评估。因此，在构建 Petri 网模型的基础上，需要将规则和图形进一步表示成矩阵的形式，以便于实现量化计算，简化推理过程。

对四种基础 Petri 网结构及对应的命题赋模糊值，得到四条基本的模糊规则。

① IF D_1 AND D_2 THEN D_3，命题 D_1 和 D_2 的置信度分别为 P_1、P_2，转移规则 T_1 的置信度为 R_1。

② IF D_1 THEN D_2 AND D_3，命题 D_1 的置信度为 P_1，转移规则 T_1 的置信度为 R_1。

③ IF D_1 OR D_2 THEN D_3，命题 D_1 和 D_2 的置信度分别为 P_1、P_2，转移规则 T_1 和 T_2 的置信度分别是 R_1 和 R_2。

④ IF D_1 THEN D_2 OR D_3，命题 D_1 的置信度为 P_1，转移规则 T_1 和 T_2 的置信度分别是 R_1 和 $R2$。

四条规则分别对应图 6.3 中的四种基本模糊 Petri 网模型。

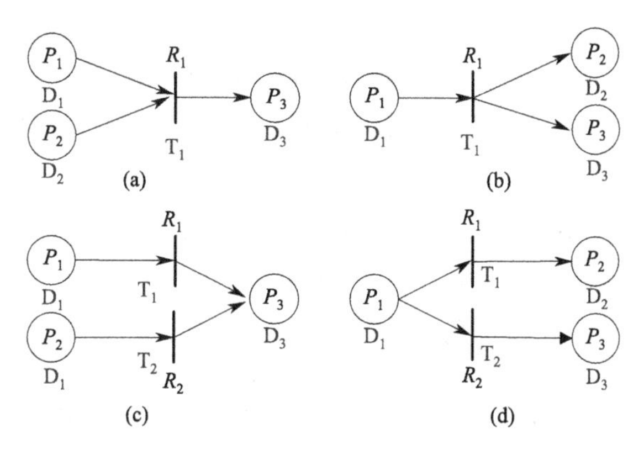

图 6.3 四种基本的模糊 Petri 网

根据模糊规则与 Petri 网的特点，构建四组基本输入输出矩阵。定义一组输入输出矩阵表示每种基本 Petri 网模型，如式(6.1)～式(6.4)所示。每一种 Petri 网类型与每一组输入矩阵（$\boldsymbol{I}$）和输出矩阵（$\boldsymbol{O}$）具有一一对应关系。

$$\boldsymbol{I}_{(a)}=\begin{matrix} D_1 \\ D_2 \\ D_3 \end{matrix}\overset{T_1}{\begin{bmatrix} 1 \\ 1 \\ 0 \end{bmatrix}},\boldsymbol{O}_{(a)}=\begin{matrix} D_1 \\ D_2 \\ D_3 \end{matrix}\overset{T_1}{\begin{bmatrix} 0 \\ 0 \\ 1 \end{bmatrix}} \tag{6.1}$$

$$\boldsymbol{I}_{(b)}=\begin{matrix} & T_1 \\ D_1 & \\ D_2 & \\ D_3 & \end{matrix}\begin{bmatrix}1\\0\\0\end{bmatrix},\boldsymbol{O}_{(b)}=\begin{matrix} & T_1 \\ D_1 & \\ D_2 & \\ D_3 & \end{matrix}\begin{bmatrix}0\\1\\1\end{bmatrix} \tag{6.2}$$

$$\boldsymbol{I}_{(c)}=\begin{matrix} & T_1 \quad T_2 \\ D_1 & \\ D_2 & \\ D_3 & \end{matrix}\begin{bmatrix}1&0\\0&1\\0&0\end{bmatrix},\boldsymbol{O}_{(c)}=\begin{matrix} & T_1 \quad T_2 \\ D_1 & \\ D_2 & \\ D_3 & \end{matrix}\begin{bmatrix}0&0\\0&0\\1&1\end{bmatrix} \tag{6.3}$$

$$\boldsymbol{I}_{(d)}=\begin{matrix} & T_1 \quad T_2 \\ D_1 & \\ D_2 & \\ D_3 & \end{matrix}\begin{bmatrix}1&1\\0&0\\0&0\end{bmatrix},\boldsymbol{O}_{(d)}=\begin{matrix} & T_1 \quad T_2 \\ D_1 & \\ D_2 & \\ D_3 & \end{matrix}\begin{bmatrix}0&0\\1&0\\0&1\end{bmatrix} \tag{6.4}$$

根据基本的 Petri 网结构与矩阵的对应关系，可对大型的、复杂的模糊 Petri 网进行矩阵表示。对于 Petri 网的定量计算，目前使用最多的是状态矩阵法和 MYCIN 置信度方法[227]。由于故障诊断规则是在专家知识或经验的基础上构建的，因而具有一定的模糊性，因此采用 MYCIN 置信度的方法表示故障诊断规则的强度，实现 Petri 网的定量运算。

原始的模糊推理 Petri 网通常用六元组（P，R，$\boldsymbol{I}$，$\boldsymbol{O}$，$\boldsymbol{\theta}$，$\boldsymbol{C}$）进行表示[228-129]。$P=\{P_1,P_2,\cdots,P_M\}$表示库所的集合，对应命题，其中 M 表示库所的数目。$R=\{R_1,R_2,\cdots,R_N\}$表示迁移的集合，对应规则，其中 N 是迁移的数目。$\boldsymbol{I}$：$P\rightarrow R$，是一个 $M\times N$ 的矩阵，表示迁移的输入。$\boldsymbol{O}$：$R\rightarrow P$，是一个 $M\times N$ 的矩阵，表示库所的输出。$\boldsymbol{\theta}=(\theta_{P_1},\theta_{P_2},\cdots,\theta_{P_N})^{\mathrm{T}}$ 是一个 $M\times 1$ 的矩阵，表示命题的置信度。$\boldsymbol{C}$ 是一个三角矩阵，表示迁移的置信度。Petri 网中各库所的状态可以通过式(6.5）进行计算。

$$\boldsymbol{\theta}_{k+1}=\boldsymbol{\theta}_k\oplus[(\boldsymbol{O}_k\cdot\boldsymbol{C}_k)\otimes\overline{(\boldsymbol{I}_k^{\mathrm{T}}\otimes\overline{\boldsymbol{\theta}_k})}] \tag{6.5}$$

其中，符号“$\oplus$”是加法算子，表示比较两元素后输出较大值；“$\otimes$”是乘法算子，表示将两元素相乘后输出乘积的较大值；“·”表示典型的矩阵乘法。式中 k 是大于等于 0 的整数，不限定取值范围。当计算到 $\boldsymbol{\theta}_{k+1}=\boldsymbol{\theta}_k$ 时，计算停止。

可见，在传统的 Petri 网定量计算中，由于变量 k 无法事先预知，因此需计算到 $\boldsymbol{\theta}_{k+1}=\boldsymbol{\theta}_k$ 时结束。使用这种计算方法，即使需要进行局部风险评估也需要计算整个 Petri 网的状态，计算方式不够灵活。本书提出一种分层模糊推理 Petri 网的方法，通过层次使模型更加结构化，便于确定不同的原因类型，并利用划分的 Petri 子网层次数目限定计算步骤。

下面通过一个简单的案例进行说明。

假设有以下四个产生式规则：

规则 1：IF P_1 THEN P_2 AND P_6（置信度为 R_1）。

规则 2：IF P_2 AND P_3 THEN P_5（置信度为 R_2）。

规则 3：IF P_4 THEN P_6（置信度为 R_3）。

规则 4：IF P_5 THEN P_6（置信度为 R_4）。

在基于规则的设备故障诊断领域，$P_1\sim P_6$ 表示故障原因，$R_1\sim R_4$ 表示因果关系，得到如图 6.4 所示的 Petri 网模型。

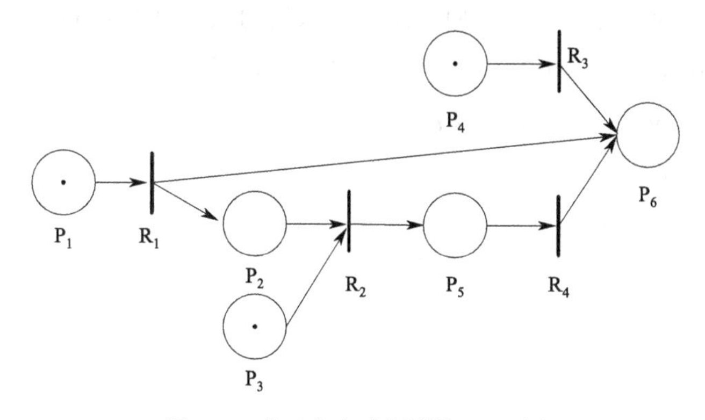

图 6.4 基于产生式规则的 Petri 网

从图 6.4 中可以看出，Petri 网利用弧与变迁的形式替代传统事故树的与门和或门关系，从而使逻辑关系表达更加简洁。但相比于事故树，Petri 网对风险事件直接原因和根本原因的表达缺乏结构化。因此，本书提出一种分层 Petri 网建模方法。首先需要制定分层原则：计算从初始库所到终止库所之间的变迁数目，把具有相同变迁数目的输入库所、该库所对应的变迁及输出库所归于同一层。特殊情况下，同一库所对应的变迁数目有多个，这时需要添加辅助库所和辅助变迁。辅助库所和辅助变迁并不具有物理意义，添加的基本原则是：辅助库所的值与其相邻的库所值相同，辅助变迁的值恒为 1。

根据分层原则，可将图 6.4 的 Petri 网分解为三层，如图 6.5 所示。为了保证结构的层次化，需要添加辅助库所和辅助变迁。在图 6.4 中，从库所 P_1 到库所 P_6 的变迁路径有两条：$P_1 \rightarrow P_2 \rightarrow P_5 \rightarrow P_6$ 和 $P_1 \rightarrow P_6$。因此，需要添加辅助库所 P' 和辅助迁移 R'，如图 6.5 中长虚线所示。其中库所 P' 对应命题的置信度与库所 P_1 对应命题的置信度一致，迁移 R' 的置信度为 1。

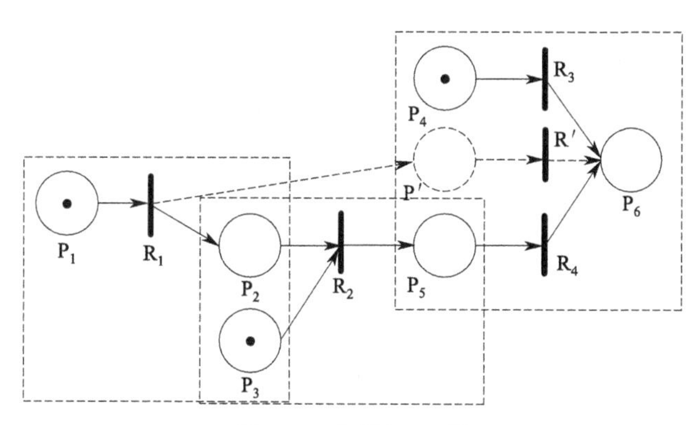

图 6.5 分层 Petri 网

从图 6.5 可以看出，该 Petri 网可以分为三层，从左到右依次是：P_1、P_2、P_3、R_1 为第一层；P_2、P_3、P_5、R_2 为第二层；P_4、P'、P_5、P_6、R_3、R'、R_4 为第三层。Petri 网中的库所与事故或风险的原因相对应。从分层 Petri 网中可以直接判断出失效事件的直接原因和根本原因：P_1 代表根本原因，P_4、P'（或 P_1）、P_5 代表直接原因，其余库所代表中间原因。因此，从原因分析的角度，分层 Petri 网能够更加直观地区分直接原因与根本原因，从而使模型更加结构化。

除了图形表示，为了适应分层模型，需要对原始的式(6.5) 进行修正。在分层 Petri 网中，计算步骤仅取决于分层的数目。对每一层 Petri 网，根据式(6.6) 计算置信度向量：

$$\boldsymbol{\theta}_k=\boldsymbol{\theta}_{k-1}\oplus[(\boldsymbol{O}_{k-1}\cdot\boldsymbol{C}_{k-1})\otimes(\overline{\boldsymbol{I}_{k-1}^{\mathrm{T}}\otimes\overline{\boldsymbol{\theta}_{k-1}}})]\ (1\leqslant k\leqslant m) \tag{6.6}$$

式中的符号含义如表 6.1 所示。

表 6.1　多层级模糊着色 Petri 网公式符号及含义

符号	符号含义
$\oplus$	两元素比较后输出较大值
$\otimes$	两元素相乘后输出乘积较大值
$\cdot$	矩阵乘法
k	$1\sim m$ 范围内所取的正整数

综上，可根据知识表示规则和分层原则，构建通用的分层模糊推理 Petri 网模型，如图 6.6 所示。

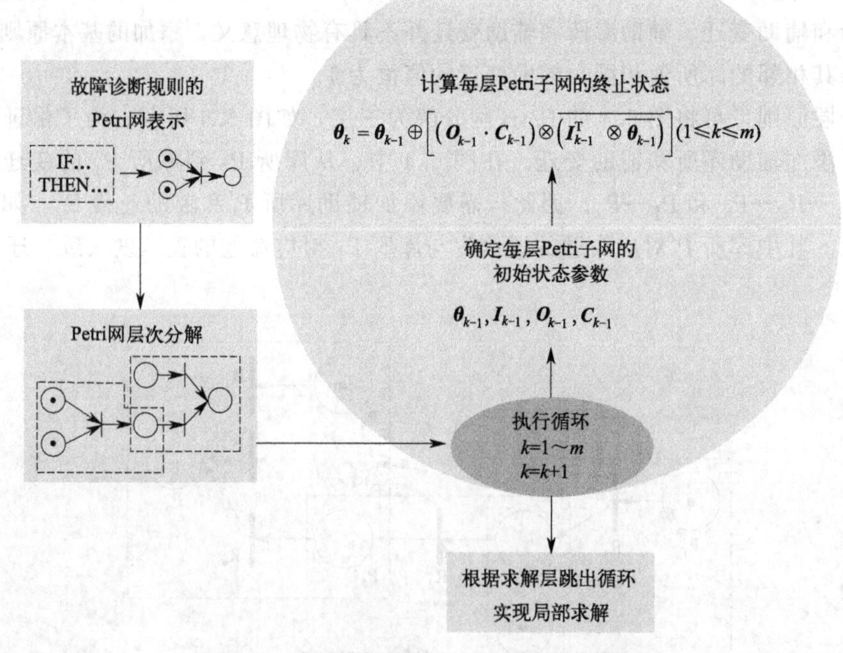

图 6.6　分层模糊推理 Petri 网定量评估模型

评估算法如下。

① 将模糊规则表示成 Petri 网；

② 根据分层原则，将 Petri 网分解为 m（$m\geqslant 2$）层，特殊情况下需要添加辅助库所和变迁；

③ 从第一层开始，即 $k=1$，确定初始变量 $\boldsymbol{\theta}_{k-1}$、$\boldsymbol{I}_{k-1}$、$\boldsymbol{O}_{k-1}$、$\boldsymbol{C}_{k-1}$ 作为输入数据；

④ 根据式(6.6) 计算 $\boldsymbol{\theta}_k$；

⑤ 进入第二层 Petri 网，返回步骤③，经过 m 次计算后可得到所有库所状态，也可根

据需要进行 k（$1\leqslant k\leqslant m$）步计算。

6.2.2 多层级模糊着色 Petri 网表征

考虑到需要在能量流、物质流、信息流、行为流视域下辨识风险因素及因素间的关联，需要在分层模糊 Petri 网的基础上进一步表征不同过程流信息，提出多层级模糊着色 Petri 网方法。

将多层级模糊着色 Petri 网定义为一八元组 MFCPN=$\{P$、T、$\boldsymbol{I}$、$\boldsymbol{O}$、$\boldsymbol{R}$、C、$\boldsymbol{\theta}$、$m\}$，且满足以下条件。

① $P=\{P_1,P_2,\cdots,P_N\}$是模糊库所的有限集合，用圆圈表示。库所中若包含托肯，则库所对应的命题发生，在圆圈中添加实心点；若不包含托肯，代表库所对应的命题尚未发生，圆圈中为空。与常规 Petri 网不同的是，风险评估中 Petri 网托肯标识的是风险的迁移而非资源数量的变化，因此变迁发生后前置库所的托肯并不消失。初始库所对应的事件为初始事件，用置信度表示事件发生的概率，即库所的值 P_x。

② $T=\{T_1,T_2,\cdots,T_M\}$是变迁的有限集合，用短实线表示。用置信度表示变迁状态被激发的概率，即变迁的值 T_x。

③ $\boldsymbol{I}$：$P\rightarrow T$，是一个 $N\times M$ 的矩阵，表示变迁的输入关联矩阵。

④ $\boldsymbol{O}$：$T\rightarrow P$，同样是一个 $N\times M$ 的矩阵，可以反映出库所的输出。

⑤ $\boldsymbol{R}$ 为一个三角矩阵，用来表示变迁的置信度。

⑥ C：$P\rightarrow\Sigma$是库所的标识集合，对于每个库所 P，均通过对应的能量流、物质流、信息流、行为流进行标识。

⑦ $\boldsymbol{\theta}=(\theta_{P_1},\theta_{P_2},\cdots,\theta_{P_N})^{\mathrm{T}}$ 是一个 $N\times 1$ 的矩阵，表示命题的置信度。

⑧ m 为多层级 Petri 网的层数，按照从初始库所到终止库所的方向，将从初始库所到终止库所之间所有的变迁数目相同的输入库所、变迁及输出库所划分为同一层。为了使网络的层次结构完整，若存在跨层变迁，则添加重复的变迁到跨越层，用虚线表示。对于多层级模糊着色 Petri 网中的每一层网络结构，可根据式(6.6) 计算输出库所的置信度向量。

多层级模糊着色 Petri 网用于风险评估的建模基础是在能量流、物质流、信息流、行为流视域下辨识风险因素及因素间的模糊推理规则，并根据网络模型构建原则对其进行图形化表征，最后利用 Petri 网的矩阵运算能力实现量化评估。具体的评估过程步骤如下：

① 分析复杂系统，明确系统中能量流、物质流、信息流、行为流的层次结构与功能，辨识系统事故风险并将专家知识表示成 IF α（命题置信度 θ）THEN β（变迁置信度 R）模糊推理规则的形式；

② 根据多层级模糊着色 Petri 网的定义将模糊推理规则表示成 Petri 网模型，并对不同流过程要素进行着色分类；

③ 按照推理深度划分 Petri 网层级数目 m，添加辅助库所和辅助变迁，构建多层级网络结构；

④ 根据公式计算 θ_k($1\leqslant k\leqslant$m)，得到目标层级的输出库所对应命题的置信度。

6.2.3 基于多层级模糊着色 Petri 网的输气站场排污过程风险评估实例

排污作业是输气站场必备功能之一，起着污染物收集、储存、外输等作用[229]。由于其作业频率低、不确定性大，属于输气站场的非常规作业。随着排污系统运行时间的增长和使用频率的增加，排污系统会产生不同程度的安全隐患，例如因不能及时地排除污染物而影响天然气的气质，甚至还会造成介质外漏、污染环境、着火爆炸、人员伤亡等事故。输气站场排污过程的有序运行依赖于能量流、物质流、信息流、行为流等的交互约束，组成复杂系统的简单个体（人员、设备、组织等）之间存在着或强或弱的相互作用，作用关系的失效引起了系统灾变的产生。

鉴于输气站场排污作业中过程流的层次性与交叉性，传统的风险评估方法不能很好地表征复杂网络的上述特征，运用所提出的多层级模糊着色 Petri 网风险评估方法，从能量流、物质流、信息流、行为流的角度进行风险辨识与分析，进一步对输气站排污系统复杂网络要素间的非线性关联进行图形化建模并进行模糊推理运算，从而更加系统全面地表征输气站排污系统的事故风险演变过程。

以山东省某输气站场为例，该站场的排污单元工艺流程如图 6.7 所示。

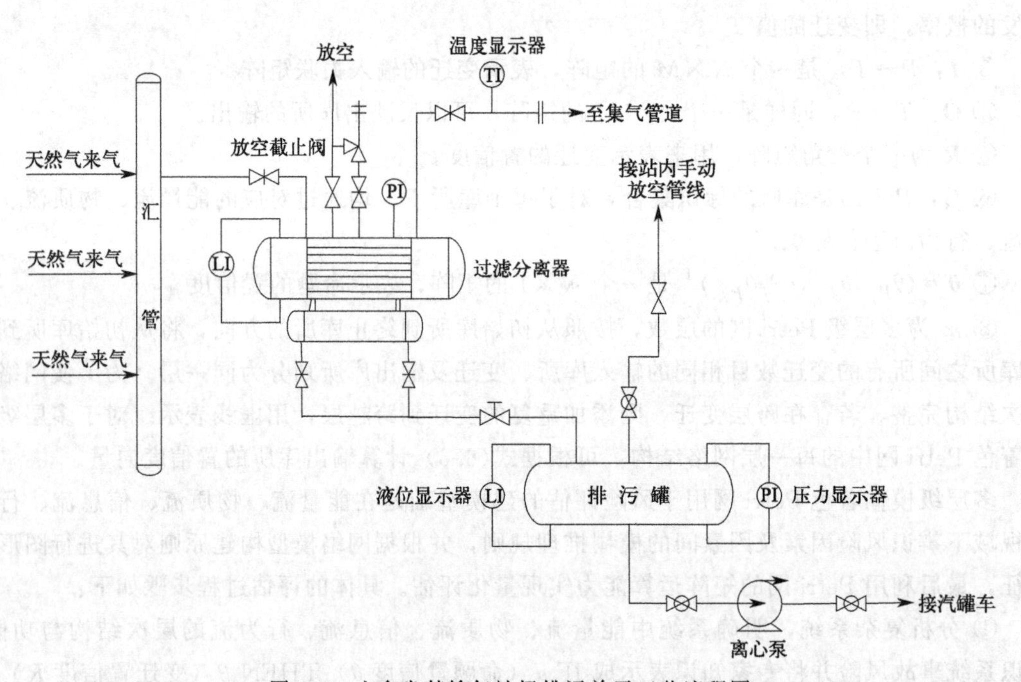

图 6.7 山东省某输气站场排污单元工艺流程图

上游单元的天然气来气经由汇管至过滤分离器，去除气体中的固体杂质和液态杂质。经过滤后的天然气通向集气管道，分离出的其余杂质进入排污罐，当排污罐的液位高度超过液位计量程 1/2，需利用离心泵将残液排至汽罐车运走。排污作业的具体操作规程如下。

① 取得调度指令后检查作业条件，作业条件无误后开始排污操作。

② 全开过滤分离器放空球阀，在最终压力保持在 0.2MPa 左右时，停止放空，关闭放空阀。

③ 打开排污罐手动放空球阀、手动放空截止阀。

④ 开始排污操作：首先一人全开排污球阀，再缓慢开启排污截止阀，操作时需注意听排污管线内流体的声音，一旦听到气流声，迅速关闭截止阀；一人观察排污罐压力表的示数、液位计液位高度，防止罐体憋压。

⑤ 待排污罐压力为 0 且液位稳定后关闭手动放空球阀、放空截止阀。

⑥ 关闭过滤分离器的差压表取压阀组平衡阀，结束排污。

过滤分离器及排污罐均设有液位显示器（LI）与压力显示器（PI），当发生液位过高或压力过高时可对设备的运行人员发出报警。当过滤器液位与压力均达到可进行排污的标准时，可由运行人员手动排污，先对设备进行放空降压，再打开排污阀。

在过程流视域下分析上述的排污过程，能量流（高压气体输送）、物质流（天然气、杂质等）、信息流（液位信息、压力信息等）、行为流（操作人员手动排污）之间存在着交互作用。因此，将输气站排污系统看作一个复杂的网络系统，在进行风险辨识时需要综合考虑四种过程流之间的相互影响。针对输气站排污系统各过程流之间的相互影响作用，结合现场调研结果和专家知识，得到推理规则如下：

① IF 未设置警示带 THEN 车辆进入作业区 AND 未检查并清除火源 THEN 现场产生火花；

② IF 可燃气体报警装置损坏 OR 报警信号传输失效 THEN 报警装置未报警；

③ IF 排污前未关闭分离器进口阀门 THEN 分离器憋压；

④ IF 分离器未放空到允许压力 OR 打开排污阀前未放空 OR 压力观察人员未传递压力信息 THEN 排污罐憋压；

⑤ IF 分离器憋压 OR 排污罐憋压 OR 泄压装置失灵 THEN 机械爆炸；

⑥ IF 分离器未放空到允许压力 OR 打开排污阀前未放空 THEN 高压气体冲击排污阀；

⑦ IF 操作人员经验不足 THEN 未及时关闭排污阀；

⑧ IF 排污前未关闭分离器进口阀门 THEN 高压气体从分离器冲出；

⑨ IF 分离器未放空到允许压力 OR 打开排污阀前未放空 THEN 高压气体从排污罐冲出；

⑩ IF 法兰或连接处泄漏 OR 未及时关闭排污阀 OR 高压气体从分离器冲出 OR 高压气体从排污罐冲出 OR 高压气体冲击排污阀 OR 机械爆炸 THEN 天然气泄漏；

⑪ IF 未清除无关人员 THEN 无关人员进入作业区；

⑫ IF 高压气体冲击排污阀 THEN 手轮飞出；

⑬ IF 现场产生火花 AND 报警装置未报警 AND 天然气泄漏 THEN 火灾；

⑭ IF 天然气泄漏 AND 操作人员未携带可燃气体报警仪 AND 警戒人员位于放空阀或排污罐下风向 AND 无关人员进入作业区 THEN 中毒；

⑮ IF 无关人员进入作业区 AND 机械爆炸 OR 手轮飞出 AND 操作人员位于阀门正面 THEN 人身伤害。

利用多层级模糊着色 Petri 网对推理规则进行抽象建模，其网络模型如图 6.8 所示，库所的含义如表 6.2 所示。

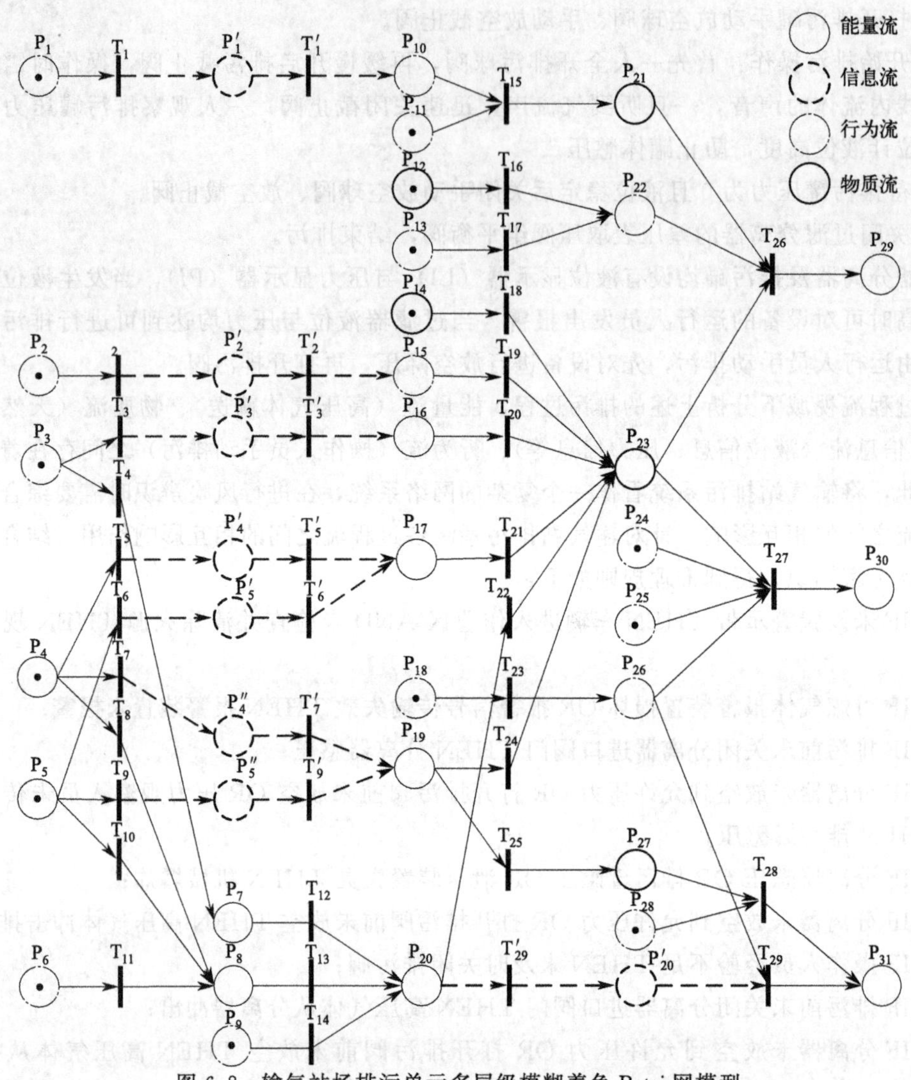

图 6.8　输气站场排污单元多层级模糊着色 Petri 网模型

表 6.2　库所符号及所表示含义

过程流	风险因素
能量流	分离器憋压(P_7)、排污罐憋压(P_8)、高压气体从分离器冲出(P_{16})、高压气体从排污罐冲出(P_{17})、高压气体冲击排污阀(P_{19})、机械爆炸(P_{20})
信息流	未设置警示带(P_1)、压力观察人员未传递压力信息(P_6)、泄压装置失灵(P_9)、报警信号传输失效(P_{13})、报警装置未报警(P_{22})
行为流	操作人员经验不足(P_2)、排污前未关闭分离器进口阀门(P_3)、分离器未放空到允许压力(P_4)、打开排污阀前未放空(P_5)、车辆进入作业区(P_{10})、未检查并清除火源(P_{11})、未及时关闭排污阀(P_{15})、未清除无关人员(P_{18})、无关人员进入作业区(P_{26})、操作人员未携带可燃气体报警仪(P_{24})、警戒人员位于放空阀或排污罐下风向(P_{25})、操作人员位于阀门正面(P_{28})
物质流	可燃气体报警装置损坏(P_{12})、法兰或连接处泄漏(P_{14})、现场产生火花(P_{21})、天然气泄漏(P_{23})、手轮飞出(P_{27})

对初始事件与规则的发生概率进行现场调研。按照事件发生的可能性大小对事件发生的

模糊概率进行置信区间的划定：“很可能”取值［0.80，1.00］；“可能”取值［0.65，0.79］；“一般”取值［0.45，0.64］；“不太可能”取值［0.30，0.44］；“非常不可能”取值［0.00，0.29］。由现场专家根据可能性描述确定置信度的经验值，得到模型中的初始库所置信度与所有变迁的置信度如表 6.3 所示。

表 6.3　初始库所与变迁置信度赋值表

初始库所	置信度	变迁	置信度	变迁	置信度
P_1	0.46	T_1	0.30	T_{15}	0.85
P_2	0.40	T_2	0.40	T_{16}	1.00
P_3	0.40	T_3	0.40	T_{17}	1.00
P_4	0.35	T_4	0.65	T_{18}	0.35
P_5	0.32	T_5	0.30	T_{19}	1.00
P_6	0.45	T_6	0.42	T_{20}	1.00
P_9	0.24	T_7	0.50	T_{21}	1.00
P_{11}	0.32	T_8	0.50	T_{22}	0.55
P_{12}	0.24	T_9	0.75	T_{23}	0.55
P_{13}	0.18	T_{10}	0.75	T_{24}	0.48
P_{14}	0.30	T_{11}	0.35	T_{25}	0.85
P_{18}	0.46	T_{12}	0.80	T_{26}	0.80
P_{24}	0.48	T_{13}	0.85	T_{27}	0.60
P_{25}	0.42	T_{14}	0.70	T_{28}	0.80
P_{28}	0.42				

根据运算规则，当 $k=1$ 时，输入库所有 P_1、P_2、P_3、P_4、P_5、P_6，输出库所有 P_{10}、P_{15}、P_{16}、P_{17}、P_{19}、P_7、P_8，则第一层级的各计算参数如下：

$$\begin{aligned}\boldsymbol{\theta}_0 &= [P_1,P_2,P_3,P_4,P_5,P_6,P_{10},P_{15},P_{16},P_{17},P_{19},P_7,P_8]^{\mathrm{T}} \\ &= [0.46,0.40,0.40,0.35,0.32,0.45,0,0,0,0,0,0,0]^{\mathrm{T}}\end{aligned} \tag{6.7}$$

$$\boldsymbol{I}_0 = \begin{bmatrix} 1 & 0 & 0 & 0 & 0 & 0 & 0 & 0 & 0 & 0 & 0 \\ 0 & 1 & 0 & 0 & 0 & 0 & 0 & 0 & 0 & 0 & 0 \\ 0 & 0 & 1 & 1 & 0 & 0 & 0 & 0 & 0 & 0 & 0 \\ 0 & 0 & 0 & 0 & 1 & 0 & 1 & 1 & 0 & 0 & 0 \\ 0 & 0 & 0 & 0 & 0 & 1 & 0 & 0 & 1 & 1 & 0 \\ 0 & 0 & 0 & 0 & 0 & 0 & 0 & 0 & 0 & 0 & 1 \\ 0 & 0 & 0 & 0 & 0 & 0 & 0 & 0 & 0 & 0 & 0 \\ \vdots & \vdots & \vdots & \vdots & \vdots & \vdots & \vdots & \vdots & \vdots & \vdots & \vdots \\ 0 & 0 & 0 & 0 & 0 & 0 & 0 & 0 & 0 & 0 & 0 \end{bmatrix}_{13\times 11} \tag{6.8}$$

$$
\boldsymbol{O}_0=\begin{bmatrix}
0&0&0&0&0&0&0&0&0&0&0\\
\vdots&\vdots&\vdots&\vdots&\vdots&\vdots&\vdots&\vdots&\vdots&\vdots&\vdots\\
\vdots&\vdots&\vdots&\vdots&\vdots&\vdots&\vdots&\vdots&\vdots&\vdots&\vdots\\
0&0&0&0&0&0&0&0&0&0&0\\
1&0&0&0&0&0&0&0&0&0&0\\
0&1&0&0&0&0&0&0&0&0&0\\
0&0&1&0&0&0&0&0&0&0&0\\
0&0&0&0&1&1&0&0&0&0&0\\
0&0&0&0&0&0&1&0&1&0&0\\
0&0&0&1&0&0&0&0&0&0&0\\
0&0&0&0&0&0&0&1&0&1&1
\end{bmatrix}_{13\times 11} \tag{6.9}
$$

$$
\boldsymbol{R}_0=\mathrm{diag}(0.3,0.4,0.4,0.65,0.3,0.42,0.5,0.5,0.75,0.75,0.35) \tag{6.10}
$$

在上述参数已知的情况下，可根据公式计算出 $\boldsymbol{\theta}_1$ 为：

$$
\begin{aligned}
\boldsymbol{\theta}_1&=\boldsymbol{\theta}_0\oplus[(\boldsymbol{O}_0\cdot\boldsymbol{R}_0)\otimes(\overline{\boldsymbol{I}_0^{\mathrm{T}}\otimes\overline{\boldsymbol{\theta}_0}})]\\
&=\begin{bmatrix}0.54,0.6,0.6,0.65,0.68,0.55,0.138,0.16,\\0.16,0.1344,0.24,0.26,0.24\end{bmatrix}^{\mathrm{T}}
\end{aligned} \tag{6.11}
$$

由上述计算可知，中间库所 P_{10}、P_{15}、P_{16}、P_{17}、P_{19}、P_7、P_8 的置信度分别为：0.138、0.16、0.16、0.1344、0.24、0.26、0.24。

当 $k=2$ 时，因为第二层级中有包括虚拟库所在内的 10 个输入库所：P'_1、P'_2、P'_3、P'_4、P'_5、P''_4、P''_5、P_7、P_8、P_9。输出库所有：P_{10}、P_{15}、P_{16}、P_{17}、P_{19}、P_{20}。则可结合上一层级中得到的库所 P_7、P_8 的置信度，同理可根据式(6.6) 计算出 $\boldsymbol{\theta}_2$ 的值为：

$$
\begin{aligned}
\boldsymbol{\theta}_2&=\boldsymbol{\theta}_1\oplus[(\boldsymbol{O}_1\cdot\boldsymbol{R}_1)\otimes(\overline{\boldsymbol{I}_1^{\mathrm{T}}\otimes\overline{\boldsymbol{\theta}_1}})]\\
&=\begin{bmatrix}0.46,0.4,0.4,0.35,0.32,0.35,0.32,0.26,0.24,\\0.24,0.138,0.16,0.16,0.1344,0.24,0.204\end{bmatrix}^{\mathrm{T}}
\end{aligned} \tag{6.12}
$$

即中间库所 P_{20} 的置信度为 0.204。

当 $k=3$ 时，输入库所有：P_{10}、P_{11}、P_{12}、P_{13}、P_{14}、P_{15}、P_{16}、P_{17}、P_{18}、P_{19}、P_{20}。输出库所有：P_{21}、P_{22}、P_{23}、P_{26}、P_{27}。则第三层级的参数 $\boldsymbol{\theta}_2$、$\boldsymbol{I}_2$、$\boldsymbol{O}_2$、$\boldsymbol{R}_2$ 已知的情况下，根据式(6.6) 计算出 $\boldsymbol{\theta}_3$ 为：

$$
\begin{aligned}
\boldsymbol{\theta}_3&=\boldsymbol{\theta}_2\oplus[(\boldsymbol{O}_2\cdot\boldsymbol{R}_2)\otimes(\overline{\boldsymbol{I}_2^{\mathrm{T}}\otimes\overline{\boldsymbol{\theta}_2}})]\\
&=\begin{bmatrix}0.138,0.32,0.24,0.18,0.3,0.16,0.16,0.1344,0.46,\\0.24,0.204,0.0966,0.204,0.3,0.253,0.1154\end{bmatrix}^{\mathrm{T}}
\end{aligned} \tag{6.13}
$$

即中间库所 P_{21}、P_{22}、P_{23}、P_{26}、P_{27} 置信度分别为：0.0966、0.204、0.3、0.253、0.1154。

同理，当 $k=4$ 时根据式(6.6) 计算出 $\boldsymbol{\theta}_4$ 为：

$$
\begin{aligned}
\boldsymbol{\theta}_4&=\boldsymbol{\theta}_3\oplus[(\boldsymbol{O}_3\cdot\boldsymbol{R}_3)\otimes(\overline{\boldsymbol{I}_3^{\mathrm{T}}\otimes\overline{\boldsymbol{\theta}_3}})]\\
&=\begin{bmatrix}0.0966,0.204,0.3,0.48,0.42,0.253,0.1154,\\0.42,0.204,0.0821,0.2024,0.1632\end{bmatrix}^{\mathrm{T}}
\end{aligned} \tag{6.14}
$$

至此，模型中所有的层级都计算完毕，可以得出终止库所 P_{29}（火灾）、P_{30}（中毒）、P_{31}（人身伤害）的置信度，即三种事故结果发生的置信度分别为：0.0821、

0.2024、0.1632。

从多层级模糊着色 Petri 网络模型中可以直观地看出，在导致事故后果的 28 个原因库所中，12 个（占 42.9%）原因属于行为流因素，6 个（占 21.4%）原因属于能量流因素，属于信息流和物质流的原因各占 17.9%。此外，从导致事故的根本原因对应的初始库所中可以看出，大部分风险因素属于行为流中的因素，占所有初始库所的 60%。上述数据说明，在输气站的排污过程中行为流因素是导致事故发生的最主要因素。因此在站场排污过程中，应当把预防人的不安全行为放在首要位置。

从模糊推理过程中可以看出，多层级 Petri 网计算过程中可根据 k 的值确定推理深度。例如，若想计算天然气泄漏（P_{23}）事件发生的置信度，则只需把天然气泄漏作为最终库所，计算到 $k=3$ 时结束推理，即可实现局部求解。对于更加复杂的大型网络，这种局部求解能力可以大大地节省计算量。

从风险评估结果中可以看出，在现有的条件下，该输气站排污系统发生火灾、中毒、人身伤害的置信度处于取值区间［0.00，0.29］范围内，说明事故发生的可能性极低，但中毒事故发生的可能性比其他事故发生的可能性高。因此，该站场排污系统在进行安全管理时应当重点预防导致中毒的条件发生。

6.2.4 多层级概率 Petri 网优化及应用

多层级模糊 Petri 网通过模糊数学的基本计算方法实现网络推理。然而，在进行推理计算的过程中，需要进行概率赋值。虽然目前已有很多事故或者故障数据库能够提供一些基本事件的发生概率，但现有的概率数据值并不完整。为进一步降低评估过程中的不确定性，提出多层级概率 Petri 网的优化方法。主要思路是通过模糊值的去模糊化处理及其与概率值之间的量化关系得到更为精确的推理结果。以输气站场管道泄漏事故多层级概率 Petri 网推理为例进行说明。

燃气管道泄漏事故的发生是由多种过程流相互作用导致的，其中物质流和行为流是主要的风险因素。在进行风险评估时，需要全面考虑这四种过程流（包括能量流、信息流、物质流和行为流）之间的相互影响。只有综合考虑这些因素，才能更准确地评估风险并采取有效的风险控制措施。结合现场调研结果，可以得到 IF-THEN 推理规则，以帮助我们更好地预防输气站场燃气管道泄漏事故的发生。IF-THEN 推理规则如下：

① IF 维护不当 OR 施工质量差 OR 管道老化 THEN 防腐层失效；

② IF 电流屏蔽 OR 停电中断 THEN 阴极保护层失效；

③ IF 技术不熟练 OR 作业人员疲劳 THEN 操作失误 THEN 管道憋压；

④ IF 防腐层失效 OR 阴极保护层失效 THEN 保护失效；

⑤ IF 误操作 AND 监理不力 THEN 违章工程开挖；

⑥ IF 管道数据缺失或不正确 THEN 违章工程开挖；

⑦ IF 地面下沉 OR 跨障支撑破坏 THEN 管道悬空 THEN 管道断裂；

⑧ IF 地面设施或车辆影响 THEN 管道变压 THEN 管道断裂；

⑨ IF 土壤腐蚀性强 AND 保护失效 THEN 外腐蚀；

⑩ IF 腐蚀抑制剂失效 AND 内防腐涂层失效 AND 气质较差 THEN 内腐蚀；
⑪ IF 违章工程开挖 THEN 管道断裂；
⑫ IF 违章工程开挖 THEN 管道穿孔；
⑬ IF 自然灾害（洪水、泥石流等）THEN 管道断裂；
⑭ IF 打孔盗气 THEN 管道穿孔；
⑮ IF 管道憋压 THEN 管道断裂；
⑯ IF 管道憋压 THEN 管道穿孔；
⑰ IF 质量缺陷 THEN 管道穿孔；
⑱ IF 质量缺陷 THEN 小孔泄漏；
⑲ IF 外腐蚀 AND 腐蚀检测不足 THEN 管道断裂；
⑳ IF 外腐蚀 AND 腐蚀检测不足 THEN 管道穿孔；
㉑ IF 外腐蚀 AND 腐蚀检测不足 THEN 小孔泄漏；
㉒ IF 腐蚀检测不足 AND 内腐蚀 THEN 管道断裂；
㉓ IF 腐蚀检测不足 AND 内腐蚀 THEN 管道穿孔；
㉔ IF 腐蚀检测不足 AND 内腐蚀 THEN 小孔泄漏。

利用多层级概率 Petri 网对 IF-THEN 推理规则进行抽象建模，构建的网络模型见图 6.9。

库所的含义及过程流分类见表 6.4。

表 6.4 库所的含义及过程流分类

符号	意义	过程流	符号	意义	过程流
P_1	维护不当	行为流	P_{17}	土壤腐蚀性强	物质流
P_2	施工质量差	行为流	P_{18}	保护失效	物质流
P_3	管道老化	物质流	P_{19}	腐蚀抑制剂失效	物质流
P_4	电流屏蔽	信息流	P_{20}	内防腐涂层失效	物质流
P_5	停电中断	信息流	P_{21}	气质较差	物质流
P_6	技术不熟练	行为流	P_{22}	违章工程开挖	行为流
P_7	作业人员疲劳	行为流	P_{23}	管道悬空	物质流
P_8	防腐层失效	物质流	P_{24}	自然灾害(洪水、泥石流等)	能量流
P_9	阴极保护层失效	物质流	P_{25}	管道变压	能量流
P_{10}	误操作	行为流	P_{26}	打孔盗气	行为流
P_{11}	监理不力	行为流	P_{27}	管道憋压	能量流
P_{12}	管道数据缺失或不正确	信息流	P_{28}	质量缺陷	物质流
P_{13}	地面下沉	能量流	P_{29}	外腐蚀	能量流
P_{14}	跨障支撑破坏	物质流	P_{30}	腐蚀检测不足	行为流
P_{15}	地面设施或车辆影响	物质流	P_{31}	内腐蚀	能量流
P_{16}	操作失误	行为流			

其中，通过查阅国内外管道失效数据库得到初始库所的失效概率结果如表 6.5 所示。

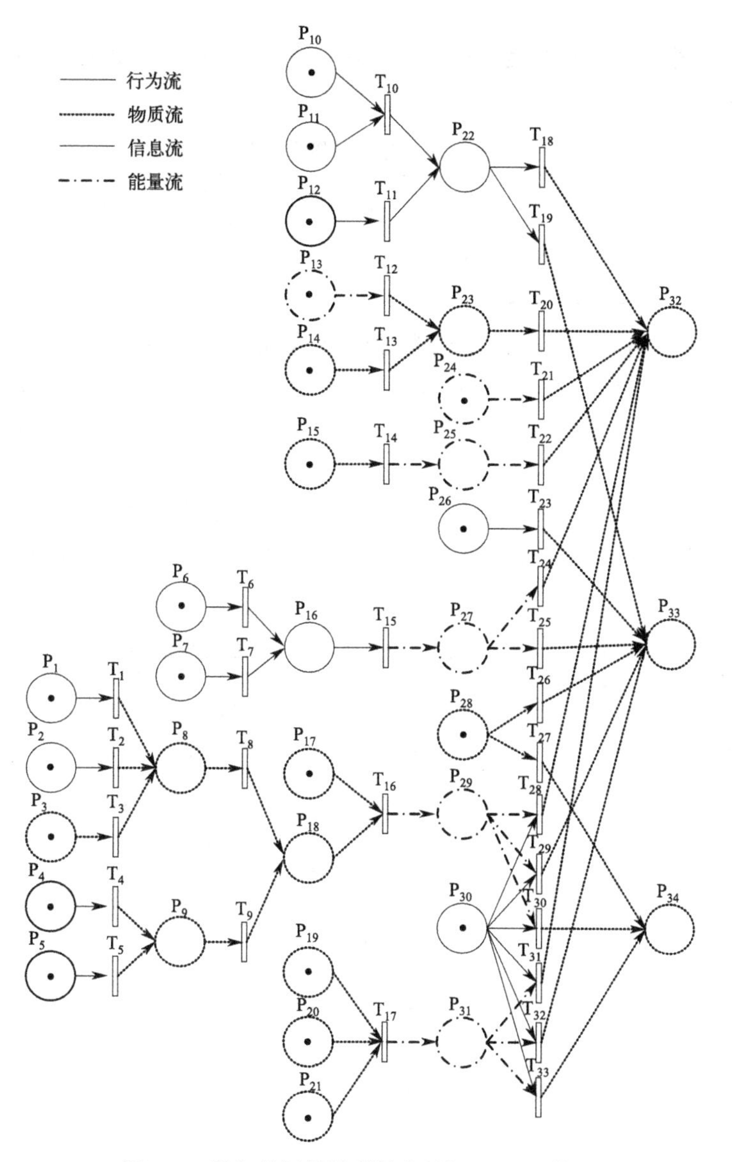

图 6.9 输气站场管道泄漏多层级 Petri 网模型

表 6.5 初始库所的失效概率汇总

符号	基本事件	失效概率	数据来源	符号	基本事件	失效概率	数据来源
P_1	维护不当	8.47×10^{-3}	[50]	P_{14}	跨障支撑破坏	1.90×10^{-2}	[53]
P_2	施工质量差	1.46×10^{-3}	[49]	P_{15}	地面设施或车辆影响	1.23×10^{-3}	[51]
P_3	管道老化	1.68×10^{-2}	[51]	P_{17}	土壤腐蚀性强	4.39×10^{-3}	[49]
P_4	电流屏蔽	6.69×10^{-3}	[50]	P_{19}	腐蚀抑制剂失效	1.41×10^{-3}	[50]
P_5	停电中断	2.10×10^{-4}	[50]	P_{20}	内防腐涂层失效	5.09×10^{-3}	[49]
P_6	技术不熟练	4.89×10^{-3}	[51]	P_{21}	气质较差	4.13×10^{-3}	[49]
P_7	作业人员疲劳	1.34×10^{-2}	[54]	P_{24}	自然灾害(洪水、泥石流等)	4.28×10^{-6}	[49]
P_{10}	误操作	2.20×10^{-4}	[50]	P_{26}	打孔盗气	5.96×10^{-11}	[51]
P_{11}	监理不力	3.70×10^{-4}	[49]	P_{28}	质量缺陷	2.42×10^{-3}	[52]
P_{12}	管道数据缺失或不正确	6.10×10^{-3}	[51]	P_{30}	腐蚀检测不足	1.76×10^{-3}	[49]
P_{13}	地面下沉	1.90×10^{-2}	[53]				

将变迁被触发这一事件划分为5个置信等级，并在0～1取值以区间的形式量化置信等级。量化结果如表6.6所示。

表6.6　置信等级量化表

置信等级	量化区间	置信等级	量化区间
非常不可能	[0.00,0.20]	很有可能	[0.61,0.80]
不太可能	[0.21,0.40]	非常可能	[0.81,1.00]
可能	[0.41,0.60]		

对20位现场专家进行调研（调查问卷如附录A所示），让他们选择在变迁的输入库所已存在的情况下，该变迁被触发的可能概率区间，例如，专家1认为在库所P_1已发生的状态下，变迁1被触发的可能概率区间在0.41～0.60之间，则认为专家1对该变迁触发可能性的评级为“可能”。

为了整合不同专家给出的不同估计范围，采用分组计算隶属频率的方法和区域中心法对20位专家的意见进行模糊化和去模糊化。由20位专家评估的变迁被触发可能性评级如表6.7所示。

表6.7　20位专家评估的变迁触发可能性评级结果汇总

变迁	专家人数/人					变迁	专家人数/人				
	非常不可能	不太可能	可能	很有可能	非常可能		非常不可能	不太可能	可能	很有可能	非常可能
T_1	0	0	1	7	12	T_{18}	2	14	4	0	0
T_2	0	0	2	6	12	T_{19}	0	15	5	0	0
T_3	0	1	4	8	7	T_{20}	17	3	0	0	0
T_4	0	1	2	12	5	T_{21}	0	2	15	2	1
T_5	0	0	0	5	15	T_{22}	4	14	1	1	0
T_6	0	0	2	11	7	T_{23}	0	0	0	4	16
T_7	0	0	1	4	15	T_{24}	10	8	1	1	0
T_8	0	1	2	9	8	T_{25}	10	8	0	2	0
T_9	0	1	0	13	6	T_{26}	1	1	14	3	1
T_{10}	0	0	1	5	14	T_{27}	0	1	0	14	5
T_{11}	0	1	2	13	4	T_{28}	3	12	4	1	0
T_{12}	0	0	7	12	1	T_{29}	1	1	16	2	0
T_{13}	2	2	12	4	0	T_{30}	0	0	1	11	8
T_{14}	0	2	14	3	1	T_{31}	3	11	5	1	0
T_{15}	1	3	13	1	2	T_{32}	1	1	12	6	0
T_{16}	0	2	0	8	10	T_{33}	0	0	2	14	4
T_{17}	0	0	0	3	17						

以变迁T_{15}为例，20位专家针对此变迁被触发置信等级的分组情况如下：“非常不可能”1人；“不太可能”3人；“可能”13人；“很有可能”1人；“非常可能”2人。采取分组计算隶属频率的方法描述评价结果。

已知5个置信区间的中心横坐标分别为：$x_1=0.1$；$x_2=0.3$；$x_3=0.5$；$x_4=0.7$；$x_5=0.9$。且可以知道所有置信区间的面积分别为：$S_1=0.2$；$S_2=0.6$；$S_3=2.6$；$S_4=0.2$；$S_5=0.4$，因此可知：

$$x_{\text{cen}}=\frac{\sum_{j=1}^{z}x_jA(x_j)}{\sum_{j=1}^{z}A(x_j)}$$

$$=\frac{S_1\times x_1+S_2\times x_2+S_3\times x_3+S_4\times x_4+S_5\times x_5}{S_1+S_2+S_3+S_4+S_5} \tag{6.15}$$

$$=0.5$$

即 20 个专家的经验单值化的结果为：变迁 T_{15} 被触发的概率为 0.5。同理可得变迁 T_1～T_{33} 的单值化置信度，如表 6.8 所示。

表 6.8 变迁 T_1～T_{33} 的单值化置信度

变迁	单值化置信度	变迁	单值化置信度	变迁	单值化置信度
T_1	0.81	T_{12}	0.64	T_{23}	0.86
T_2	0.80	T_{13}	0.48	T_{24}	0.23
T_3	0.75	T_{14}	0.53	T_{25}	0.24
T_4	0.71	T_{15}	0.50	T_{26}	0.52
T_5	0.85	T_{16}	0.76	T_{27}	0.73
T_6	0.75	T_{17}	0.87	T_{28}	0.33
T_7	0.84	T_{18}	0.32	T_{29}	0.49
T_8	0.74	T_{19}	0.35	T_{30}	0.77
T_9	0.74	T_{20}	0.13	T_{31}	0.34
T_{10}	0.83	T_{21}	0.52	T_{32}	0.53
T_{11}	0.70	T_{22}	0.29	T_{33}	0.72

根据运算规则，当 $k=1$ 时，输入库所包括 P_1、P_2、P_3、P_4、P_5，输出库所有 P_8、P_9，则第一层级的各计算参数如下：

$$\begin{aligned}\boldsymbol{\theta}_0&=[P_1,P_2,P_3,P_4,P_5,P_8,P_9]^{\mathrm{T}}\\&=[8.47\times10^{-3},1.46\times10^{-3},1.68\times10^{-2},6.69\times10^{-3},2.10\times10^{-4},0,0]^{\mathrm{T}}\end{aligned} \tag{6.16}$$

$$\boldsymbol{I}_0=\begin{bmatrix}1&0&0&0&0\\0&1&0&0&0\\0&0&1&0&0\\0&0&0&1&0\\0&0&0&0&1\\0&0&0&0&0\\0&0&0&0&0\end{bmatrix}_{7\times5} \tag{6.17}$$

$$\boldsymbol{O}_0=\begin{bmatrix}0&0&0&0&0\\0&0&0&0&0\\0&0&0&0&0\\0&0&0&0&0\\0&0&0&0&0\\1&1&1&0&0\\0&0&0&1&1\end{bmatrix}_{7\times5} \tag{6.18}$$

$$\boldsymbol{R}_0=\mathrm{diag}(0.81,0.8,0.745,0.71,0.85) \tag{6.19}$$

在上述参数已知的情况下，计算出 $\boldsymbol{\theta}_1$ 为

$$\boldsymbol{\theta}_1=\boldsymbol{\theta}_0 \oplus [(\boldsymbol{O}_0 \cdot \boldsymbol{R}_0) \otimes (\overline{\boldsymbol{I}_0^{\mathrm{T}} \otimes \overline{\boldsymbol{\theta}_0}})] \tag{6.20}$$

$$=\begin{bmatrix} 8.47\times10^{-3}, 1.46\times10^{-3}, 1.68\times10^{-2}, 6.69\times10^{-3}, \\ 2.10\times10^{-4}, 1.25\times10^{-2}, 4.75\times10^{-3} \end{bmatrix}^{\mathrm{T}}$$

由上述计算可知，中间库所 P_8、P_9 的置信度分别为 1.25×10^{-2}、4.75×10^{-3}。

当 $k=2$ 时，第二层级的输入库所包括 P_6、P_7、P_8、P_9，输出库所有 P_{16}、P_{18}。结合 $k=1$ 层级中得到的库所 P_8、P_9 以及其他初始库所的置信度，可知第二层级的各计算参数如下：

$$\begin{aligned}\boldsymbol{\theta}_1&=[P_6, P_7, P_8, P_9, P_{16}, P_{18}]^{\mathrm{T}} \\ &=[4.89\times10^{-3}, 1.34\times10^{-2}, 1.25\times10^{-2}, 4.75\times10^{-3}, 0, 0]^{\mathrm{T}}\end{aligned} \tag{6.21}$$

$$\boldsymbol{I}_0=\begin{bmatrix} 1 & 0 & 0 & 0 \\ 0 & 1 & 0 & 0 \\ 0 & 0 & 1 & 0 \\ 0 & 0 & 0 & 1 \\ 0 & 0 & 0 & 0 \\ 0 & 0 & 0 & 0 \end{bmatrix}_{6\times4} \tag{6.22}$$

$$\boldsymbol{O}_0=\begin{bmatrix} 0 & 0 & 0 & 0 \\ 0 & 0 & 0 & 0 \\ 0 & 0 & 0 & 0 \\ 0 & 0 & 0 & 0 \\ 1 & 1 & 0 & 0 \\ 0 & 0 & 1 & 1 \end{bmatrix}_{6\times4} \tag{6.23}$$

$$\boldsymbol{R}_0=\mathrm{diag}(0.75, 0.84, 0.74, 0.74) \tag{6.24}$$

在上述参数已知的情况下，可计算出 $\boldsymbol{\theta}_2$ 为：

$$\begin{aligned}\boldsymbol{\theta}_2&=\boldsymbol{\theta}_1 \oplus [(\boldsymbol{O}_1 \cdot \boldsymbol{R}_1) \otimes (\overline{\boldsymbol{I}_1^{\mathrm{T}} \otimes \overline{\boldsymbol{\theta}_1}})] \\ &=[4.89\times10^{-3}, 1.34\times10^{-2}, 1.25\times10^{-2}, 4.75\times10^{-3}, 1.13\times10^{-2}, 9.25\times10^{-3}]^{\mathrm{T}}\end{aligned} \tag{6.25}$$

即中间库所 P_{16}、P_{18} 的置信度分别为 1.13×10^{-2}、9.25×10^{-3}。

当 $k=3$ 时，第三层级输入库所包括 P_{10}、P_{11}、P_{12}、P_{13}、P_{14}、P_{15}、P_{16}、P_{17}、P_{18}、P_{19}、P_{20}、P_{21}，输出库所有 P_{22}、P_{23}、P_{25}、P_{27}、P_{29}、P_{31}，结合 $k=2$ 层级中得到的库所 P_{16}、P_{18} 以及其他初始库所置信度，则第三层级各计算参数如下：

$$\boldsymbol{\theta}_3=\begin{bmatrix} P_{10}, P_{11}, P_{12}, P_{13}, P_{14}, P_{15}, P_{16}, P_{17}, P_{18}, \\ P_{19}, P_{20}, P_{21}, P_{22}, P_{23}, P_{25}, P_{27}, P_{29}, P_{31} \end{bmatrix}^{\mathrm{T}}$$

$$=\begin{bmatrix}2.20\times10^{-4},3.70\times10^{-4},6.10\times10^{-3},1.90\times10^{-2},1.90\times10^{-2},1.23\times10^{-3},1.13\times10^{-2},\\4.39\times10^{-3},9.15\times10^{-3},1.41\times10^{-3},5.09\times10^{-3},4.13\times10^{-3},0,0,0,0,0,0\end{bmatrix}^{T} \tag{6.26}$$

$$\boldsymbol{I}_3=\begin{bmatrix}1&0&0&0&0&0&0&0\\1&0&0&0&0&0&0&0\\0&1&0&0&0&0&0&0\\0&0&1&0&0&0&0&0\\0&0&0&1&0&0&0&0\\0&0&0&0&1&0&0&0\\0&0&0&0&0&1&0&0\\0&0&0&0&0&0&1&0\\0&0&0&0&0&0&1&0\\0&0&0&0&0&0&0&1\\0&0&0&0&0&0&0&1\\0&0&0&0&0&0&0&1\\0&0&0&0&0&0&0&0\\0&0&0&0&0&0&0&0\\0&0&0&0&0&0&0&0\\0&0&0&0&0&0&0&0\\0&0&0&0&0&0&0&0\\0&0&0&0&0&0&0&0\end{bmatrix}_{18\times8} \tag{6.27}$$

$$\boldsymbol{O}_0=\begin{bmatrix}0&0&0&0&0&0&0&0\\0&0&0&0&0&0&0&0\\0&0&0&0&0&0&0&0\\0&0&0&0&0&0&0&0\\0&0&0&0&0&0&0&0\\0&0&0&0&0&0&0&0\\0&0&0&0&0&0&0&0\\0&0&0&0&0&0&0&0\\0&0&0&0&0&0&0&0\\0&0&0&0&0&0&0&0\\0&0&0&0&0&0&0&0\\0&0&0&0&0&0&0&0\\1&1&0&0&0&0&0&0\\0&0&1&1&0&0&0&0\\0&0&0&0&1&0&0&0\\0&0&0&0&0&1&0&0\\0&0&0&0&0&0&1&0\\0&0&0&0&0&0&0&1\end{bmatrix}_{18\times8} \tag{6.28}$$

$$\boldsymbol{R}_0=\mathrm{diag}(0.83,0.7,0.64,0.48,0.53,0.5,0.76,0.87) \tag{6.29}$$

在上述参数已知的情况下，可计算出 $\boldsymbol{\theta}_3$ 为：

$$\begin{aligned}\boldsymbol{\theta}_3&=\boldsymbol{\theta}_2\oplus[(\boldsymbol{O}_2\cdot\boldsymbol{R}_2)\otimes(\overline{\boldsymbol{I}_2^{\mathrm{T}}\otimes\overline{\boldsymbol{\theta}_2}})]\\&=\begin{bmatrix}2.20\times10^{-4},3.70\times10^{-4},6.10\times10^{-3},1.90\times10^{-2},1.90\times10^{-2},1.23\times10^{-3},\\1.13\times10^{-2},4.39\times10^{-3},9.15\times10^{-3},1.41\times10^{-3},5.09\times10^{-3},4.13\times10^{-3},\\4.27\times10^{-3},9.12\times10^{-3},6.52\times10^{-4},6.50\times10^{-3},3.34\times10^{-3},1.23\times10^{-3}\end{bmatrix}^{\mathrm{T}}\end{aligned} \tag{6.30}$$

即中间库所 P_{22}、P_{23}、P_{25}、P_{27}、P_{29}、P_{31} 置信度分别为 4.27×10^{-3}、9.12×10^{-3}、6.52×10^{-4}、6.50×10^{-3}、3.34×10^{-3}、1.23×10^{-3}。

当 $k=4$ 时，第四层级的输入库所包括 P_{22}、P_{23}、P_{24}、P_{25}、P_{26}、P_{27}、P_{28}、P_{29}、P_{30}、P_{31}，输出库所有 P_{32}、P_{33}、P_{34}，则可结合 $k=3$ 层级中得到的库所 P_{22}、P_{23}、P_{25}、P_{27}、P_{29}、P_{31} 以及其他初始库所的置信度，则第四层级的各计算参数如下：

$$\begin{aligned}\boldsymbol{\theta}_4&=[P_{22},P_{23},P_{24},P_{25},P_{26},P_{27},P_{28}P_{29},P_{30},\mathrm{P}_{31},\mathrm{P}_{32},\mathrm{P}_{33},\mathrm{P}_{34}]^{\mathrm{T}}\\&=\begin{bmatrix}4.27\times10^{-3},9.12\times10^{-3},4.28\times10^{-6},6.52\times10^{-4},4.31\times10^{-3},6.50\times10^{-3}\\2.42\times10^{-3},3.34\times10^{-3},1.76\times10^{-3},1.23\times10^{-3},0,0,0\end{bmatrix}^{\mathrm{T}}\end{aligned} \tag{6.31}$$

$$\boldsymbol{I}_0=\begin{bmatrix}1&1&0&0&0&0&0&0&0&0&0&0&0&0&0&0\\0&0&1&0&0&0&0&0&0&0&0&0&0&0&0&0\\0&0&0&1&0&0&0&0&0&0&0&0&0&0&0&0\\0&0&0&0&1&0&0&0&0&0&0&0&0&0&0&0\\0&0&0&0&0&1&0&0&0&0&0&0&0&0&0&0\\0&0&0&0&0&0&1&1&0&0&0&0&0&0&0&0\\0&0&0&0&0&0&0&0&1&1&0&0&0&0&0&0\\0&0&0&0&0&0&0&0&0&0&1&1&1&0&0&0\\0&0&0&0&0&0&0&0&0&0&1&1&1&0&0&0\\0&0&0&0&0&0&0&0&0&0&0&0&0&1&1&1\\0&0&0&0&0&0&0&0&0&0&0&0&0&0&0&0\\0&0&0&0&0&0&0&0&0&0&0&0&0&0&0&0\\0&0&0&0&0&0&0&0&0&0&0&0&0&0&0&0\end{bmatrix}_{13\times16} \tag{6.32}$$

$$
\boldsymbol{O}_0=\begin{bmatrix}
0&0&0&0&0&0&0&0&0&0&0&0&0&0&0&0\\
0&0&0&0&0&0&0&0&0&0&0&0&0&0&0&0\\
0&0&0&0&0&0&0&0&0&0&0&0&0&0&0&0\\
0&0&0&0&0&0&0&0&0&0&0&0&0&0&0&0\\
0&0&0&0&0&0&0&0&0&0&0&0&0&0&0&0\\
0&0&0&0&0&0&0&0&0&0&0&0&0&0&0&0\\
0&0&0&0&0&0&0&0&0&0&0&0&0&0&0&0\\
0&0&0&0&0&0&0&0&0&0&0&0&0&0&0&0\\
0&0&0&0&0&0&0&0&0&0&0&0&0&0&0&0\\
0&0&0&0&0&0&0&0&0&0&0&0&0&0&0&0\\
1&0&1&1&1&0&1&0&0&0&1&0&0&1&0&0\\
0&1&0&0&0&1&0&1&1&0&0&1&0&0&1&0\\
0&0&0&0&0&0&0&0&0&1&0&0&1&0&0&1
\end{bmatrix}_{13\times 16} \tag{6.33}
$$

$$
\boldsymbol{R}_0=\mathrm{diag}\begin{bmatrix}0.32,0.35,0.13,0.52,0.29,0.86,0.23,0.24,\\0.52,0.73,0.33,0.49,0.77,0.34,0.53,0.72\end{bmatrix} \tag{6.34}
$$

在上述参数已知的情况下，可计算出 $\boldsymbol{\theta}_4$ 为

$$
\begin{aligned}
\boldsymbol{\theta}_4&=\boldsymbol{\theta}_3\oplus[(\boldsymbol{O}_3\cdot\boldsymbol{R}_3)\otimes(\overline{\boldsymbol{I}_3^{\mathrm{T}}\otimes\overline{\boldsymbol{\theta}_3}})]\\
&=\begin{bmatrix}4.27\times10^{-3},9.12\times10^{-3},4.28\times10^{-6},6.52\times10^{-4},4.31\times10^{-3},\\6.50\times10^{-3},2.42\times10^{-3},3.34\times10^{-3},1.76\times10^{-3},1.23\times10^{-3},\\1.50\times10^{-3},1.56\times10^{-3},1.77\times10^{-3}\end{bmatrix}^{\mathrm{T}}
\end{aligned} \tag{6.35}
$$

至此，Petri 网模型中所有层级计算完毕，可以得出终止库所 P_{32}（断裂泄漏）、P_{33}（穿孔泄漏）、P_{34}（小孔泄漏）的置信度，三种管道泄漏模式发生的置信度分别为 1.50×10^{-3}、1.56×10^{-3} 和 1.77×10^{-3}。

根据多层级概率 Petri 网络模型分析输气站场燃气管道泄漏的风险过程，可以看出四种过程流之间存在着交互作用。在进行风险辨识时，需要综合考虑这些因素的相互影响。通过对 31 个导致泄漏事故的原因库所进行分类，可以得知物质流因素是导致泄漏事故的最主要原因，占概率的 38.7%。其次是行为流因素，占 32.3%。根据概率分析结果，能量流因素和信息流因素的发生概率分别为 19.4%和 9.7%。因此，在四种过程流中，物质流是导致事故发生的主要原因，其次是行为流、能量流和信息流。

以事故的根本原因所在的初始库所为基础，大部分的风险因素可以归为行为流和物质流。两种过程流的比例均为 38.1%，信息流因素占 14.3%，而能量流因素仅占 9.5%。根据这些数据分析，造成输气站场管道泄漏的风险原因中，行为流和物质流是导致事故发生的主要因素。这也符合输气站场内管线敷设不规范、管道服役时间过长和工艺流程复杂等实际情况。因此，在站场排污过程的安全管理中，应优先预防人的不安全行为，同时也需要保障管道的及时检查、维修和更换，以保障输气站场的安全运行。

6.3 云模型-多层贝叶斯网络风险评估方法及应用

6.3.1 多层贝叶斯网络建模

在具体的风险辨识和分析中，能量流、物质流、信息流、行为流并不一定同时存在。例如，在输气站场非常规作业过程中，一个典型的情景是：操作员进行操作（如打开阀门）时还受到工具（如扳手）、设备条件（如阀门完整性）、管理人员和操作程序的限制。在这种情况下，操作活动包含在行为流中，工具和设备条件包含在物质流中，管理人员和操作程序包含在信息流中，能量流在短期内通常可以认为不发生变化。因此，多过程流交叉模型也可以简化为信息流、行为流、物质流的交叉，如图 6.10 所示。根据多过程流交叉理论（MIT）可以识别设备、人员、管理、指令等的潜在故障模式。任何一个非常规作业过程都涉及行为流（BF）或物质流（MF）或信息流（IF）。它们之间的关系可用流交叉表示。因此，通过三种过程流可以区分三种类型的风险因素及其系统性关联：行为风险、物质风险和信息风险。

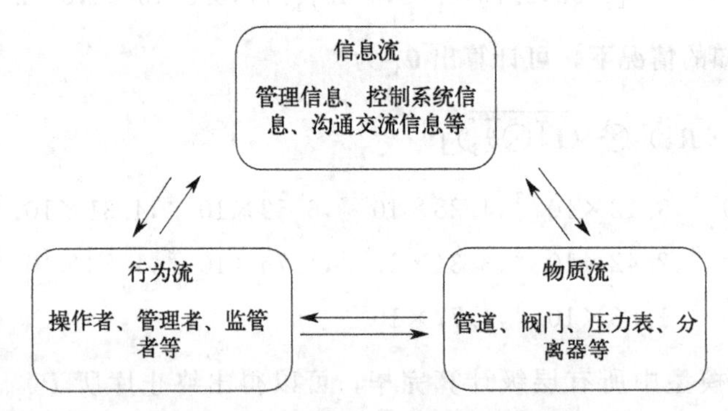

图 6.10 多过程流交叉理论简化模型

为了更直观地描述风险因素之间的因果流，传统的风险评估技术例如事故树分析、蝴蝶结分析法在图形抽象中已得到广泛的应用。随着动态和定量分析的需要，许多学者开始采用贝叶斯网络进行风险分析和评估[230-235]。与事故树分析和蝴蝶结分析法类似，在贝叶斯网络中也采用了图形化抽象的思想，将风险因素用节点表示，因果流用有向弧表示[236]。在输气站场风险评估方面，Leoni 等[237] 讨论了将贝叶斯网络应用于输气设施风险评估，提出使用层次贝叶斯模型（hierarchical Bayesian models，HBM）得到后验分布参数。从已有研究中可以看到，贝叶斯网络在处理概率更新、多状态变量和不确定性方面具有独特的优势，这使得它更适用于模拟真实场景[238-241]。因此，贝叶斯网络可以用来表征输气站场风险因素及其相互关系。然而大多数现有的贝叶斯网络模型在构建网络结构时难以区分不同种类的风险因素。风险评估的一个重要作用是提供全面的风险分析，以确定不同类别风险因素之间的因果关系。因此，需要从多层流的角度对传统的贝叶斯网络进行优化改进，考虑信息流、行为流和物质流的特征。

基于贝叶斯网络的风险评估过程包括识别风险因素及其相互关系、建立贝叶斯网络结构、进行分析和推理。首先，识别风险因素及其相互关系。由于风险因素识别依赖于专家知识，而 MIT 可以从行为流、物质流和信息流的角度为风险分析提供指导。在网络结构上，表征规则与传统贝叶斯网络一致，即节点表示风险因素，有向弧表示风险因素之间的关系。有向弧指向其他节点的节点称为父节点，有向弧指向自身的节点称为子节点。为了进一步描述多过程流的特征，构建多层结构的贝叶斯网络，如图 6.11 所示。可以看出，在多层贝叶斯网络中，风险在不同过程流中的传播更为明显，可以更加直观地表征风险因素间的因果关系。

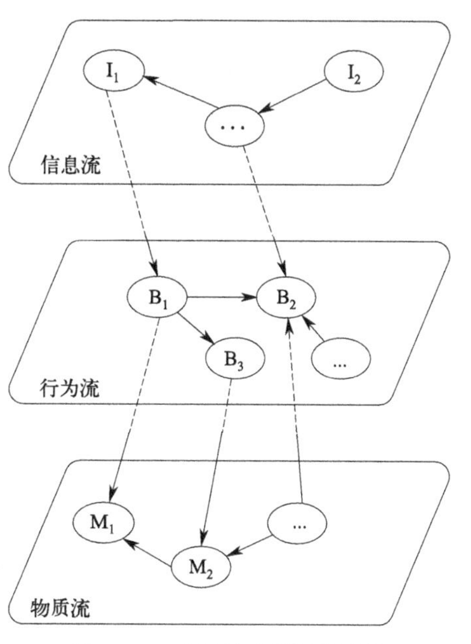

图 6.11　多层贝叶斯网络结构

6.3.2　云模型-多层贝叶斯网络推理计算

构建多层贝叶斯网络模型后，需要基于条件概率分布进行分析和推理。将网络中每个节点的风险概率定义为网络参数。贝叶斯网络的主要参数包括先验概率和条件概率。利用事故统计或专家判断得到的先验概率对无弧节点进行量化。其他节点的条件概率通过量化父节点和子节点之间的依赖性而获得。为了量化风险概率，通常利用模糊数学工具（例如三角形模糊数或梯形模糊数等）生成区间阈值[242-247]。近年来，云模型也成为一种普遍使用的定性语言量化方法[248-251]。

在云模型中定义了三个云模型参数 E_x、E_n、H_e。E_x 表示风险概率的期望值，通常等于区间数的平均值。E_n 称为熵，描述定性概念的模糊程度，并确定云曲线的跨度。H_e 可以看作是熵的熵，表示云滴的分散。

在风险评估中，云模型使用三个数值 E_x、E_n、H_e 来量化描述由区间阈值表示的风险可能性。将该模型称为标准云模型。

公式如下：

$$\begin{cases} E_x=(x_{\max}+x_{\min})/2 \\ E_n=(x_{\max}-x_{\min})/6 \\ H_e=k \end{cases} \tag{6.36}$$

其中 k 为常数，反映云的厚度。云滴越紧促，k 值越小。特殊情况下，当 $k=0$ 时，云滴会聚成一条线，这意味着在转换过程中形成共识。此外，当 k 值相对较大时，云滴则以散点图形式存在。k 值为 0、0.005、0.01 或 0.05 的云分布如图 6.12 所示。为了更加准确地描述随机性，本书采用 k 值为 0.01。

风险评估时，每个专家根据区间阈值（$x_{\min}$，$x_{\max}$）中的风险概率值对风险概率进行打分。假设有 n 名专家，$X_i(i=1, 2,\cdots, n)$ 为评价对象的评分值。$\overline{X}$ 是专家打分的平均值。根据云模型理论形成评价云。数值 E'_x、E'_n、H'_e 的计算如下所示。

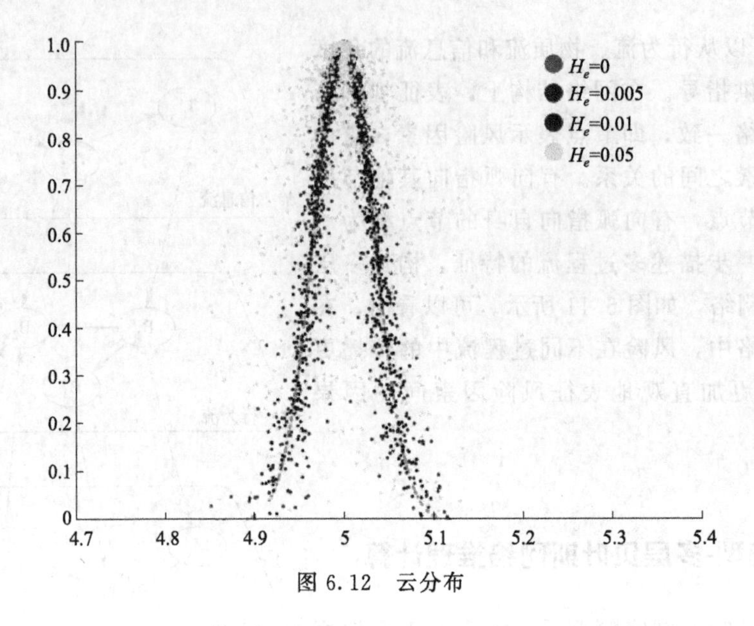

图 6.12　云分布

$$\begin{cases} E'_x=\dfrac{1}{n}\sum\limits_{i=1}^{n}X_i \\ E'_n=\dfrac{1}{n}\sqrt{\dfrac{\Pi}{2}}\sum\limits_{i=1}^{n}\mid X_i-\overline{X}\mid \\ H'_e=\sqrt{\dfrac{1}{n-1}\sum\limits_{i=1}^{n}(X_i-\overline{X})^2-E_n^2} \end{cases} \tag{6.37}$$

通过比较标准云和评价云的贴近度，得出风险等级。贴近度（SD）的计算如式(6.38)所示。

$$\mathrm{SD}=1/\sqrt{(E_x-E'_x)^2+(E_n-E'_n)^2+(H_e-H'_e)^2} \tag{6.38}$$

假设存在 m 个标准云分别表示 m 个风险等级，则评价云与这些标准云之间的贴近度表示为 SD_i（$i=1$，2，…，m），归一化后，标准贴近度（SSD）如式(6.39）所示。

$$\mathrm{SSD}_i=\mathrm{SD}_i/\sum_{i=1}^{m}\mathrm{SD}_i \tag{6.39}$$

其中，SSD 可被视为隶属于不同风险水平的权重。因此，根据式(6.40）获得去模糊化的风险概率。

$$P=\sum_{i=1}^{m}\mathrm{SSD}_i\times E_{xi} \tag{6.40}$$

根据式(6.36)～式(6.40)确定贝叶斯网络根节点的先验概率和中间节点的条件概率。

在贝叶斯网络中，联合概率分布用于描述节点之间的概率关系。对于描述因果关系的贝叶斯网络，每个节点的状态被简化为两态，即发生与不发生。假设有 n 个原因导致 Y 故障发生，即一个子节点有 n 个父节点。联合概率可表示为式(6.41)。

$$P(Y=\mathrm{True})=\sum_{i=1}^{n}P(X_i=\mathrm{True})\times P(Y=\mathrm{True}\mid X_i=\mathrm{True}) \tag{6.41}$$

因此，基于根节点的先验概率值和中间节点的条件概率值，可以预测某事故节点的发生概率。

根据更新的证据，概率值可以被更新。利用贝叶斯网络的这一特性，可以进行敏感性分析来识别关键节点。伯恩鲍姆（Birnbaum）重要度是一种有效的敏感性分析方法，用于获取节点的可靠性、重要性并对其进行排序[252-253]。

将节点（N_x）状态分别为发生（True）和不发生（False）时的目标节点（TN）的概率差定义为节点（N_x）的 Birnbaum 重要度（BI），计算公式如下：

$$\mathrm{BI}=|P(\mathrm{TN}|N_x=\mathrm{True})-P(\mathrm{TN}|N_x=\mathrm{False})| \tag{6.42}$$

BI 值越大，节点（N_x）对目标节点的影响就越大。通过这种方式，可以识别关键节点。

6.3.3 基于云模型-多层贝叶斯网络的输气站场开气作业过程风险评估实例

输气站场开气作业过程的安全性取决于许多因素的耦合，如人的操作、设备状态、指令传输、气体压力等[254]。根据多过程流交叉理论，确定了开气过程中每个步骤的风险因素及其因果关系，如表 6.9 所示。

表 6.9 输气站场开气过程各步骤风险因素识别

<table>
<tr><th>步骤</th><th>风险诱因</th><th>风险传播</th><th>过程流</th></tr>
<tr><td>①操作人员接到指令，准备进行操作</td><td>对讲机未工作</td><td>信息交流不及时</td><td rowspan="10">BF</td></tr>
<tr><td rowspan="9">②穿戴防静电服，消除静电。检查设备和仪器的完整性。特别要确保输气站的排气阀已经关闭并且现场没有火源</td><td>可燃气体报警仪故障</td><td>燃气泄漏未报警</td></tr>
<tr><td>入口压力表故障</td><td>未显示信息</td></tr>
<tr><td>员工未穿防静电服</td><td>现场存在点火源</td></tr>
<tr><td>排气阀门未关闭</td><td>天然气泄漏</td></tr>
<tr><td rowspan="3">电线老化</td><td>现场存在点火源</td></tr>
<tr><td>触电</td></tr>
<tr><td>信息传输中断</td></tr>
<tr><td>静电未释放</td><td>现场存在点火源</td></tr>
<tr><td>设备、仪器完整性差</td><td>天然气泄漏</td></tr>
<tr><td rowspan="4">③依次打开分离装置入口阀、计量橇入口阀和出口阀、调压橇入口阀；打开进气阀的平衡阀和下游管道的输出阀</td><td rowspan="3">阀门操作不当</td><td>阀门闭锁</td><td rowspan="4">MF</td></tr>
<tr><td>手轮飞出</td></tr>
<tr><td>人身伤害</td></tr>
<tr><td>阀门开启顺序错误</td><td>仪表被气体损坏</td></tr>
<tr><td rowspan="3">④压力表显示数字时，缓慢打开进气阀的平衡阀，使管道和设备充气。打开进气阀，关闭进气阀平衡阀</td><td>阀门开启过快</td><td>阀门损坏</td><td rowspan="6">IF</td></tr>
<tr><td>压力表显示错误信息或者不显示</td><td>管道和设备憋压</td></tr>
<tr><td>忽略打开平衡阀操作</td><td>阀门损坏</td></tr>
<tr><td rowspan="2">⑤联系中央控制室工作人员，确认信息与现场一致</td><td rowspan="2">未与中央控制室沟通或沟通不佳</td><td>控制系统故障</td></tr>
<tr><td>人员误操作</td></tr>
<tr><td>⑥检查是否有气体泄漏并完成开气操作</td><td>法兰连接处泄漏</td><td>天然气泄漏</td></tr>
</table>

从表 6.9 可以看出，不同过程流中的触发因素和风险因素之间存在复杂的相互作用。具

体来说，风险可以在同一个过程流中传播，也可以跨不同的过程流传播。以第一种情况为例，如果电线老化（MF），那么现场可能存在点火源（MF）。另一个例子是阀门操作不当（BF）可能会导致人身伤害（BF）。此外，风险在不同的过程流中传播。例如，与中央控制室（IF）的通信不良可能导致控制系统故障（MF）和人员误操作（BF），电气线路（MF）老化可能导致触电（BF）和信息传输中断（IF）以及现场存在点火源（IF）。

为了建立上述识别风险因素之间的关系，基于专家知识和事故案例提出了以下 IF-THEN 推理规则。

① IF 入站压力表故障 THEN 压力表无显示或显示错误信息 THEN 管道和设备憋压；

② IF 与中控室没有通信或通信不畅 THEN 控制系统故障或人员操作不当；

③ IF 对讲机故障 THEN 信息沟通不及时 THEN 人员误操作；

④ IF 燃气泄漏时没有报警 AND 现场存在火源 AND 燃气泄漏 THEN 火灾和爆炸；

⑤ IF 阀门开启速度过快 OR 未进行平衡阀开启操作 THEN 阀门损坏；

⑥ IF 员工未穿防静电服 OR 未释放静电 THEN 现场存在火源；

⑦ IF 可燃气体报警仪失灵 THEN 压力表无显示或显示错误信息；

⑧ IF 阀门开启顺序错误 THEN 仪器被气体损坏；

⑨ IF 触电 OR 阀门操作不当 OR 电气线路老化 THEN 人身伤害；

⑩ IF 电气线路老化 THEN 触电 OR 信息传输中断 OR 现场存在火源；

⑪ IF 阀门操作不当 THEN 阀门锁死 OR 手轮飞出；

⑫ IF 设备和仪器完整性差 OR 法兰连接处泄漏 OR 阀门锁死 OR 手轮飞出 OR 仪器被气体损坏 OR 阀门损坏 OR 管道和设备憋压 OR 控制系统故障 OR 人员误操作 OR 排气阀未关闭 THEN 气体泄漏。

根据上述识别的风险因素和推理规则，采用多层贝叶斯网络建立网络结构，见图 6.13 和表 6.10。

表 6.10　节点表征意义

过程流	风险因素	过程流	风险因素	过程流	风险因素
信息流	压力表显示错误信息或者不显示(I_1)	物质流	对讲机未工作(M_1)	行为流	员工未穿防静电服(B_1)
	未与中央控制室沟通或沟通不佳(I_2)		可燃气体报警仪故障(M_2)		排气阀门未关闭(B_2)
	信息交流不及时(I_3)		入口压力表故障(M_3)		静电未释放(B_3)
	天然气泄漏未报警(I_4)		电线老化(M_4)		阀门操作不当(B_4)
	未显示信息(I_5)		设备、仪器完整性差(M_5)		阀门开启顺序错误(B_5)
	信息传输中断(I_6)		法兰连接处泄漏(M_6)		阀门开启过快(B_6)
			现场存在点火源(M_7)		忽略打开平衡阀操作(B_7)
			天然气泄漏(M_8)		触电(B_8)
			阀门闭锁(M_9)		人身伤害(B_9)
			手轮飞出(M_{10})		人员误操作(B_{10})
			仪表被天然气损坏(M_{11})		
			阀门损坏(M_{12})		
			管道和设备憋压(M_{13})		
			控制系统故障(M_{14})		
			火灾爆炸(M_{15})		

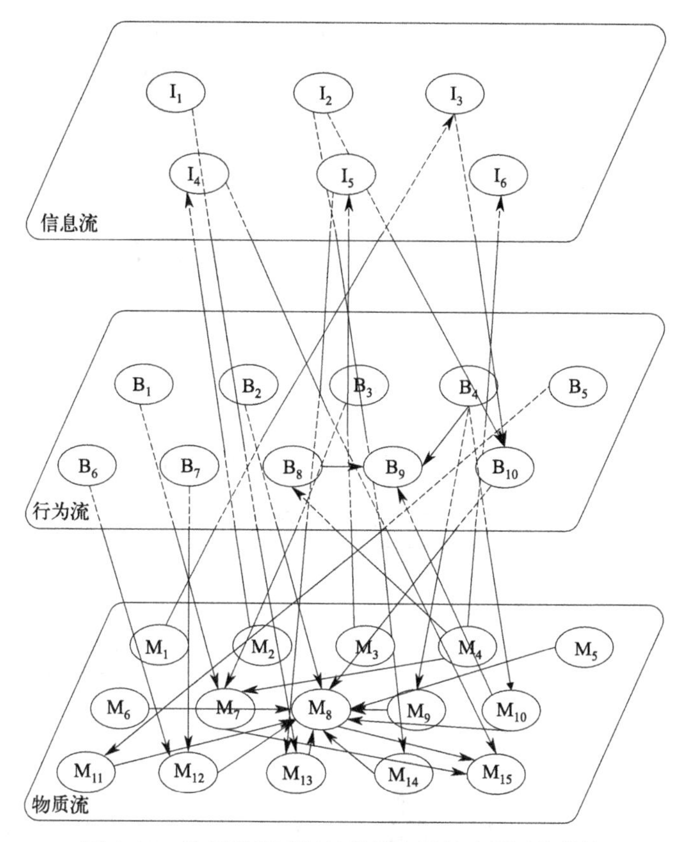

图 6.13 输气站场开气过程的多层贝叶斯网络结构

为了确定方法中的参数，首先将风险可能性划分为五个水平，并定义每个水平的区间阈值。然后根据标准云方程计算参数 E_x、E_n、H_e，如表 6.11 所示。图 6.14 是五个风险水平的标准云模型。以区间阈值（0.8，1.0］为例说明实施过程。根据标准云模型参数定义，$x_{\min}=0.8$，$x_{\max}=1.0$。然后给出三个数值 E_x、E_n、H_e，可以用式(6.37) 计算。

表 6.11 风险语言描述到模糊云的转换

风险语言描述	风险水平	区间阈值	标准模糊云参数(E_x,E_n,H_e)
非常有可能	Ⅴ	(0.8,1.0]	(0.9,1/30,0.01)
很有可能	Ⅳ	(0.6,0.8]	(0.7,1/30,0.01)
可能	Ⅲ	(0.4,0.6]	(0.5,1/30,0.01)
不太可能	Ⅱ	(0.2,0.4]	(0.3,1/30,0.01)
几乎不可能	Ⅰ	[0,0.2]	(0.1,1/30,0.01)

为了获取事故风险的可能性，需要贝叶斯网络中每个输入节点和有向弧的模糊概率。在风险语言描述的帮助下，10 位专家（包括安全经理、操作员、维护技术人员、现场监督员和电厂监督员）为所有输入节点和有向弧评估风险值。鉴于专家的意见可能不完全一致，使用模糊评价云进行数据处理。以两个有向弧 $M_3 \to I_5$、$B_4 \to M_{10}$ 为例，表 6.12 给出了专家评分和模糊评价云参数。为了直观起见，图 6.15 和图 6.16 对云模型进行可视化展示。

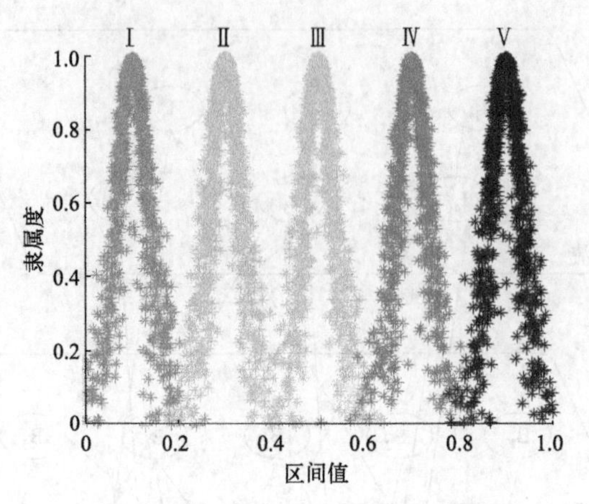

图 6.14　五个风险水平的标准云模型

表 6.12　专家评分与模糊评价云参数

有向弧	10 位专家评分										(E_x, E_n, H_e)
$M_3 \to I_5$	0.95	0.89	0.90	0.90	0.85	0.88	0.90	0.95	0.85	0.95	(0.902, 0.036, 0.012)
$B_4 \to M_{10}$	0.60	0.75	0.70	0.65	0.80	0.75	0.50	0.68	0.70	0.50	(0.663, 0.101, 0.018)

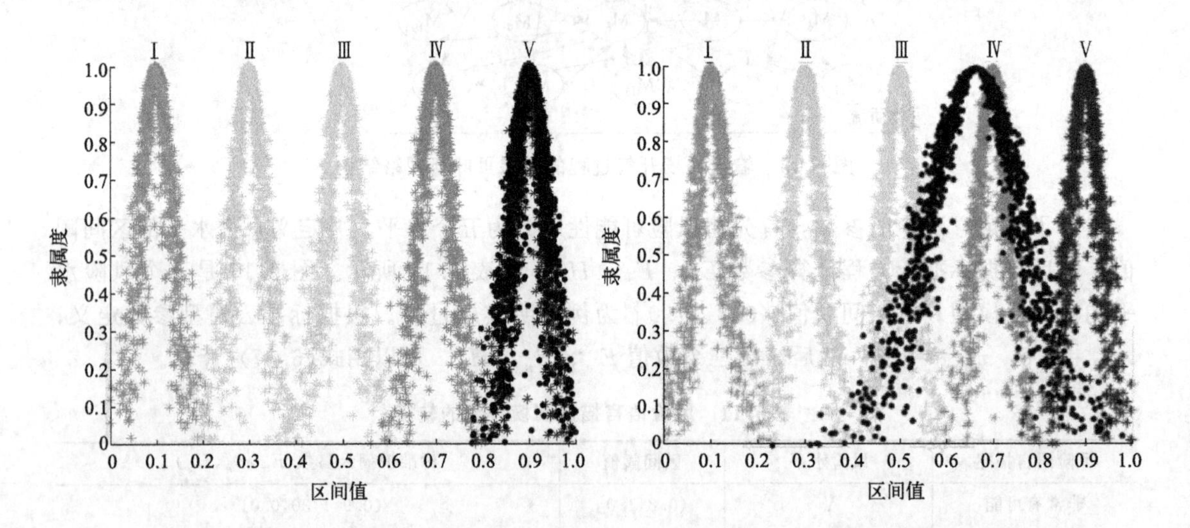

图 6.15　$M_3 \to I_5$ 的模糊评价云　　图 6.16　$B_4 \to M_{10}$ 的模糊评价云

可以直观地看出，评价云与标准云并不完全一致。因此，根据公式计算评价云与标准云之间的贴近度。去模糊化后，计算风险概率值，计算结果如表 6.13 所示。

表 6.13　风险概率的去模糊化

有向弧	SD_i					SSD_i					P
$M_3 \to I_5$	0.247	1.661	2.487	4.950	262.183	0.005	0.006	0.009	0.018	0.962	0.885
$B_4 \to M_{10}$	1.763	2.708	5.664	12.936	4.056	0.065	0.100	0.209	0.477	0.150	0.609

同样地，基于模糊云模型和专家知识，确定根节点的先验概率（参见表 6.14）和中间节点的条件概率（参见图 6.17）。

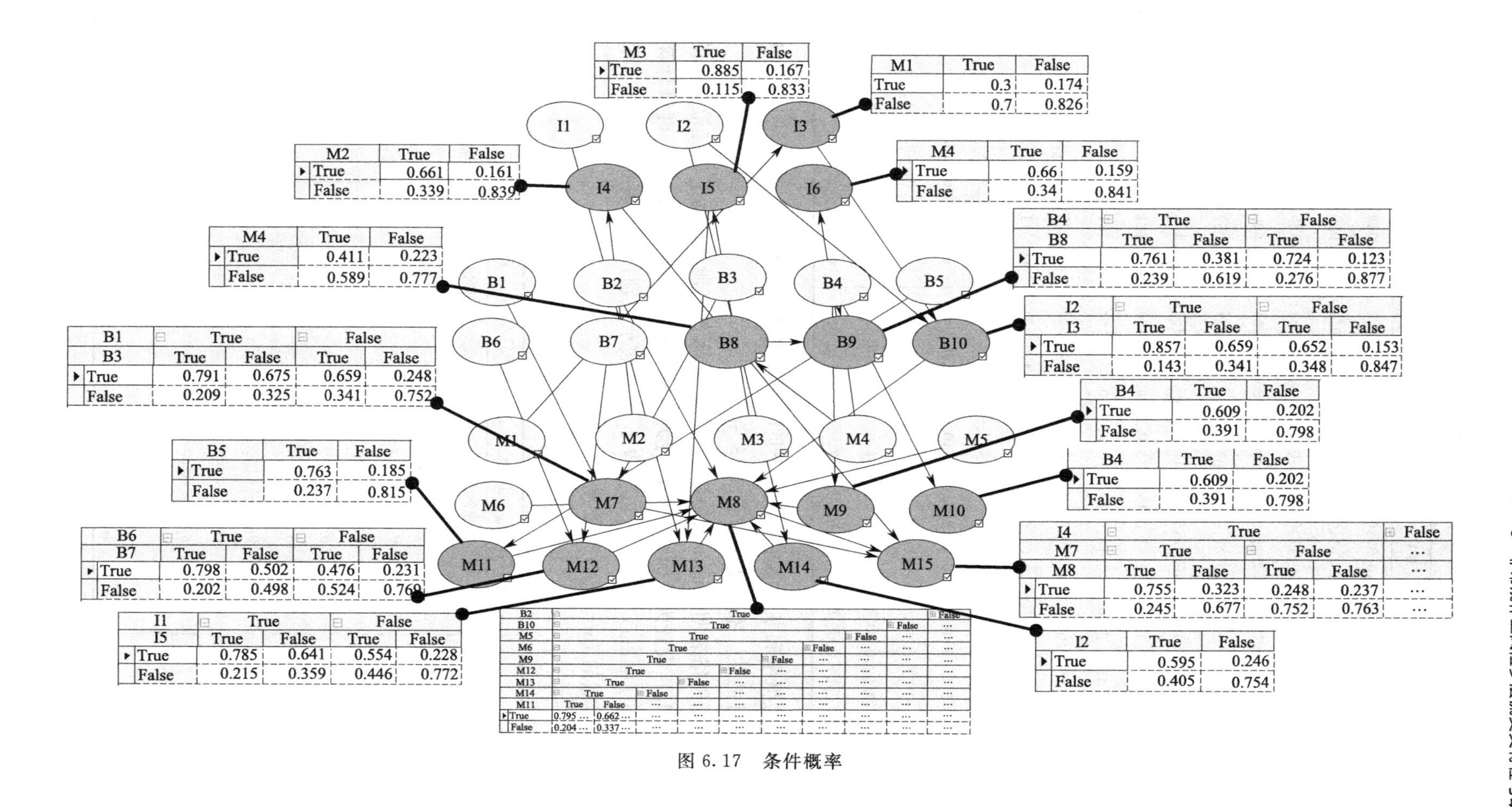
M3 True False
True 0.885 0.167
False 0.115 0.833
M1 True False
True 0.3 0.174
False 0.7 0.826
I1
I2
I3
M2 True False
True 0.661 0.161
False 0.339 0.839
I4
I5
I6
M4 True False
True 0.66 0.159
False 0.34 0.841
M4 True False
True 0.411 0.223
False 0.589 0.777
B4 True False
B8 True False True False
True 0.761 0.381 0.724 0.123
False 0.239 0.619 0.276 0.877
B1
B2
B3
B4
B5
B1 True False
B3 True False True False
True 0.791 0.675 0.659 0.248
False 0.209 0.325 0.341 0.752
B6
B7
B8
B9
B10
I2 True False
I3 True False True False
True 0.857 0.659 0.652 0.153
False 0.143 0.341 0.348 0.847
B4 True False
True 0.609 0.202
False 0.391 0.798
M1
M2
M3
M4
M5
B5 True False
True 0.763 0.185
False 0.237 0.815
B4 True False
True 0.609 0.202
False 0.391 0.798
M6
M7
M8
M9
M10
B6 True False
B7 True False True False
True 0.798 0.502 0.476 0.231
False 0.202 0.498 0.524 0.769
M11
M12
M13
M14
M15
I4 True False
M7 True False …
M8 True False True False …
True 0.755 0.323 0.248 0.237 …
False 0.245 0.677 0.752 0.763 …
I1 True False
I5 True False True False
True 0.785 0.641 0.554 0.228
False 0.215 0.359 0.446 0.772
B2 True False
B10 True False
M5 True False
M6 True False
M9 True False
M12 True False
M13 True False
M14 True False
M11 True False
True 0.795 … 0.662 …
False 0.204 … 0.337 …
I2 True False
True 0.595 0.246
False 0.405 0.754

图 6.17 条件概率

表 6.14　先验概率

节点	专家评分	(E_x, E_n, H_e)	P
I_1	(0.02,0.03,0.03,0.05,0.02,0.01,0.03,0.05,0.03,0.02)	(0.029,0.012,0.006)	0.255
I_2	(0.02,0.02,0.03,0.02,0.01,0.01,0.04,0.03,0.01,0.01)	(0.020,0.010,0.003)	0.265
B_1	(0.05,0.05,0.15,0.25,0.12,0.15,0.10,0.20,0.10,0.08)	(0.125,0.063,0.014)	0.215
B_2	(0.08,0.09,0.11,0.12,0.11,0.12,0.09,0.08,0.05,0.05)	(0.090,0.025,0.006)	0.146
B_3	(0.05,0.04,0.08,0.05,0.04,0.07,0.05,0.07,0.03,0.04)	(0.052,0.016,0.002)	0.226
B_4	(0.10,0.20,0.14,0.12,0.09,0.15,0.10,0.06,0.15,0.13)	(0.124,0.038,0.011)	0.182
B_5	(0.15,0.12,0.10,0.15,0.11,0.10,0.15,0.14,0.14,0.05)	(0.121,0.031,0.007)	0.173
B_6	(0.20,0.15,0.25,0.15,0.18,0.10,0.20,0.25,0.15,0.18)	(0.181,0.044,0.016)	0.292
B_7	(0.08,0.09,0.08,0.10,0.09,0.08,0.08,0.05,0.05,0.08)	(0.078,0.014,0.008)	0.186
M_1	(0.05,0.02,0.04,0.05,0.04,0.05,0.05,0.02,0.04,0.05)	(0.041,0.011,0.004)	0.242
M_2	(0.05,0.04,0.05,0.05,0.06,0.07,0.08,0.05,0.02,0.04)	(0.051,0.014,0.009)	0.227
M_3	(0.02,0.05,0.04,0.04,0.05,0.04,0.05,0.05,0.08,0.04)	(0.046,0.013,0.008)	0.235
M_4	(0.01,0.02,0.08,0.04,0.06,0.08,0.01,0.05,0.04,0.04)	(0.043,0.025,0.006)	0.234
M_5	(0.01,0.02,0.03,0.05,0.06,0.05,0.04,0.05,0.05,0.08)	(0.044,0.019,0.006)	0.235
M_6	(0.08,0.01,0.05,0.06,0.05,0.06,0.07,0.09,0.01,0.02)	(0.050,0.028,0.006)	0.224

通过将先验概率和条件概率输入用于贝叶斯网络建模的 GeNIe 程序[255]，可获得指定风险事故发生的可能性。推理结果如图 6.18 所示。

多层贝叶斯网络表明，许多风险因素可能导致天然气泄漏。为了确定最关键的节点，将天然气泄漏（M_8）设置为目标节点，进行灵敏度分析。根据式(6.42)，可以计算每个节点的伯恩鲍姆（Birnbaum）重要性。以节点 I_2 为例演示识别过程。表 6.15 列出了影响目标节点 M_8 的所有节点的 Birnbaum 重要度。

表 6.15　伯恩鲍姆重要度

N_x	$P(\mathrm{TN} \mid N_x=\mathrm{True})$	$P(\mathrm{TN} \mid N_x=\mathrm{False})$	BI
I_2	0.327	0.284	0.043
I_3	0.311	0.291	0.020
I_1	0.307	0.291	0.016
I_5	0.304	0.291	0.013
I_4	0.295	0.295	0
I_6	0.295	0.295	0
B_2	0.386	0.280	0.106
B_{10}	0.330	0.275	0.055
B_5	0.324	0.290	0.034
B_4	0.314	0.291	0.023
B_6	0.307	0.291	0.016

续表

N_x	$P(\text{TN}\mid N_x=\text{True})$	$P(\text{TN}\mid N_x=\text{False})$	BI
B_7	0.308	0.293	0.015
B_9	0.298	0.294	0.004
B_1	0.295	0.295	0
B_3	0.295	0.295	0
B_8	0.295	0.295	0
M_{14}	0.342	0.272	0.070
M_{11}	0.338	0.279	0.059
M_{12}	0.333	0.274	0.059
M_5	0.340	0.282	0.058
M_9	0.336	0.280	0.056
M_6	0.338	0.283	0.055
M_{13}	0.321	0.277	0.044
M_3	0.302	0.293	0.009
M_{10}	0.300	0.294	0.006
M_1	0.297	0.295	0.002
M_2	0.295	0.295	0
M_4	0.295	0.295	0
M_7	0.295	0.295	0

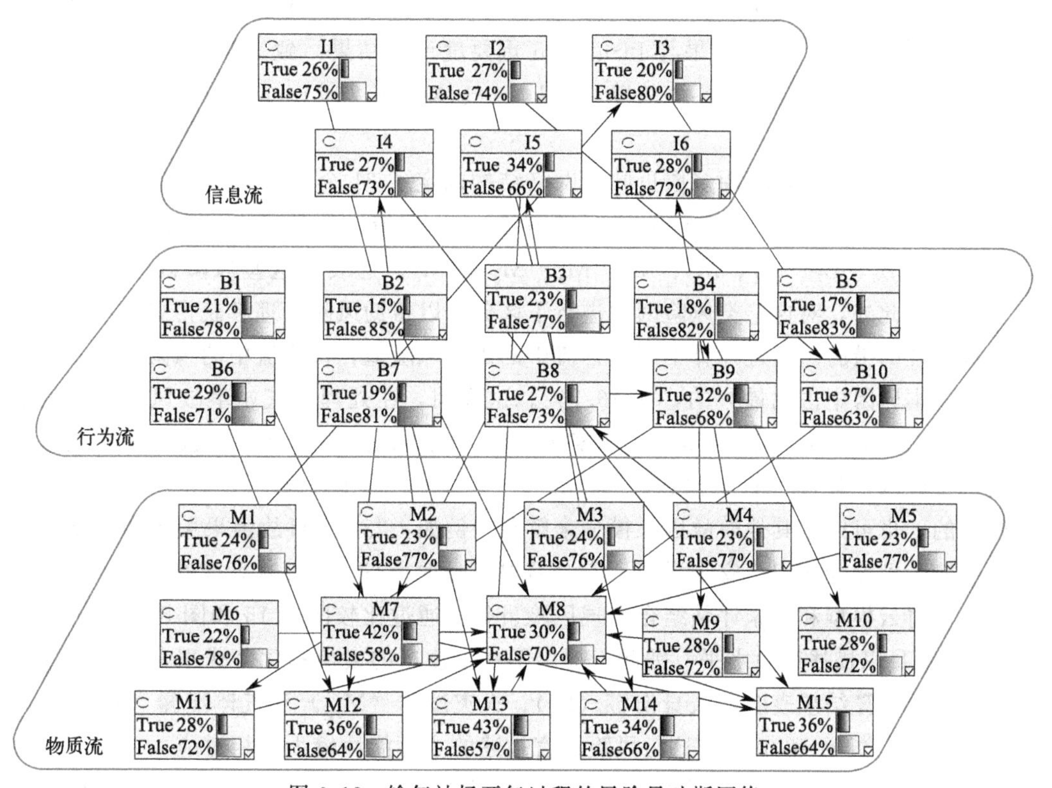

图 6.18 输气站场开气过程的风险贝叶斯网络

从表 6.15 可以看出，一些节点的 Birnbaum 重要度为 0，这表明这些节点事件是否发生不会影响目标节点 M_8 的后验概率。Birnbaum 重要度越大，该节点事件的发生对目标节点 M_8 后验概率的影响越大，即目标节点 M_8 对这些节点越敏感。因此，可以根据 Birnbaum 重要度识别关键节点，如图 6.19 所示。

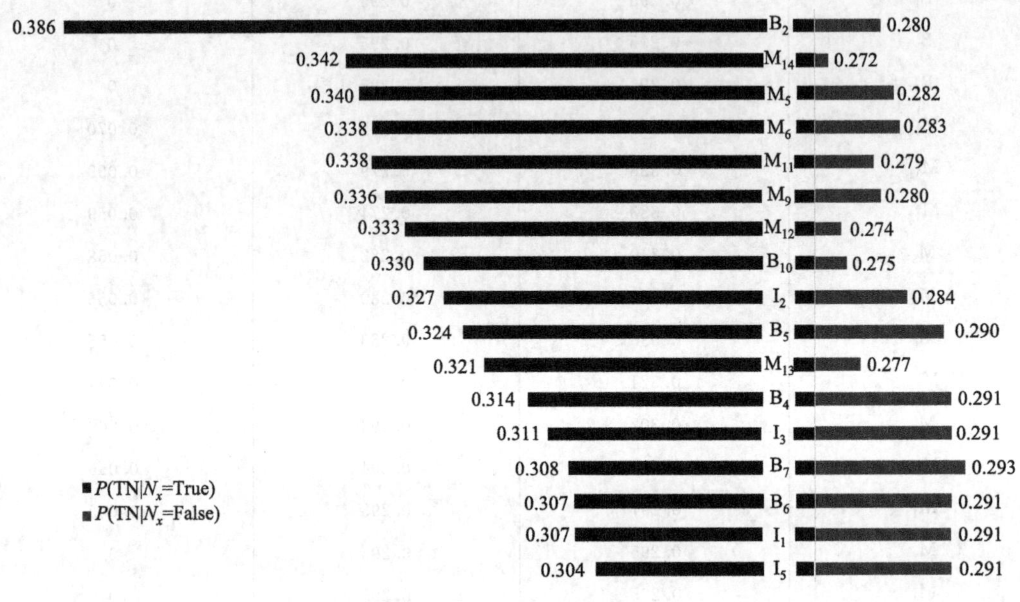

图 6.19　M_8 的关键节点

为了验证关键节点识别的有效性，使用了 GeNIe 程序中的灵敏度分析功能，见图 6.20。利用 GeNIe 分析表明，计算结果与 Birnbaum 重要度计算结果一致。前五个关键节点是 B_2（排气阀未关闭）、M_{14}（控制系统故障）、M_{11}（气体损坏仪器）、M_{12}（阀门损坏）和 M_5（设备和仪器的完整性差）。

通过分析可以看出，利用多层贝叶斯网络结构确定了 31 个风险因素及其因果关系，其中 6 个属于信息流，10 个属于行为流，15 个属于物质流。根节点包括 I_1、I_2、B_1、B_2、B_3、B_4、B_5、B_6、B_7、M_1、M_2、M_3、M_4、M_5 和 M_6。这表明这些风险因素的发生将引发因果效应。此外，对这三类风险因素进行了区分，以帮助风险管理者获得更系统的背景并采取有针对性的措施。通过计算不同过程流中的因素风险值，行为流中的风险因素是开气过程故障的根本原因中占比最大的，占 46.7%。这表明，在处理输气站事故风险时，应更加重视人为失误（即行为流中的风险）。事实上，行为流中的风险因素已被视为许多领域发生事故的主要原因，如油气管道输送[256]、沿海航运[257-258]、核工业[259]等。其结果并非偶然和随机的，也可以用其他事故因果模型来解释。例如，“2-4”事故因果关系模型指出，人类行为可能受到安全知识、安全意识、安全习惯、心理状态、生理状态等的影响[260]。

此外，将云模型和专家评估结合实现风险量化。通过比较图 6.15 和图 6.16，证明仅用平均值 E'_x 不足以描述风险水平。因此，提出了一个改进的去模糊化公式来考虑专家评估的随机性。参数计算结果表明，人身伤害（B_9）、火灾爆炸（M_{15}）和气体泄漏（M_8）的风险值分别为 0.32、0.30 和 0.36，这与风险语言描述的“可能性较小”相对应。结果表明，输气站开气过程中事故发生风险较低。然而，一旦发生异常事件，就应该更新节点证据。例

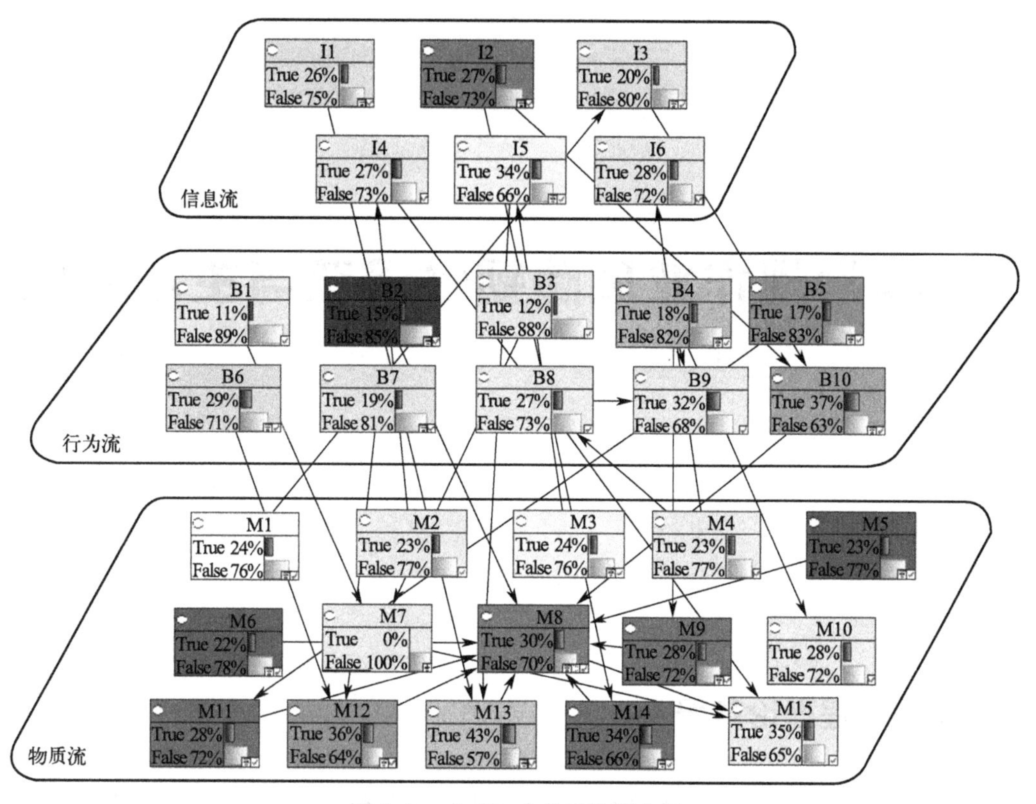

图 6.20 GeNIe 中的灵敏度分析

如，如果在执行表 6.9 步骤②时，设备和仪器的完整性较差，且排气阀未关闭，即 M_5 事件发生，B_2 事件发生，这意味着 $P(M_5)=\text{True}$、$P(B_2)=\text{True}$，则气体泄漏（M_8）的风险值将从 0.30 上升到 0.42。

同样地，从敏感性分析的角度来看，导致气体泄漏的关键节点主要集中在行为流和物质流中。这表明应该将风险管理的重点放在阀门、仪表和其他设备的检查和维护上，以及对操作人员进行开气过程安全操作的培训上。

6.4 本章小结

风险评估是评价输气系统潜在事故风险的有效方法。然而，目前的风险评估方法对这些因素复杂的相互作用和耦合模式关注不够。鉴于输气站场非常规作业风险因素，定义了多层流交叉理论（MIT），以考虑物质、信息和行为风险分析；构建多层贝叶斯网络，以不同的流程来表示风险因素；为处理统计数据不足和专家判断的主观性等问题，采用了云模型和模糊贝叶斯法，并通过引入标准云和评价云的相似度，改进了现有的云模型；将从云模型中获得的先验概率和条件概率输入贝叶斯网络，以进一步推理和预测事故概率；为验证所提方法的实用性，选择了输气启动过程进行风险评估。从输气启动过程的多层贝叶斯网络结构来看，共同原因故障可以通过节点和弧直观地表达出来；图形结构的另一个优点是，流内或跨流的风险传播路径变得透明。分析人员和管理人员可以观察风险演变过程，并采取干预措施。

7 非常规作业风险韧性演变与主动评估

7.1 韧性工程理论背景

风险分析与评估一直是管理系统安全、预防事故的有效工具。尽管在预防过程工业事故的风险评估方法上有很多研究，但事故的发生从未停止过。其中一个重要原因是未能从每一次作业过程中学到足够的知识。事故不是一夜之间发生的，在事故发生前数周，甚至数月，作业过程的安全问题就已经在恶化了[261]。例如，Piper Alpha 事故中，工作许可证系统几个月来一直功能失调[262]；在博帕尔（Bhopal）事故中，安全备份系统的定期维护已经有好几个月没有进行[263]；等等。非常规作业过程如启动和维护等操作在一个工厂的生命周期中反复进行，在一次非常规作业完成后未发生事故并不意味着不存在风险的升级。虽然非常规作业过程运行前通常会进行风险分析和预测，但并未评估整个作业系统是否从上一次或者上几次作业过程中完全恢复[264]。例如，在进行非常规作业前通常利用传统的作业危害分析（JHA）方法对作业过程进行风险辨识和分析，找到危险因素并提出改进措施建议。但其仅考虑这一次作业过程的风险，通过风险控制措施得到的安全状态也仅仅是“一次性”的安全状态。实际情况是，如果前一次作业过程的风险没有消除或者降低，即使不发生事故，风险也会潜在累积直至演变为事故。因此，对非常规作业过程有必要进行更加主动和全面的风险评估。

为了克服传统“应对型风险评估”的弊端，国内外一些学者提出“主动风险评估”这一术语。应对型风险评估主要关注可以预期的事故或者事故发生时的响应，也称为安全Ⅰ（SafetyⅠ）方法[265]。而主动的方法旨在在事故风险超过可接受水平之前降低风险，而非针对可能或已经发生的事故。可见，主动性和前瞻性是安全Ⅱ（Safety Ⅱ）方法的重要特征。Hollnagel 对 Safety Ⅱ进行了详细的解释，并指出 Safety Ⅱ是为了丰富 SafetyⅠ的方法，而非替代 SafetyⅠ。因此，可以从 Safety Ⅱ的视角对传统的“应对型风险评估”方法进行改进和完善。

“韧性”一词的基本内涵可以描述为跳回或者反弹[266-267]。韧性工程概念起源于20世纪80年代初的认知系统理论，目前在生态学、心理学、社会学、工程学和管理科学等领域均有大量的研究，在安全领域的应用也逐年增多[268-269]。近年来，韧性工程已成为实施Safety Ⅱ的有效方法[270]，其能够为复杂系统的恢复性分析提供有效工具[271-272]。Woods和Wreathall等首次将韧性工程应用于风险管理领域[273]。研究表明，韧性和风险分析具有互补关系[274-276]。然而，相比于韧性在组织、社会、经济等领域的应用，其在安全或者风险方面的研究仍然不够深入[277]。与寻找系统功能故障的传统安全管理方法相反，韧性工程(RE)专注于寻找避免不良事件的成功因素[278]。因此，RE关注的是系统的正常功能，而不是寻找故障[279]。

近年来，“韧性”在各个应用领域得到了许多不同的解释[280-288]。例如，韧性工程是指“系统在变化和干扰发生之前、期间或之后调整其功能的内在能力，从而使其能够在预期和意外条件下继续执行所需的操作”[289]；韧性工程是指“当信息变化、条件变化或发生新的事件对以前的适应、模型或假设造成影响时，系统采取自适应行动的潜力”[290]；韧性工程是“调整系统的性能，以避免失去对正在进行的功能的控制，在重大中断中保持这种控制，并在事故发生后尽快恢复”[291]。目前，一些分层网络或复杂适应系统能够表征系统的适应能力，但大多数分层网络在面对新的变化时期时，都会陷入适应能力不足、解体和崩溃的困境。“韧性”包含三个主要问题：①什么样的架构特征可以解释产生持续适应性的网络与无法维持适应性的网络之间的差异？②怎样的设计原则和技术才能设计出具有持续适应性的网络？③如何才能知道自己的工程是否成功（如何才能评估一个系统是否有能力随着时间的推移保持适应性）？在社会技术系统中，持续适应性涉及系统在生命周期或多个周期中的动态变化。当系统在整个生命周期中面临可预测的变化和挑战时，系统的结构需要在早期阶段就具备适应或可适应的能力。可预测的挑战的动态变化包括：在整个生命周期中，假设和边界条件都会受到挑战；在生命周期中，使用条件和环境会发生变化，因此边界也会发生变化；在整个生命周期中，通过增加新的人员调整适应性；在生命周期中，会发生各种变化，有关系统必须通过重新调整自身及其在分层网络中的关系来适应变化。

在这些研究中，有一个关于韧性的解释被普遍接受，即系统在变化和干扰发生之前、期间或之后调整其功能的内在能力，使其能够在预期和意外情况下继续执行所需的操作[292-293]。这个定义清楚地说明了韧性工程系统[294]的三个阶段：避免、保持和恢复。相对于传统风险的含义，韧性更强调系统的成功和持续运行，而不仅仅是降低偶然风险。因此，基于韧性工程可以采取更加主动的措施，以增强系统抵御预期和意外变化的能力。Francis和Bekera提出了三种韧性能力，分别是吸收能力、适应能力和恢复能力，这三种能力同时也隐含了引导过程安全管理人员制定措施的三条途径[295]。

为了直观地反映利用韧性工程开展风险分析的机理，学者们尝试用韧性性能变化图进行描述。根据描述的角度，可以分为基于性能损失的视角和基于风险的视角。在基于性能损失的视角上，主要有以下几种表征方式。

① Bruneau等绘制了一个性能和时间关系的概念图来说明韧性特征[296]。在图7.1中，100%表示没有性能退化。当突发性事件发生时，系统性能会立即下降。而韧性的作用就是减少和吸收事件，并迅速从事件中恢复。

② Ouyang等提出了破坏性事件发生后性能响应过程的三阶段韧性分析框架[297]，见图

7.2。在第一阶段，由于系统具有一定的抵抗风险的能力，性能水平保持 100%，包括预防措施。第二阶段，当不期望事件发生时，性能开始下降，但由于系统的吸收能力而停滞在一定的水平。最后一个阶段是性能水平处于水平或上升的恢复过程。此外，还针对每个阶段提出了韧性提升策略。

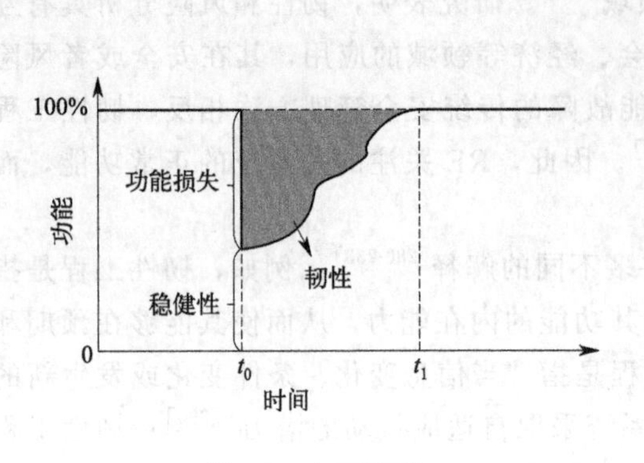

图 7.1　韧性测量

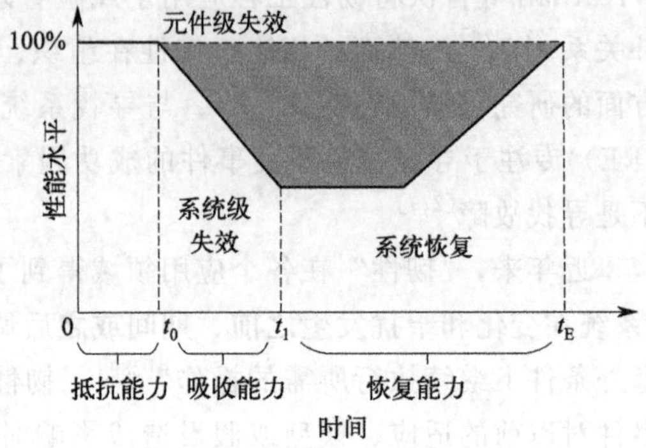

图 7.2　韧性分析框架

③ Nan 和 Sansavini 提出了韧性演变的四个阶段，分别是原始稳定阶段、破坏阶段、恢复阶段和新的稳定阶段[298]。此外，他们还利用性能测量指标（MOP）对韧性进行量化表征，并绘制了如图 7.3 所示的示意图。

④ Aven 将系统定义为正常状态、中间状态和失效状态，如图 7.4 所示，数字代表不同的状态[299]。可以看出，系统是动态变化的，可能退化到任何状态。韧性就是指系统在状态 2 或状态 1 时快速恢复到状态 3 的程度。

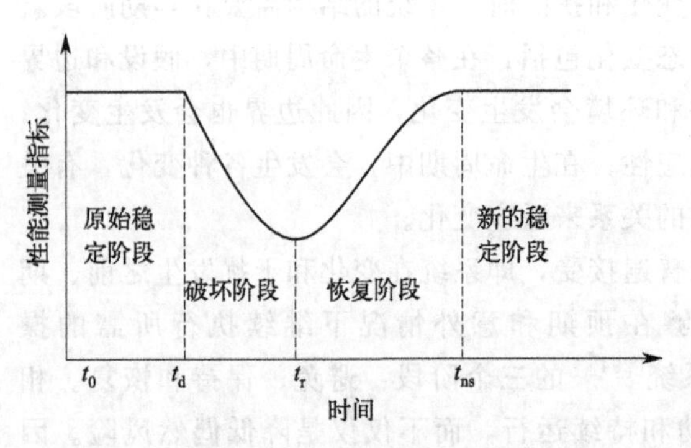

图 7.3　韧性演变四个阶段

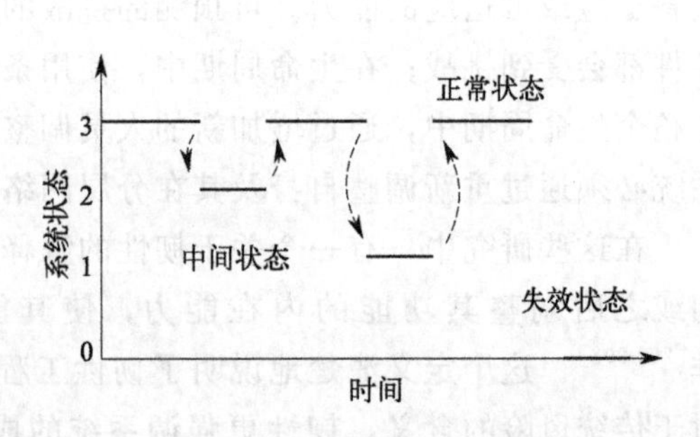

图 7.4　韧性系统状态示意图

虽然上述性能损失视角下的韧性表征方法不同，但从图中可以看出共同点是曲线都形成一个 V 形反弹，与韧性的定义一致。而从风险的视角来看，系统缺乏韧性意味着具有发生潜在事故的风险。换而言之，性能和风险都可以描述系统韧性，但是描述的方向是相反的。因此，从风险的视角绘制韧性示意图应当是一个倒 V 形。一个系统的初始风险状态应该处于较低水平；随着过程的进行，风险会由于技术或组织故障等原因出现上升趋势；韧性过程的吸收和适应特性可以使风险恢复到低水平。可见，韧性工程是一个持续的过程，并且在整个作业过程中可处于多种状态。因此，系统失效前，可通过重复迭代的方法进行主动风险分析，有望将风险控制在系统劣化的初期。

7.2 JHA-韧性工程风险评估模型

非常规作业过程是过程管理的一部分。过程风险评估为过程企业的安全管理提供了有效的工具[300]，已广泛应用于石油、化工、矿业、电力和制药等过程工业[301-303]。常规过程风险评估技术的实例有 WHAT-IF 分析、事故树分析（FTA）、失效模式有效性分析(FMEA)、危险与可操作性研究（HAZOP）等。长期以来，过程风险评估方法在预防过程工业事故方面发挥着至关重要的作用[304-307]。然而，研究发现，社会和组织因素是主要的事故原因，传统过程风险评估方法较少涉及这些因素[308]。与其他过程风险评估方法相比，作业危害分析（job hazard analysis，JHA）方法涵盖了人、组织、程序等要素，更适用于非常规作业过程风险评估。然而，常规的 JHA 通常是在某一具体的操作过程之前进行的，因此不足以实施主动的风险评估。要想对操作过程进行主动风险评估，需要融合韧性工程的理论对方法的程序进行深入研究和改进。

“风险”一词本身是非静态的，蕴含着动态演化过程。同样，“安全状态”也并非意味着系统是安全的。从韧性工程的角度看，安全状态下也可能存在多个“劣化”的状态，不发生事故是由于系统风险值未达到阈值，但系统风险已经在持续增加。在非常规作业这一领域，操作过程或者任务通常是周期性或者非周期性地重复进行。例如，柴油发电机的维护操作过程通常每 450 小时进行一次。每次操作过程的零事故状态并不意味着系统风险处于较低水平。换而言之，没有事故并不等同于没有风险。因此，风险评估需要深入挖掘事故前期的风险演化规律。根据韧性工程理论，风险评估不仅包括可能性和后果的评估，也应当包括恢复过程的评估。因此，构建韧性工程视角下的作业风险演化过程，如图 7.5 所示。

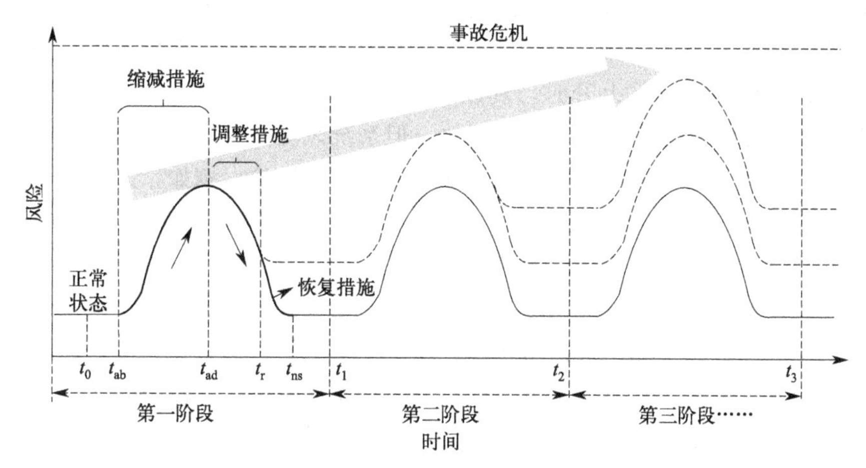

7.5 韧性工程视角下的作业风险演化过程

图 7.5 中的三个阶段表示三次重复作业。在作业过程中，当扰动（通常指不期望事件）发生时，系统风险即会上升，如图中粗实线上升段（t_{ab}～t_{ad}）表示的就是风险演化初始阶段风险的增加。在这一阶段中，现有的预防措施能够吸收风险，使风险值不再继续上升。例如，通风系统可以减少气体聚集，从而使事故风险不再增加。需要指出的是，系统的风险水平并非从零开始上升，主要原因在于受信息、技术等因素的限制，系统本身的风险存在不确

定性。

采取预防性措施可以有效预防事故的发生，但如果缺乏风险降低措施，风险值就无法下降。图中粗实线下降前段（$t_{ad} \sim t_r$）表示采取减缓措施后风险降低，使系统的适应性提高。减缓措施包括操作培训、操作规程等。需要指出的是，每一次操作结束后，都需要风险减缓措施使风险降低。

传统的风险评估主要包括以上两个阶段（$t_{ab} \sim t_r$），未考虑系统恢复能力。虽然吸收和适应性措施能够限制风险升高并将其降低到一定水平，但系统仍然未恢复到初始状态，将这种状态称为偏离状态。当进行下一次作业（$t_1 \sim t_2$）时，风险变化的起点就是该偏离状态。虚线表示不采取恢复措施下的风险演变过程。由于进行的是相同作业，因此该阶段（$t_1 \sim t_2$）的风险演变与上一作业阶段（$t_0 \sim t_1$）类似。若单独看每一作业过程，风险在上升后又会降低，意味着作业过程是安全的。然而，将这些作业过程进行关联后会发现，前一阶段的剩余风险将会在后一阶段中出现并可能融合新的危险因素。反过来，如果在每次作业后采取恢复措施，风险就会恢复到图中实线所示的低水平。

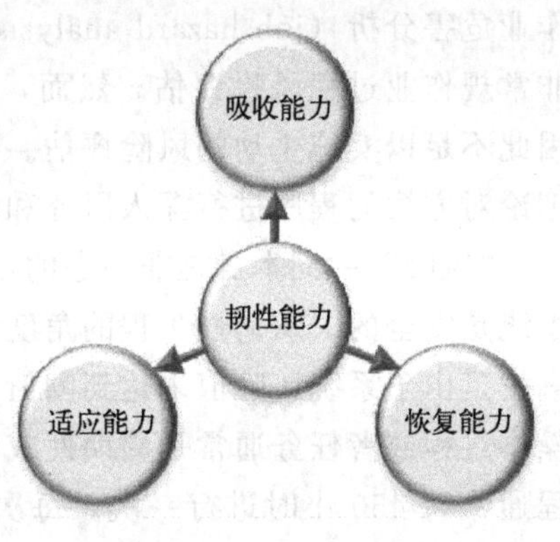

图 7.6　韧性三角

可见，韧性视角有助于提供更主动的安全措施[309]。通过韧性工程的思想，可以采取主动安全措施将系统风险降低到正常状态，实现更加全面的风险评估。为此，在进行非常规作业风险评估时，需要在传统的作业危害分析过程中融入韧性工程思维。通过“韧性三角”理论（见图 7.6）表征韧性特性并与 JHA 进行融合。

在韧性三角理论中，主动的风险预防措施包括三类：吸收措施、适应措施、恢复措施。

吸收措施：指的是消除潜在危险的措施。通常吸收措施在作业现场实施，例如，当技能不熟练的操作人员使系统风险上升时，现场的监督和严格的操作过程可以帮助吸收这种风险，从而防止本次作业过程中风险演变成事故，但系统风险并未降低。

适应措施：指的是能够使系统适应可变环境的预见性措施。例如，人员培训可以提高操作能力，从而降低由于误操作产生的风险。这类措施通常是临时或者定期实施的。这一阶段系统风险降低到一定水平，但仍处于偏离状态。

恢复措施：传统风险评估中的风险控制措施主要是吸收措施和适应措施，即使能够降低事故风险，风险水平仍然不能回到初始状态，而恢复措施的目的就在于使系统恢复到正常状态。恢复措施如安全文化、本质安全设计等，通常需要耗费较长一段时间。

将以上风险预防措施融入 JHA 方法，可以得到如图 7.7 所示的 JHA-韧性工程风险评估流程图。

在 JHA-韧性工程风险评估过程中，前三步与传统 JHA 一致。首先需要建立风险评估小组，评估专家包括管理者、监督者、操作者等；其次根据操作程序将任务分解为几个子任务；对每个子任务进行风险因素辨识和分析，例如人员失误、材料危险性、管理失效等，并根据风险矩阵得到每个子任务的风险水平。需要指出的是，在不同的组织和领域内风险矩阵的形式不同，目前尚未形成一致的矩阵形式[310-313]。此外，可接受风险的水平在不同企业也存在差别。因此，可根据实际情况确定风险矩阵和可接受准则。此处仍然采用第 3 章提出

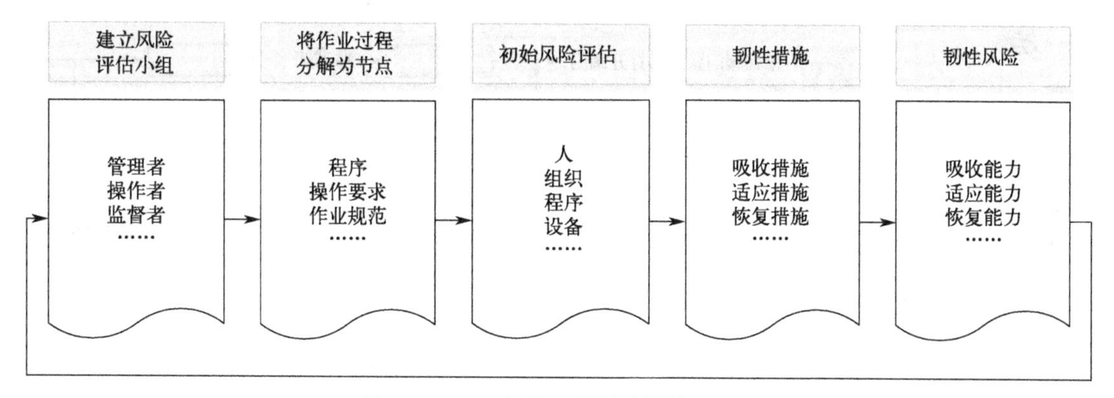

图 7.7 JHA-韧性工程风险评估流程图

的“连续递增型”风险矩阵，即将可能性和严重性都分为四个等级，并用 1～16 进行赋值。由于缺乏统计数据，因此采用可能性程度（P）和严重性程度（S）进行定性描述。表 7.1 中进一步用箭头表示采取风险措施后风险值在矩阵中的变化方向。

表 7.1 风险矩阵

风险(R)		严重性(S)			
		轻微	一般	严重	死亡
可能性(P)	非常可能	10	13	15	16
	很可能	6	9	12	14
	可能	3	5	8	11
	不可能	1	2	4	7

JHA-韧性工程风险评估方法与传统 JHA 的主要区别在于方法的后两步。在第三步的风险评估中，未考虑韧性风险控制措施，称之为初始风险（initial risk，IR）评估。因此在 JHA-韧性工程风险评估方法中，需要进一步辨识每个任务的吸收、适应、恢复措施。在考虑这些措施后重新进行可能性程度（P′）和严重性程度（S′）赋值，最终得到的风险值称为韧性风险（resilient risk，RR）。

7.3 输气站场非常规作业风险韧性演化评估实例

以输气站场开气作业过程为例对 JHA-韧性工程风险评估方法的应用进行说明。输气站场完整的开气过程通常包括清管、置换、增压等操作。清管操作旨在去除杂质并保持管道内部清洁[314]；置换操作是用惰性气体（通常是氮气）置换管道中的空气，然后用天然气置换惰性气体[315]；置换后，升高压力至所需水平。该作业过程复杂，仅选择了部分流程作为示例，假设清管和置换操作已完成。

根据作业危害分析，首先将该过程分为六个子任务，如图 7.8 所示。

在实际的开气作业环境中，根据站场需求可能还会存在其他操作，比如通行权管理、无关人员退出现场等。考虑到此类作业环境因素受实际运行情况影响，这里仅描述通用的作业

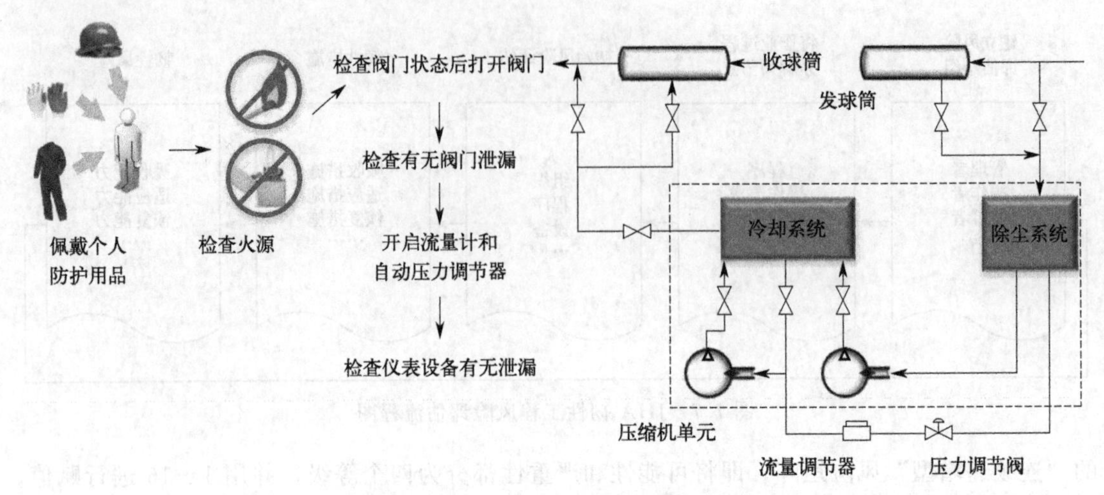

图 7.8　输气站场开气作业过程流程简图

步骤。输气站场开气作业过程可能产生人员伤亡、燃气泄漏、火灾、爆炸等事故风险，需要评估每个子任务事故发生的可能性和后果。针对某输气站场一次开气作业过程，组织三名熟悉开气作业过程的专家进行评估赋值，主要过程如下。

（1）未佩戴劳动保护用品进入现场

该子任务中的不安全行为导致事故的可能性较低，但以往发生过相关事故，因此可能性程度为 2；事故的主要后果是人员伤害，因此严重性程度为 1。根据风险矩阵，初始风险可以表示为（2，1，3）。

（2）未检查点火源进入现场

从后果来看，一旦燃气发生泄漏，该不安全行为会导致火灾、爆炸事故。但根据以往事故情况，该类事故从未发生过。因此，可能性程度为 1，严重性程度为 4，该子任务的初始风险为（1，4，7）。

（3）未检查所有阀门状态即执行阀门开启作业

检查阀门状态是开气作业的必要条件。例如排气阀和排水阀均应处于关闭状态，而安全阀应处于开启状态。此外，需要确保所有阀门处于健康状态，即阀门本身无缺陷，减少阀门内漏、外漏等情况的发生[316]。除了阀门自身，如果上锁挂牌状态错误也可能导致输气时燃气泄漏。因此，该子任务的可能性程度为 3，燃气一旦发生泄漏，可能引起中毒、火灾、爆炸事故，因此严重性程度为 4，初始风险表示为（3，4，14）。

（4）未确认操作的阀门状态

开启阀门后，操作者需要对所操作的阀门状态进行确认。例如，若输入管线阀门开启过快，可能会由于输气压力大造成设备损坏或者阀门抱死，进一步引发泄漏事故。根据以往事故经验，该子任务的可能性程度为 3，严重性程度为 4，初始风险表示为（3，4，14）。

（5）流量和压力偏离

分布式控制系统（DCS）或仪表故障不仅影响气体供应，而且影响气体流量和压力。当达到或超过气体流量阈值时，压力升高会威胁现场设备和人员。因此，该子任务的可能性程度为 4，严重性程度为 1，初始风险表示为（4，1，10）。

（6）任务完成前未检查设备和仪表泄漏

燃气可能从阀门、管线、法兰等处泄漏，导致人员伤亡、环境污染、火灾、爆炸等事故。根据历史事故经验，该子任务的可能性程度取 2，严重性程度取 4，初始风险表示为（2，4，11）。

上述初始风险未考虑风险控制措施，因此需要进行第二轮的风险评估以确定韧性风险（RR），评估结果见表 7.2。

表 7.2 站场开气过程风险评估

子任务	(P,S,IR)	基于韧性的措施		(P′,S′,RR)
Ⅰ	(2,1,3)	吸收措施	现场监管	(1,1,1)
		适应措施	人员安全培训； 标准操作和维护(SOM)程序培训	
		恢复措施	改善工作条件(湿度、温度等)	
Ⅱ	(1,4,7)	吸收措施	现场监管	(1,2,2)
		适应措施	人员安全培训； 标准操作和维护程序培训	
		恢复措施	安装易燃性检查设备	
Ⅲ	(3,4,14)	吸收措施	现场监督； 信息卡检查	(1,4,7)
		适应措施	改进上锁标记程序和定期检查程序； SOM 程序培训； 启动前安全审查	
		恢复措施	检查和维护阀门的完整性	
Ⅳ	(3,4,14)	吸收措施	现场监督	(2,2,5)
		适应措施	根据 SOM 程序进行操作培训； 启动前安全审查	
		恢复措施	检查并维护气体泄漏探测器的完整性； 使用管道泄漏检测系统(PLDS)设计新管道[317-318]	
Ⅴ	(4,1,10)	吸收措施	现场监督	(2,1,3)
		适应措施	改进定期检查或维修程序； SOM 程序培训； 启动前安全审查	
		恢复措施	检查并维护 DCS 板和仪器的完整性	

续表

子任务	(P,S,IR)	基于韧性的措施		(P′,S′,RR)
Ⅵ	(2,4,11)	吸收措施	现场主管或管理人员确认	(1,2,2)
		适应措施	改进定期检查程序； SOM 程序培训； 启动前安全审查	
		恢复措施	检查和维护气体泄漏探测器的完整性	

可见，改进的 JHA 方法不但可以评估初始风险，而且能够提供韧性改进措施，评估韧性风险。在表 7.2 中，吸收措施（如现场监督等）是控制风险的直接方式，同样也是最快、最简单的方式；适应措施（如人员安全培训、改进作业规程、启动前安全审查等）可以在两次非常规作业过程之间实施；恢复措施（如火种检查设备安装和阀门完整性检查等）通常需要花费数月时间，但能够提升系统的本质安全设计。

现有的风险矩阵可将风险值进一步分为三个等级：高风险、中风险、低风险。但传统的风险等级划分方法不能解决不同等级之间的界限过于绝对的问题[319-320]。为此，设计一种梯度风险等级图表征开气作业过程不同子任务风险的变化，如图 7.9 所示。

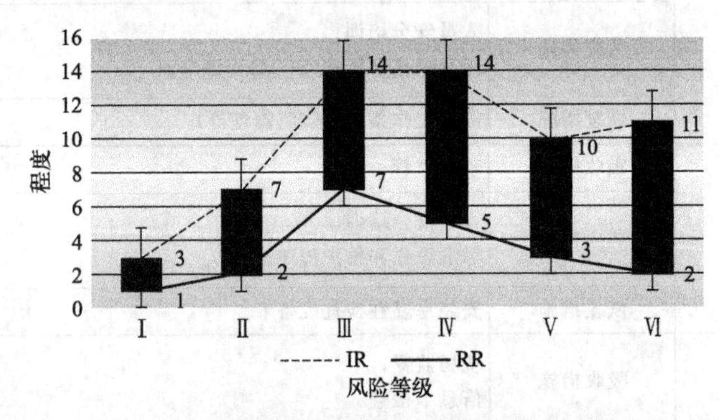

图 7.9 输气站场开气作业过程梯度风险等级图

通过比较初始风险和韧性风险可以发现，韧性措施能够将风险控制在较低水平。从梯度风险等级图中可以直观看出，韧性风险值均处于等级图的下方（即低风险区域）。

除了 JHA，其他过程风险评估方法例如 HAZOP 也可以用于非常规作业风险评估。现对 JHA 和 HAZOP 进行比较分析，讨论其适用性和优势。Crawley 和 Tyler 运用程序 HAZOP（procedural HAZOP）对管线冲洗过程进行了风险分析[321]。通过对比可以发现，两种方法都将操作程序作为基础数据进行分析，不同之处在于 HAZOP 把过程分为节点，而 JHA 直接使用程序步骤。例如，在 HAZOP 分析中，前两个步骤被归于同一个节点下。在 HAZOP 中节点划分的依据强调的是功能，而 JHA 强调的是行为。鉴于非常规作业过程主要表现在行为活动上，因此可以总结出 JHA 能够提供比 HAZOP 更详细的风险分析结果。此外，虽然在风险辨识阶段，HAZOP 可以利用引导词和偏差得到更精细的风险分类，但同样也带来了任务量大、耗时长、对专家知识要求高的问题[322]。从这个角度来说，JHA 比 HAZOP 在评估非常规作业过程风险中更加实用。两种方法都要求有经验的专家进行风险评估，虽然评估带有一定的主观性，但评估的客观基础是充足的数据信息。在输气站场非常规作业过程中，基础的数据信息包括操作规程、培训记录、作业描述表、事故记录等，很难获取到概率统计信息。因此，采用定性描述的方式对可能性和严重性进行分级。

7.4 本章小结

过程风险评估为过程工艺设备的安全管理提供了有效的技术支撑。作业危害分析（JHA）方法可以帮助识别危险源，并通过监控或改进操作程序来降低或消除过程工业现场的风险。然而，传统的 JHA 缺乏主动风险评估的能力，不能涵盖所有可能的措施，包括预防措施和恢复措施。非常规作业过程（如启动和维护）都是在工厂的生命周期内反复进行的。风险评估不仅应在操作过程中和操作前进行，还应在两次重复操作之间进行。因此，需要考虑到所有风险演变阶段，尤其是恢复阶段，确定潜在风险降低措施，引入韧性工程的概念能够解决这一问题。

通过韧性工程示意图可知，吸收和适应措施可以限制风险上升并将风险降低到一定水平，但系统并不能恢复到初始状态。如果上一个运行期的风险没有降低到原来的水平，那么下一个运行期的系统风险可能会从偏离状态开始，不断累积，最终达到红线（事故）。因此，韧性视角对于开展前瞻性的主动风险评估至关重要。根据“韧性三角”的定义，前瞻性风险防范措施应包括三类，即吸收措施、适应措施和恢复措施。通过对传统的作业危害分析进行扩展，整合韧性工程来实现主动风险评估。这种综合方法可为制定主动降低风险的措施以及维持低风险水平提供指导。为证明其适用性，介绍了输气启动过程风险评估案例。

8 非常规作业风险随机性能建模与动态评估

8.1 输气站场应急处置非常规作业过程分析

输气站场应急处置与开气、停气、排污等非常规作业过程具有相似的性质，即作业运行频率较低、经验较少，人员干预性强，作业过程允许的运行时间较为有限，具有较高的不确定性、动态性和复杂性，符合非常规作业过程的范畴。因此，将输气站场应急处置作为一种非常规作业过程。与开气、停气、排污等其他非常规作业过程不同的是，应急处置非常规过程的复杂性和不确定性更高，对应急响应时间的约束更强，需要一种能够对时间约束描述能力更强的建模和分析方法。

国内外针对应急处置作业过程风险分析的研究较多，如构建指标体系、混合 Petri 网模型、迪杰斯特拉算法（Dijkstra's algorithm）、层次分析法、人群动力学模型、动态贝叶斯网络、响应时间优化模型等[323]。但现有研究主要集中在应急管理结构和体系方面，较少涉及应急处置过程演化及不同作业阶段的性能分析。而实际上，对输气站场事故应急处置过程进行风险评估时，作业阶段的关联性和时间特性不可忽视。例如，在输气站场发生燃气泄漏事故时，首先应该启动应急响应，关闭泄漏管段的输入输出阀门，同时进行气体浓度探测；随后在泄漏点上风侧布置灭火器，同时划定警戒区域。如果封堵成功，可以终止应急响应，否则，可能形成蒸气云。这时一旦警戒控制失效导致车辆进入该区域极易产生火花导致气体被点燃，产生喷射火，进一步可能引发爆炸；此外，如果蒸气云延迟点火，也可能发生云聚集进而引发爆炸。不论上述哪种情况发生，都需要对应急响应进行升级，开启紧急切断、组织疏散和救援。从上述过程中可以看出，时间因素和并发作业是进行输气站场燃气泄漏事故应急处置风险评估必须考虑的因素。

8.2 传统基于指标体系的应急处置作业风险评估

传统的应急处置作业风险评估方法使用较多的是指标体系法，不将其作为一个随机动态过程，而是通过分解静态指标，对指标进行分析得到风险水平。下面以通用的应急预案实施过程风险评估为例进行说明。

应急预案是应急管理工作的重要内容。应急预案在制定完成之后，需要经过一系列的实施活动，才能保证应急预案的可行性。因此，首先需要对应急预案的实施管理情况进行评估，即将应急预案实施管理风险评价作为目标层。其次，辨识能够反映应急预案实施管理的指标，作为策略层。一般来说，应急预案的实施需要考虑应急预案的宣传教育和培训、应急资源的定期检查落实、应急演习训练、预案的实用性检验、应急预案电子化、事故回顾六个方面[324]。其中，宣传教育和培训是应急预案实施的第一步，旨在使各类应急人员掌握应急任务和程序等内容；应急资源的定期检查落实包括检查各类应急人员、设施、物资等，是实施应急预案的基本保障；应急演习训练是检验应急程序、准备工作的重要措施；预案的实用性检验则是在处置事故的实际工作中运用预案开展应急行动，从实践中检验预案的实用性；应急预案电子化是利用现代计算机及信息技术开展更有效应急工作的重要手段；事故回顾旨在评估应急过程的不足和缺陷，为预案的修订提供依据。因此，策略层由这六个指标构成。最后，应急预案实施的每个指标的风险水平不便于直接评价得出，但是可通过判断其实施方法是否科学高效，工作者态度是否积极，领导是否重视并具备能力，设备是否完整进行间接评价。因此，这四个方面构成了模型的方案层，用于直接评价赋值。由此构建了应急预案实施管理风险评价的三层结构模型，如图 8.1 所示。

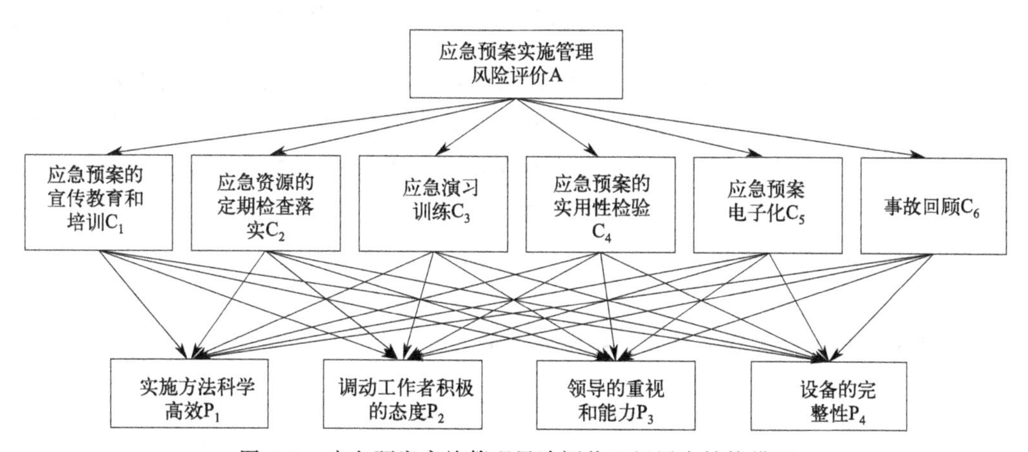

图 8.1 应急预案实施管理风险评价三级层次结构模型

风险评估的目的是确定风险的大小并判断其是否符合标准。从集对分析的角度来看，风险评估的实质是研究评估标准与评估对象这两个集对之间的关联性。如何以数学的形式表示这种相关性，是进行有效风险评估的关键。数学研究者将集对分析法和熵相结合，提出了联系熵的概念[325]。由此，可进一步将评估标准与评估对象的集对关系通过计算联系熵实现量化表征。

利用联系熵进行风险评估，需通过联系熵的计算公式对风险评估值进行转化。由于风险评估对象的风险水平受多因素的影响，可用由多个指标构成的集合表示，即 $F=(a_1,a_2,\cdots,a_n)$。因此，判断评估对象的风险等级，需综合考虑集合中每个指标的风险等级。在联系熵中，不同类型影响因素的联系熵按照式(8.1) 进行转化[326]。当指标为越小越好的指标时，用 $S_i=a_i\ln a_i$ 表示；当指标为越大越好的指标时，用 $S_i=\dfrac{1}{a_i\ln a_i}$ 表示。其中，i 的含义为第 i 个指标。

$$S_i=\begin{cases}a_i\ln a_i & （指标分值越小越优型）\\ \dfrac{1}{a_i\ln a_i} & （指标分值越大越优型）\end{cases} \tag{8.1}$$

在经典的联系熵计算中，将按照式(8.1) 计算求出的每个指标的联系熵加和，即为评估对象整体的风险大小。然而，在实际的评估过程中，常常存在不同指标重要程度不一致的情况，需将指标的权重集成到联系熵的计算过程中。因此，提出将层次分析法（analytic hierarchy process，AHP）与联系熵相耦合，构建风险评估三级模型，计算多级加权联系熵。具体的方法步骤如下。

（1）构建风险评估三级模型

根据被评估对象的特点，将其分解为目标层（A）、策略层（C）、方案层（P）。其中目标层即为评估对象，策略层由影响评估对象风险水平的多个指标构成，方案层为影响策略层每个指标风险的行为。

（2）利用 AHP 方法计算模型中下一层相对于上一层关联指标的权重

AHP 将对决策有影响的元素分成不同的层级，对同一层内各因素之间进行两两对比，在此基础上建立判断矩阵，然后运用特征根法计算最大特征根和归一化的特征向量，最后进行一致性检验，得到每个下层因素相对于上层关联因素的权重。AHP 方法的计算过程已有大量文献资料，不再赘述。策略层相对于目标层的权重集合表示为 w_{a_1}，w_{a_2}，…，w_{a_n}，方案层相对于策略层的权重集合表示为 $w_{b_1^i}$，$w_{b_2^i}$，…，$w_{b_k^i}$。

（3）划分指标风险等级并转化为标准联系熵

针对每个指标 a_1，a_2，…，a_n，划分风险等级范围，通常以 0～100 之间的数值范围表示风险的等级 j。进一步根据式(8.1) 将指标的风险临界值转化为联系熵，并考虑每个指标的权重，得到以各指标联系熵表征的目标层风险等级 j 的临界值，称为标准联系熵，计算公式如下所示。

$$S^j=\sum_{i=1}^{n}w_{a_i}S_{a_{iB}}^j \tag{8.2}$$

该标准联系熵是以风险等级数值的边界值为输入进行计算的，为使标准联系熵更加真实地反映风险等级数值，通常采用平均值法确定标准联系熵的等级范围。假设风险等级划分为三个等级，即 $j=1$，2，3，则标准联系熵的等级范围按照式(8.3)进行计算。

$$S^j=\begin{cases}\left(-\infty,\dfrac{S^1+S^2}{2}\right) & \text{风险等级为低}\\ \left(\dfrac{S^1+S^2}{2},\dfrac{S^2+S^3}{2}\right) & \text{风险等级为中}\\ \left(\dfrac{S^2+S^3}{2},+\infty\right) & \text{风险等级为高}\end{cases} \tag{8.3}$$

（4）评价赋分，计算每个指标的实际联系熵

制定详细的评价规则，确定策略层指标的实际风险数值。在风险评估三级模型中，策略层的每个指标的实际风险由方案层指标所决定。因此，计算策略层指标的实际风险值 a_i 时，需要考虑方案层中相关联指标的风险值 b_l^i 及其权重 $w_{b_l^i}$，$l=1$，2，…，k，计算过程如式(8.4)所示。进一步根据式(8.1)将风险值 a_i 转化成联系熵 S_{a_i}。

$$S_{a_i}=\sum_{l=1}^{k}w_{b_l^i}b_l^i \tag{8.4}$$

（5）计算被评估对象的总联系熵，判断风险等级

将计算得到的每个指标的实际联系熵 S_{a_i} 及指标相对于目标层的权重 w_{a_i} 相乘，即可得到被评估对象的总联系熵 S_A，如式(8.5)所示。根据设定的标准联系熵所对应的风险等级范围，判断比较得到的被评估对象的风险等级。

$$S_A=\sum_{i=1}^{n}w_{a_i}S_{a_i} \tag{8.5}$$

为更加直观地表示数据间的逻辑关系，构建AHP-联系熵耦合模型，如图8.2所示。

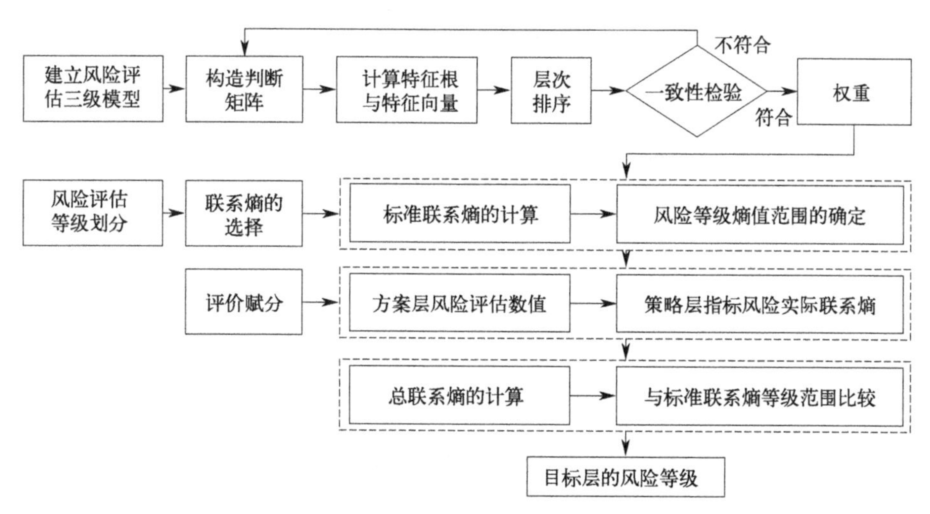

图8.2 AHP-联系熵风险评估流程

根据构建的应急预案实施管理风险评估层次结构模型，首先运用AHP进行权重计算，需计算策略层相对于目标层的权重集合 w_{a_1}，w_{a_2}，…，w_{a_n} 以及方案层相对于策略层的权重集合 $w_{b_1^i}$，$w_{b_2^i}$，…，$w_{b_k^i}$。以权重集合 w_{a_1}，w_{a_2}，…，w_{a_n} 的计算为例进行说明。首先，根据1-9标度法进行专家评分，对策略层每个指标 C_1、C_2、C_3、C_4、C_5、C_6 进行两两比较，构建表8.1所示的判断矩阵。在MATLAB中计算该矩阵的最大特征根及特征向量并判断一致性，最终得到权重集合如式(8.6)所示。同理，确定方案层相对于策略层的判断矩阵（见表8.2)，计算结果如表8.3所示。

$$(w_{a_1},w_{a_2},\cdots,w_{a_6})=(0.180,0.212,0.169,0.294,0.045,0.099) \tag{8.6}$$

表8.1　策略层的判断矩阵表

A	C_1	C_2	C_3	C_4	C_5	C_6
C_1	1	2	1	1/3	4	1
C_2	1/2	1	2	1	5	2
C_3	1	1/2	1	1	3	2
C_4	3	1	1	1	5	2
C_5	1/4	1/5	1/3	1/6	1	1/2
C_6	1	1/2	1/2	1/5	2	1
单层权重	0.180	0.212	0.169	0.294	0.045	0.099
$\lambda_{max}=6.394$；CI=0.078；RI=1.24；CR=0.063						

表8.2　方案层的判断矩阵表

C_1	P_1	P_2	P_3	P_4	C_2	P_1	P_2	P_3	P_4	C_3	P_1	P_2	P_3	P_4
P_1	1	3	1/2	3	P_1	1	1/3	1/7	1/2	P_1	1	4	1/2	3
P_2	1/3	1	1/2	2	P_2	3	1	1/3	2	P_2	1/4	1	1/7	2
P_3	2	2	1	6	P_3	7	3	1	4	P_3	2	7	1	5
P_4	1/3	1/2	1/6	1	P_4	2	1/2	1/5	1	P_4	1/3	1/2	1/5	1
单层权重	0.304	0.158	0.455	0.082	单层权重	0.074	0.224	0.569	0.133	单层权重	0.288	0.099	0.533	0.080
$\lambda_{max}=4.118$,CI=0.039, RI=0.91,CR=0.043					$\lambda_{max}=4.021$,CI=0.007, RI=0.88,CR=0.080					$\lambda_{max}=4.132$,CI=0.044, RI=0.92,CR=0.048				
C_4	P_1	P_2	P_3	P_4	C_5	P_1	P_2	P_3	P_4	C_6	P_1	P_2	P_3	P_4
P_1	1	1/3	1/2	2	P_1	1	1/2	1/3	2	P_1	1	1	1/2	4
P_2	3	1	2	3	P_2	2	1	1/5	3	P_2	1	1	1/2	4
P_3	2	1/2	1	2	P_3	3	5	1	5	P_3	2	2	1	2
P_4	1/2	1/4	1/2	1	P_4	1/2	1/3	1/5	1	P_4	1/4	1/4	1/2	1
单层权重	0.166	0.507	0.198	0.129	单层权重	0.142	0.201	0.577	0.080	单层权重	0.260	0.260	0.381	0.099
$\lambda_{max}=4.071$,CI=0.024, RI=0.92,CR=0.026					$\lambda_{max}=4.178$,CI=0.059, RI=0.91,CR=0.065					$\lambda_{max}=4.249$,CI=0.083, RI=0.91,CR=0.091				

表 8.3 方案层的权重计算结果

$w_{b_l^i}$	C_1	C_2	C_3	C_4	C_5	C_6
P_1	0.304	0.074	0.288	0.166	0.142	0.260
P_2	0.158	0.224	0.099	0.507	0.201	0.260
P_3	0.455	0.569	0.533	0.198	0.381	0.381
P_4	0.082	0.133	0.080	0.129	0.099	0.099

通常以 0～100 之间的数值范围表示风险的等级 j。在本例中，规定风险值在区间（80，100］范围内为Ⅰ级，表示风险等级高；风险值在区间（60，80］范围内为Ⅱ级，表示风险等级为中；风险值在区间（0，60］范围内为Ⅲ级，表示风险等级低。在标准联系熵的计算中，将风险等级的临界值代入式(8.2）进行计算，然后通过平均值法进行数据平滑处理。该案例中风险等级划分为三级，临界值分别取 100、80、60 作为标准联系熵的输入。由于风险值数据为越大越优型，按照联系熵计算准则选取计算表达式。以风险值 100 为例，并考虑每个指标的权重，其标准联系熵的计算如式(8.7）所示。

$$\begin{aligned}S^j &= \sum_{i=1}^{6} w_{a_i} S^j_{a_{iB}} = w_{a_1} S^1_{a_{1B}} + w_{a_2} S^1_{a_{2B}} + \cdots + w_{a_6} S^1_{a_{6B}} \\ &= w_{a_1} \frac{1}{a_{1B} \ln a_{1B}} + w_{a_1} \frac{1}{a_{2B} \ln a_{2B}} + \cdots + w_{a_6} \frac{1}{a_{6B} \ln a_{6B}} \\ &= 0.180 \times \frac{1}{100\ln 100} + 0.212 \times \frac{1}{100\ln 100} + 0.169 \times \frac{1}{100\ln 100} + 0.294 \times \frac{1}{100\ln 100} + 0.045 \\ &\quad \times \frac{1}{100\ln 100} + 0.099 \times \frac{1}{100\ln 100} \\ &= 0.00217\end{aligned} \tag{8.7}$$

同理可以得到风险临界值为 80 和 60 时的标准联系熵分别为 0.00285 和 0.00407。根据式(8.3）计算标准联系熵的风险等级范围，得出当联系熵在区间（$-\infty$，0.00251）内时风险等级为低，联系熵在区间（0.00251，0.00346）内时风险等级为中，联系熵在区间（0.00346，$+\infty$）内时，风险等级为高。该计算结果与熵的基本性质一致，即熵越大，混乱程度越高，越危险。

制定策略层指标的评价规则，如表 8.4 所示。通过评分法确定每个指标的实际风险数值，如表 8.5 所示。

表 8.4 应急预案实施管理风险评价规则

影响因素代码	应急预案实施管理风险分级		
	Ⅰ(80,100]	Ⅱ(60,80]	Ⅲ(0,60]
C_1	合理安排培训时间；将培训结果纳入工资绩效；管理层参加培训教育；采用先进设备辅助培训	培训与宣传教育力度不足；培训结果考核不合理；管理层参加培训教育较少；培训设备陈旧	无培训与宣传教育或有但组织混乱；无培训结果考核；管理层未参加培训；无教育培训设备或设备损坏

续表

影响因素代码	应急预案实施管理风险分级		
	Ⅰ(80,100]	Ⅱ(60,80]	Ⅲ(0,60]
C_2	定期检查应急资源并落实到具体负责人;建立资源检查奖惩制度;管理层跟踪应急资源的管理;对应急资源进行完整性管理	检查应急资源时间无规律或未落实到具体负责人;资源检查奖惩标准不明确;管理层对应急资源现状了解不清;未保证应急资源完整性	无应急资源检查工作及具体负责人;无资源检查奖惩制度;管理层对应急资源现状完全不了解;无应急资源管理制度
C_3	定期进行演习训练;建立演习训练工作奖惩机制;管理层发挥指挥协调作用;演习训练设备完好	演习训练安排不合理;应急演习和训练工作奖惩制度不健全;管理层未跟踪指导;演习设备功能不全	无演习或训练次数不足;无演习和训练工作奖惩机制;管理层未参与演习训练;演习设备陈旧或欠缺
C_4	熟练实践应急预案;实践过程中各机构人员积极协调;管理层组织能力强;救援设备完好	对预案的运用不娴熟;人员应急协调能力一般;管理层协调组织能力一般;设备陈旧落后,影响应急实施	未按照预案文件进行实践;人员应急协调性差;管理层协调组织能力差;设备落后无法保障实践
C_5	预案实现电子化管理;人员积极参与电子化管理工作;管理层重视电子化建设;拥有先进的信息化设备	预案无合理的电子化结构;人员参与电子化管理能力不强;管理层对电子化建设不重视;信息化设备陈旧	预案未实行电子化管理;人员无信息化操作能力;管理层缺乏信息化知识;信息化设备欠缺
C_6	充分收集应急信息;明确信息收集负责人;管理层组织专门人员进行经验总结;具有先进的事故回顾系统	收集到的应急信息较少;无负责人或开展事故回顾不积极;管理层经验不足;事故回顾系统陈旧	未收集应急的信息;未开展事故回顾工作;管理层未能从事故中获取教训;无事故回顾系统

表 8.5　应急预案实施过程管理风险赋值

方案层	策略层					
	C_1	C_2	C_3	C_4	C_5	C_6
P_1	88	76	91	83	70	80
P_2	70	80	73	93	82	72
P_3	85	87	90	90	56	92
P_4	61	70	86	70	66	86
$l=1,2,3,4$	b_l^1	b_l^2	b_l^3	b_l^4	b_l^5	b_l^6

将方案层指标赋值 b_l^i 及其权重 $w_{b_l^i}$ 代入式(8.4)，计算得到策略层每个指标的实际风险值，并转化为联系熵。以策略层指标 C_1 的联系熵 S_{a_1} 为例进行说明。首先计算 C_1 的风险值 a_1，见式(8.8)：

$$\begin{aligned} a_1 &= \sum_{l=1}^{4} w_{b_l^1} b_l^1 \\ &= w_{b_l^1} b_l^1 + w_{b_l^2} b_l^2 + w_{b_l^3} b_l^3 + w_{b_l^4} b_l^4 \\ &= 0.304 \times 88 + 0.158 \times 70 + 0.455 \times 85 + 0.082 \times 61 \\ &= 81.489 \end{aligned} \tag{8.8}$$

同理可得其他指标的实际风险值，分别为 $a_2=82.357$，$a_3=88.285$，$a_4=87.779$，$a_5=54.292$，$a_6=83.086$。进一步根据式(8.1)将风险值 a_i 转化成联系熵 S_{a_i}，并考虑各指标的权重 w_{a_i}，计算被评估对象的总联系熵 S_A，如式(8.9)所示。

$$
\begin{aligned}
S_A &= \sum_{i=1}^{6} w_{a_i} S_{a_i} \\
&= w_{a_1}\frac{1}{a_1 \ln a_1} + w_{a_2}\frac{1}{a_2 \ln a_2} + w_{a_3}\frac{1}{a_3 \ln a_3} + w_{a_4}\frac{1}{a_4 \ln a_4} + w_{a_5}\frac{1}{a_5 \ln a_5} + w_{a_6}\frac{1}{a_6 \ln a_6} \\
&= 0.180 \times \frac{1}{81.489 \ln 81.489} + 0.212 \times \frac{1}{82.357 \ln 82.357} + 0.169 \times \frac{1}{88.285 \ln 88.285} \\
&\quad + 0.294 \times \frac{1}{87.779 \ln 87.779} + 0.045 \times \frac{1}{54.292 \ln 54.292} + 0.099 \times \frac{1}{83.086 \ln 83.086} \\
&= 0.0027
\end{aligned}
\tag{8.9}
$$

将计算得到的联系熵与标准联系熵等级范围进行对比，0.0027 在区间（0.00251，0.00346）内。由此可以判断出该应急预案实施管理的风险等级为中等。对比传统的计算方法，即将策略层各项分数进行加权，得到评价值 R 为：

$$
\begin{aligned}
R &= 0.180 \times 81.489 + 0.212 \times 82.357 + 0.169 \times 88.285 + 0.294 \times 87.779 \\
&\quad + 0.045 \times 54.292 + 0.099 \times 83.086 = 83.524
\end{aligned}
\tag{8.10}
$$

可以看出，通过层次分析与联系熵相耦合的方法对应急预案实施管理进行风险评估能够实现目标分解并进行权重计算，使应急预案实施过程影响因素间的关系更加量化、结构化。从集对分析中联系熵的角度，研究评估标准与评估对象这两个集对之间的关联性。通过将评估标准转化为标准联系熵区间值，将评估赋值转化为联系熵，实现集对关系的熵表征。在 AHP 结构模型和权重分配的基础上，通过计算加权熵和得到目标层的总联系熵，对比标准熵区间得到应急预案实施管理的整体风险等级。

AHP-联系熵评估方法能够从标准熵与实际熵关联的角度反映企业应急预案实施管理的风险水平，为风险评估提供了一种新思路。虽然该方法通过 AHP 的层次分解与 1-9 标度方法减少了权重赋值的主观性，但赋值过程仍存在不客观的因素，整个评估过程仅考虑风险要素，未涉及应急处置作业过程的随机特性。

8.3 模糊随机 Petri 网-马尔可夫链评估方法

8.3.1 随机 Petri 网

根据输气站场燃气泄漏事故应急处置非常规作业过程，构建随机 Petri 网模型。在该模型中，需要考虑状态、行动、行动时序、时间延迟等因素。因此，定义一个五元组 $SPN=\{P, T, A, \lambda, M_0\}$。

① $P=\{P_1, P_2, \cdots, P_N\}$为库所集合，同一般 Petri 网类似，每个库所用圆圈表示，库所中的托肯用实心点表示。库所表示的是应急处置非常规作业过程中可能的状态。例如，燃气泄漏属于一种状态，因此用库所表示。带托肯的库所表示的是应急处置非常规作业过程所处的状态。如果过程执行到下一状态，变迁发生，托肯转移到下一库所。换而言之，托肯只表示状态是否激活，而非资源的数量，因此每个库所最多只有一个托肯。

② $T=\{T_1,T_2,\cdots,T_M\}$为变迁集合，表示的是应急处置非常规作业过程中的执行行动。例如，启动应急响应就是一个执行行动，可表示为变迁。由于这里的变迁与行动时间描述有关，因此用长方形表示。

③ $A \subseteq P \times T \cup T \times P$ 为连接库所与变迁的有向弧集合，表示行动序列关联。

④ $\lambda=\{\lambda_1,\lambda_2,\cdots,\lambda_r\}$是变迁平均实施速率的集合，为变迁延迟时间的倒数。

⑤ $M_0=\{m_0(p_1),m_0(p_2),\cdots,m_0(p_n)\}$为初始标识集合，为库所定义初始值，其状态随着变迁激活的进行不断更新。

在非常规作业过程中，通过库所来表示过程所处的可能的状态，作业行动则通过变迁来表示，作业过程的状态变化则对应着托肯在 Petri 网中的流动，其中行动所需要的时间通过变迁延迟时间表示。当作业过程推进时，随机 Petri 网被触发，参数也相应发生变化。规定随机 Petri 网触发规则如下：当一个可实施变迁经过延迟时间后，托肯流入下一输出库所，同时将输入库所的标识清除。

8.3.2 马尔可夫链

上述随机 Petri 网可以对非常规作业过程进行抽象，并能够充分描述过程的时序性和行动的并发性，但缺乏过程性能分析能力。研究表明，随机 Petri 网可以同构于一个连续时间的马尔可夫链（Markov chain，MC）[327]，利用马尔可夫链的量化分析方法，可进行相关参数的计算。考虑到时间延迟是影响应急处置作业过程性能的主要因素，因此主要考虑与时间延迟有关的性能参数，包括实施速率、稳态概率、繁忙概率、利用率。

随机 Petri 网的每个可达标识都可看作马尔可夫链的一个状态。因此，根据随机 Petri 网的可达标识图同构出马尔可夫链状态空间。马尔可夫链中每个状态的稳定概率可由式(8.11) 计算得出：

$$\begin{cases} \boldsymbol{PQ}=0 \\ \sum_{i=1}^{n} P(M_i)=1 \end{cases} \tag{8.11}$$

式中，Q 为变迁的实施速率矩阵；$P(M_i)$ 为标识集合，M_i 为状态稳定概率；i 为可达标识集合的数量。该过程可在 MATLAB 中计算。

在求得稳态概率的基础上，可进一步计算在稳定状态下的其他量化指标，分析该应急处置行动的性能，主要包括平均标识数和变迁利用率。

（1）平均标识数

库所的平均标识数反映了库所的繁忙概率，即库所 P 的繁忙概率的数值越大，说明该种状态停留的时间越长。相反，繁忙概率的值越小表明该种状态出现的时间越短。库所 P_i 在任一可达标识中所含有的平均标识数可由式(8.12) 得出：

$$u_i=\sum jP[M(p_i)=j] \tag{8.12}$$

其中，$P[M(p_i)=j]$为库所中 j 个标识的稳态概率。

（2）变迁利用率

变迁 t 的利用率大小表示所有可达标识稳态概率的大小，即变迁 t 的利用率越大，表示触发该种行动的可实施状态概率越大，反之变迁 t 的利用率越小，则表示触发该种行动的可实施（点火）状态概率越小。计算公式如式(8.13) 所示：

$$U(t)=\sum_{M\in E}P(M) \tag{8.13}$$

式中，E 为变迁 t 的所有可达标识的集合。

根据式(8.12) 和式(8.13) 可以得到库所的繁忙概率和变迁利用率，从而确定关键库所和关键变迁。

为验证评价结果，对应急处置非常规作业过程进行动态性能分析（即考虑参数变化对过程状态的影响），以平均实施速率为横坐标，稳态概率为纵坐标，通过控制变量法改变关键变迁的平均实施速率（由 0.05 到 1.05，步长 0.1），分析稳态概率的变化趋势。

8.3.3 变迁平均延迟时间的模糊化处理

在运用随机 Petri 网-马尔可夫链方法对输气站场应急处置非常规作业过程进行风险量化分析时，需要面对响应时间预测的不确定性问题。此外，建模和评估过程中的主观性不可避免，如何融合不同的应急响应时间赋值也是一个待解决的问题。通常，响应时间是由有经验的专家赋单一值，进一步采用加权平均方法获得的最终结果。但单一赋值的方法不能够表达主观不确定性，因此常采用隶属度函数表征不确定性信息。例如，常用的有三角隶属度函数、梯形隶属度函数、正则隶属度函数、高斯隶属度函数等。其中三角隶属度函数使用简便、可解释性强，得到了广泛认可。因此，通过三角隶属度函数可以解决单一赋值的问题，得到模糊化后的应急响应时间赋值。

对于时间赋值融合与解模糊的问题，提出一种区域中心变迁平均延迟时间的模糊化处理方法。变迁的延迟时间可基于专家经验获取，表示为延时区间。根据式(8.14)～式(8.16)对延时区间进行三角模糊隶属度函数定义和区域中心去模糊化处理。

隶属度函数 $\mu_A(x)$ 表示为：

$$\mu_A(x)=\begin{cases}\dfrac{x-a_{i1}}{a_{i2}-a_{i1}},a_{i1}\leqslant x\leqslant a_{i2}\\ \dfrac{a_{i3}-x}{a_{i3}-a_{i2}},a_{i2}\leqslant x\leqslant a_{i3}\\ 0,其他\end{cases} \tag{8.14}$$

式中，x 为变迁延迟时间。因此，经过三角模糊化处理，可将变迁延迟时间表示为(a_{i1}，a_{i2}，a_{i3})，其中 a_{i2} 为中间值，对应最大隶属度，a_{i1} 与 a_{i3} 分别是最小和最大值。可见区间范围主要取决于最大值和最小值两个边界值。因此，为了简便，以 a_{i1} 作为上限、a_{i3} 作为下限构建区间，表示应急处置非常规作业过程的延迟时间参数。

为了将多名专家的模糊化赋值结果融合，需要进行去模糊化处理，得到变迁延迟时间。传统的去模糊化方法包括加权平均法、排序法、最大平均法、区域中心法、最大隶属度法等[328]。此外还有一些基于传统方法的改进模型，如广义水平集、最小-最大原则、连续最大值和动态切换等[329]。其中区域中心法能够通过计算隶属度曲线与横坐标轴包围的区域面积中心点实现去模糊化，具有直观性强、可解释性强的优点。因此，选用区域中心法进行变迁延迟时间的计算。

设隶属度函数为 $A(x)$，区域中心的横坐标为 x^*，则计算公式如式(8.15) 所示。

$$x^* = \frac{\int_X A(x) x \mathrm{d}x}{\int_X A(x) \mathrm{d}x} \tag{8.15}$$

隶属度曲线可看作一个分段函数，设其包括 z 个子函数，通过式(8.16) 计算所有函数与横坐标轴包围的区域中心横坐标 x_{cen}。

$$x_{\text{cen}} = \frac{\sum_{i=1}^{z} s_i x^*}{\sum_{i=1}^{z} s_i} \tag{8.16}$$

式中，s_i 表示每个子函数的面积，可看作是每个子函数区域中心横坐标的加权算子；计算得到的 x_{cen} 即对应变迁的延迟时间。从随机 Petri 五元组定义中已知，变迁平均实施速率与变迁延迟时间互为倒数关系。因此，可通过计算倒数得到变迁平均实施速率。代入式(8.11) 计算得出马尔可夫链中每个状态的稳定概率，代入式(8.12) 和式(8.13) 得到平均标识数和变迁利用率。

模糊随机 Petri 网-马尔可夫链评估方法的流程图如图 8.3 所示。

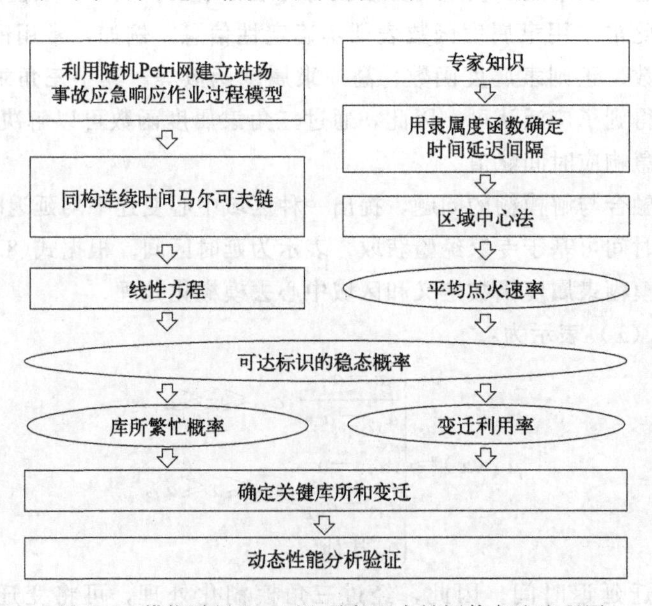

图 8.3 模糊随机 Petri 网-马尔可夫链评估方法流程图

8.4 输气站场泄漏应急处置作业过程随机性能建模与评估实例

根据输气站场泄漏应急处置作业过程，可构建如图 8.4 所示的应急处置作业过程分解图。进一步根据随机 Petri 网图形化表征的原则对过程进行抽象，得到如图 8.5 所示的网络模型，模型符号含义如表 8.6 所示。

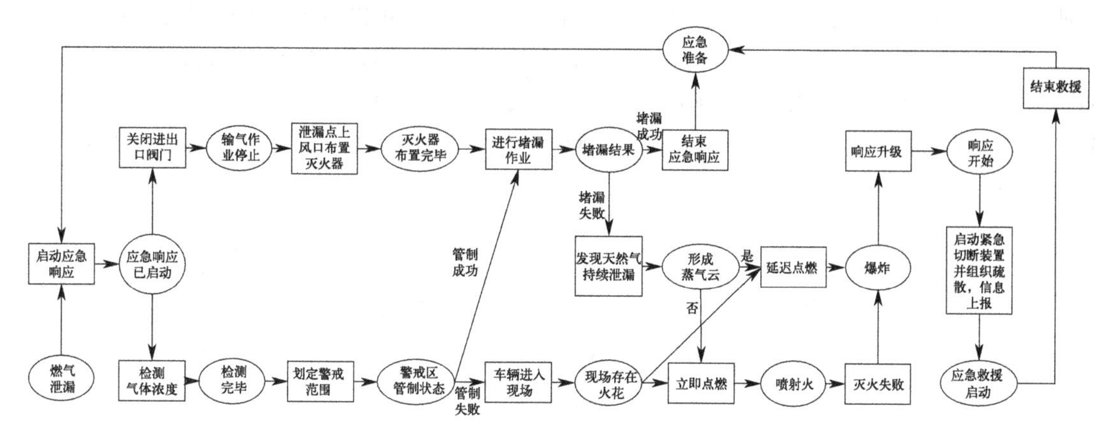

图 8.4 输气站场泄漏应急处置作业过程流程图

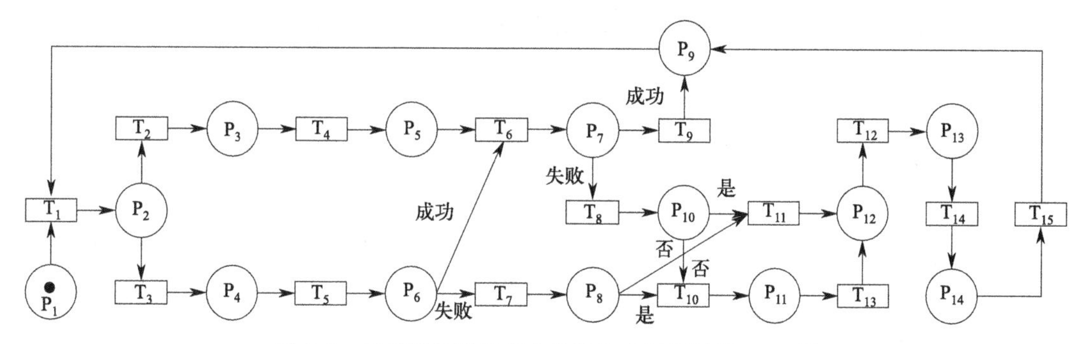

图 8.5 输气站场泄漏应急处置作业过程随机 Petri 网

表 8.6 库所与变迁含义

库所	含义	变迁	含义
P_1	气体泄漏	T_1	启动应急响应
P_2	启动应急响应	T_2	关闭进出口阀门
P_3	停止输气操作	T_3	检测气体浓度
P_4	完成检查	T_4	在泄漏点的通风口放置灭火器
P_5	灭火器放置完毕	T_5	设置警戒区
P_6	警报区域控制状态	T_6	堵漏作业
P_7	堵塞	T_7	车辆进入现场
P_8	现场存在火源	T_8	天然气持续泄漏
P_9	应急准备	T_9	结束应急响应
P_{10}	蒸气云	T_{10}	立即点火
P_{11}	喷火	T_{11}	延迟点火
P_{12}	爆炸	T_{12}	响应升级
P_{13}	响应状态	T_{13}	火势蔓延
P_{14}	应急救援状态	T_{14}	启动紧急切断装置并组织疏散
		T_{15}	结束救援

根据随机 Petri 网（SPN）模型，所有变迁 T_1，T_2，…，T_{15} 的平均实施速率可以表示

为 λ_1，λ_2，…，λ_{15}。模型的初始标识状态可用 $M_0=(1,0,0,0,0,0,0,0,0,0,0,0,0,0,0)$ 表示，简写为 $M_0=(1)$，表示库所 P_1 内有托肯。若变迁 T_1 发生（激活），则 P_1 中的托肯转移到库所 P_2 中，状态标识为 $M_1=(2)$。考虑所有可能的变迁后，可以得到可达标识集：$M_0=(1)$；$M_1=(2)$；$M_2=(2,3)$；$M_3=(2,4)$；$M_4=(3,4)$；$M_5=(4,5)$；$M_6=(3,6)$；$M_7=(5,6)$；$M_8=(7)$；$M_9=(5,8)$；$M_{10}=(7,8)$；$M_{11}=(10)$；$M_{12}=(9)$；$M_{13}=(8,10)$；$M_{14}=(12)$；$M_{15}=(7,11)$；$M_{16}=(11)$；$M_{17}=(10,11)$；$M_{18}=(13)$；$M_{19}=(14)$。激活的变迁在马尔可夫链中用箭头表示，如图 8.6 所示。

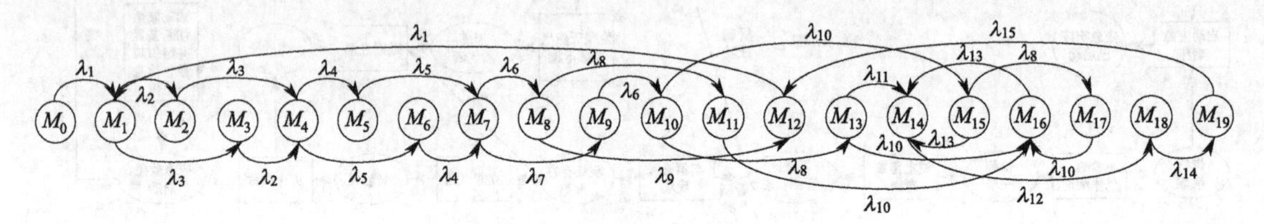

图 8.6 SPN 同构的马尔可夫链

根据马尔可夫链状态计算公式，可以得到变迁实施速率矩阵 $\boldsymbol{Q}$，如式(8.17) 所示。

$$
\boldsymbol{Q}=\begin{array}{c} \\ M_0\\M_1\\M_2\\M_3\\M_4\\M_5\\M_6\\M_7\\M_8\\M_9\\M_{10}\\M_{11}\\M_{12}\\M_{13}\\M_{14}\\M_{15}\\M_{16}\\M_{17}\\M_{18}\\M_{19}\end{array}
\begin{array}{c}
\begin{array}{cccccccccccccccccccc} M_0&M_1&M_2&M_3&M_4&M_5&M_6&M_7&M_8&M_9&M_{10}&M_{11}&M_{12}&M_{13}&M_{14}&M_{15}&M_{16}&M_{17}&M_{18}&M_{19}\end{array}\\
\begin{bmatrix}
0&\lambda_1&0&0&0&0&0&0&0&0&0&0&0&0&0&0&0&0&0&0\\
0&0&\lambda_2&\lambda_3&0&0&0&0&0&0&0&0&\lambda_1&0&0&0&0&0&0&0\\
0&0&0&0&\lambda_3&0&0&0&0&0&0&0&0&0&0&0&0&0&0&0\\
0&0&0&0&\lambda_2&0&0&0&0&0&0&0&0&0&0&0&0&0&0&0\\
0&0&0&0&0&\lambda_4&\lambda_5&0&0&0&0&0&0&0&0&0&0&0&0&0\\
0&0&0&0&0&0&0&\lambda_5&0&0&0&0&0&0&0&0&0&0&0&0\\
0&0&0&0&0&0&0&\lambda_4&0&0&0&0&0&0&0&0&0&0&0&0\\
0&0&0&0&0&0&0&0&\lambda_6&\lambda_7&0&0&0&0&0&0&0&0&0&0\\
0&0&0&0&0&0&0&0&0&0&0&\lambda_8&\lambda_9&0&0&0&0&0&0&0\\
0&0&0&0&0&0&0&0&0&0&\lambda_6&0&0&0&0&0&0&0&0&0\\
0&0&0&0&0&0&0&0&0&0&0&0&0&\lambda_8&0&\lambda_{10}&0&0&0&0\\
0&0&0&0&0&0&0&0&0&0&0&0&0&0&0&0&\lambda_{10}&0&0&0\\
0&\lambda_1&0&0&0&0&0&0&0&0&0&0&0&0&0&0&0&0&0&0\\
0&0&0&0&0&0&0&0&0&0&0&0&0&0&\lambda_{11}&0&\lambda_{10}&0&0&0\\
0&0&0&0&0&0&0&0&0&0&0&0&0&0&0&0&0&0&\lambda_{12}&0\\
0&0&0&0&0&0&0&0&0&0&0&0&0&0&\lambda_{13}&0&0&\lambda_8&0&0\\
0&0&0&0&0&0&0&0&0&0&0&0&0&0&\lambda_{13}&0&0&0&0&0\\
0&0&0&0&0&0&0&0&0&0&0&0&0&0&0&0&\lambda_{10}&0&0&0\\
0&0&0&0&0&0&0&0&0&0&0&0&0&0&0&0&0&0&0&\lambda_{14}\\
0&0&0&0&0&0&0&0&0&0&0&0&\lambda_{15}&0&0&0&0&0&0&0
\end{bmatrix}
\end{array}
\tag{8.17}
$$

以 $P(M_i)$（$i=0, 1, 2, \cdots, 19$）表示随机 Petri 网状态任一 M_i 的稳态概率，可得到状态间的关系如式(8.18) 所示。

$$
\begin{cases}
\lambda_1 P(M_0)+\lambda_1 P(M_{12})=\lambda_2 P(M_1)+\lambda_3 P(M_1) \\
\lambda_2 P(M_1)=\lambda_3 P(M_2) \\
\lambda_3 P(M_1)=\lambda_2 P(M_3) \\
\lambda_3 P(M_2)+\lambda_2 P(M_3)=\lambda_4 P(M_4)+\lambda_5 P(M_4) \\
\lambda_4 P(M_4)=\lambda_5 P(M_5) \\
\lambda_5 P(M_4)=\lambda_4 P(M_6) \\
\lambda_5 P(M_5)+\lambda_4 P(M_6)=\lambda_6 P(M_7)+\lambda_7 P(M_7) \\
\lambda_6 P(M_7)=\lambda_8 P(M_8)+\lambda_9 P(M_8) \\
\lambda_7 P(M_7)=\lambda_6 P(M_9) \\
\lambda_6 P(M_9)=\lambda_{10} P(M_{10})+\lambda_8 P(M_{10}) \\
\lambda_8 P(M_8)=\lambda_{10} P(M_{11}) \\
\lambda_9 P(M_8)+\lambda_{15} P(M_{19})=\lambda_1 P(M_{12}) \\
\lambda_8 P(M_{10})=\lambda_{11} P(M_{13})+\lambda_{10} P(M_{13}) \\
\lambda_{11} P(M_{13})+\lambda_{13} P(M_{16})+\lambda_{13} P(M_{15})=\lambda_{12} P(M_{14}) \\
\lambda_{10} P(M_{10})=\lambda_8 P(M_{15})+\lambda_{13} P(M_{15}) \\
\lambda_{10} P(M_{13})+\lambda_{10} P(M_{11})+\lambda_{10} P(M_{17})=\lambda_{13} P(M_{16}) \\
\lambda_8 P(M_{15})=\lambda_{10} P(M_{17}) \\
\lambda_{12} P(M_{14})=\lambda_{14} P(M_{18}) \\
\lambda_{14} P(M_{18})=\lambda_{15} P(M_{19})
\end{cases}
\tag{8.18}
$$

求解上述方程需要获取变迁的平均实施速率，而平均实施速率与变迁延迟时间成倒数关系。因此，需要结合专家经验和模糊处理获取变迁延迟时间参数。由五位专家对每个变迁进行延迟时间区间赋值，如表 8.7 所示。

表 8.7 延迟时间区间赋值

变迁	延迟时间/min				
	专家 1	专家 2	专家 3	专家 4	专家 5
T_1	[9,10]	[9,11]	[7,9]	[11,12]	[8,10]
T_2	[1,3]	[1,3]	[3,4]	[1,2]	[3,4]
T_3	[3,4]	[4,6]	[5,7]	[3,5]	[4,6]
T_4	[1,3]	[2,3]	[1,2]	[2,3]	[2,4]
T_5	[3,4]	[5,7]	[3,5]	[3,4]	[4,5]
T_6	[6,8]	[4,8]	[4,5]	[6,8]	[5,7]
T_7	[1,2]	[1,3]	[2,4]	[1,3]	[1,2]
T_8	[1,3]	[1,2]	[1,3]	[2,3]	[2,3]
T_9	[7,11]	[8,10]	[7,9]	[6,10]	[8,10]
T_{10}	[1,2]	[0,1]	[0,1]	[0,2]	[1,2]
T_{11}	[3,5]	[2,4]	[3,4]	[3,5]	[3,7]

续表

变迁	延迟时间/min				
	专家 1	专家 2	专家 3	专家 4	专家 5
T_{12}	[11,15]	[10,12]	[9,11]	[10,12]	[11,15]
T_{13}	[1,3]	[1,2]	[1,2]	[0,2]	[0,2]
T_{14}	[9,10]	[9,11]	[8,10]	[10,11]	[8,10]
T_{15}	[16,20]	[13,15]	[17,19]	[13,15]	[12,13]

以变迁 T_1 为例，参数估计的结果可通过三角模糊函数表示，如图 8.7 所示。

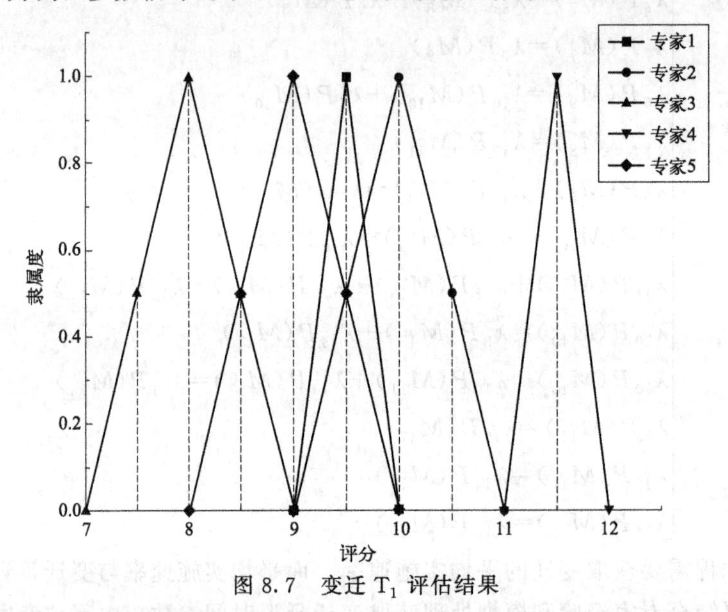

图 8.7 变迁 T_1 评估结果

可以看出，不同专家给出的估计范围不同，根据区域中心法，隶属度函数曲线与横坐标包围的区域面积的中心（见图 8.8）即为最终的变迁延迟时间参数。

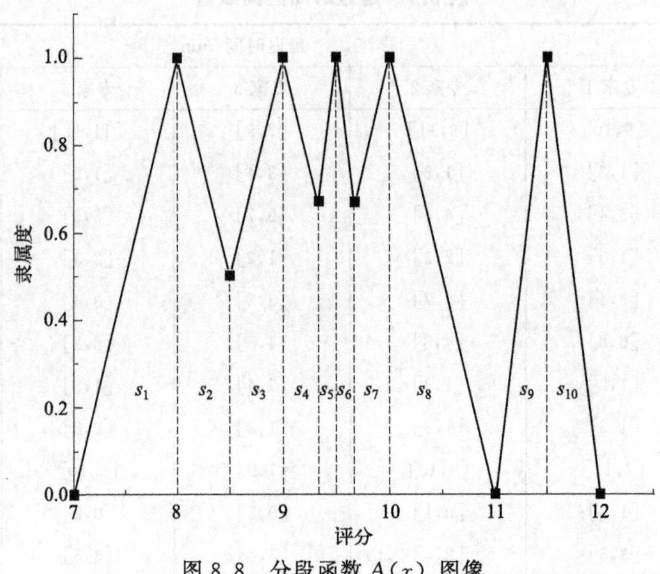

图 8.8 分段函数 $A(x)$ 图像

由图 8.8 可得到分段函数如式(8.19) 所示。

$$A(x)=\begin{cases}\dfrac{x-7}{8-7},7\leqslant x\leqslant 8\\ \dfrac{9-x}{9-8},8\leqslant x\leqslant 8.5\\ \dfrac{x-8}{9-8},8.5\leqslant x\leqslant 9\\ \dfrac{10-x}{10-9},9\leqslant x\leqslant 9.33\\ \dfrac{x-9}{9.5-9},9.33\leqslant x\leqslant 9.5\\ \dfrac{10-x}{10-9.5},9.5\leqslant x\leqslant 9.67\\ \dfrac{x-9}{10-9},9.67\leqslant x\leqslant 10\\ \dfrac{11-x}{11-10},10\leqslant x\leqslant 11\\ \dfrac{x-11}{11.5-11},11\leqslant x\leqslant 11.5\\ \dfrac{12-x}{12-11.5},11.5\leqslant x\leqslant 12\\ 0,其他\end{cases} \tag{8.19}$$

对每一个分段函数，计算其区域中心点横坐标。例如对于区间 $7\leqslant x\leqslant 8$ 部分的分段函数，可通过式(8.20) 计算区域中心点横坐标 x_1。

$$x_1=\frac{\int_7^8 \dfrac{x-7}{8-7}x\,\mathrm{d}x}{\int_7^8 \dfrac{x-7}{8-7}\mathrm{d}x}=7.67 \tag{8.20}$$

同理可得所有分段函数与横坐标所围的面积：$s_1=0.5$；$s_2=0.375$；$s_3=0.375$；$s_4=0.28$；$s_5=0.14$；$s_6=0.14$；$s_7=0.28$；$s_8=0.5$；$s_9=0.25$；$s_{10}=0.25$。将其作为每个子函数区域中心横坐标的加权算子，得到 $A(x)$ 的区域中心值为 9.42。

$$\begin{aligned}x_{\text{cen1}}&=\frac{\sum_{j=1}^{z}x_jA(x_j)}{\sum_{j=1}^{z}A(x_j)}\\&=\frac{s_1\times x_1+s_2\times x_2+s_3\times x_3+s_4\times x_4+s_5\times x_5+s_6\times x_6+s_7\times x_7+s_8\times x_8+s_9\times x_9+s_{10}\times x_{10}}{s_1+s_2+s_3+s_4+s_5+s_6+s_7+s_8+s_9+s_{10}}\\&=9.42\end{aligned} \tag{8.21}$$

可见，通过三角隶属函数与区域中心法可以将变迁 T_1 的延迟时间区间模糊值（[9, 10]，[9, 11]，[7, 9]，[11, 12]，[8, 10]）融合并转化为精确值（$x_{\text{cen1}}=9.42$)，从而降低了主观性与不确定性。对 x_{cen1} 取倒数，可得到变迁实施速率：$\lambda_1=1/9.42=0.11$。

同理可得其他变迁实施速率 $\lambda_1 \sim \lambda_{15}$ 的值，如表 8.8 所示。

表 8.8　变迁平均实施速率

变迁	平均实施速率	变迁	平均实施速率	变迁	平均实施速率
λ_1	0.11	λ_6	0.17	λ_{11}	0.23
λ_2	0.42	λ_7	0.42	λ_{12}	0.08
λ_3	0.20	λ_8	0.50	λ_{13}	0.67
λ_4	0.41	λ_9	0.12	λ_{14}	0.10
λ_5	0.21	λ_{10}	1.00	λ_{15}	0.06

将 $\lambda_1 \sim \lambda_{15}$ 代入方程组计算可达标识集的稳态概率，在 MATLAB 中解方程组（代码如图 8.9 所示），即可得到表 8.9 所示的结果。

```
syms x0 x1 x2 x3 x4 x5 x6 x7 x8 x9 x10 x11 x13 x14 x15 x16 x17 x18 x19;
[x0,x1,x2,x3,x4,x5,x6,x7,x8,x9,x10,x11,x12,x13,x14,x15,x16,x17,x18,x19]=solve('0.11*x0+0.11*x12-0.42*x1-0.2*x1=0','0.42*x1-0.2*x2=0','0.2*x1-0.42*x3=0','0.2*x2+0.42*x3-0.41*x4-0.21*x4=0','0.41*x4-0.21*x5=0','0.21*x4-0.41*x6=0','0.21*x5+0.41*x6-0.17*x7-0.42*x7=0','0.17*x7-0.5*x8-0.12*x8=0','0.42*x7-0.17*x9=0','0.17*x9-x10-0.5*x10=0','0.5*x8-x11=0','0.5*x10+0.06*x19-0.11*x12=0','0.5*x10-0.23*x13-x13=0','0.23*x13+0.67*x16+0.67*x15-0.08*x14=0','x10-0.5*x15-0.67*x15=0','x13+x11+x17-0.67*x16=0','0.5*x15-x17=0','0.08*x14-0.1*x18=0','0.1*x18-0.06*x19=0','x0+x1+x2+x3+x4+x5+x6+x7+x8+x9+x10+x11+x12+x13+x14+x15+x16+x17+x18+x19=1','x0,x1,x2,x3,x4,x5,x6,x7,x8,x9,x10,x11,x12,x13,x14,x15,x16,x17,x18,x19')
```

图 8.9　MATLAB 解方程组代码

表 8.9　可达标识集的稳态概率

标识	稳态概率	标识	稳态概率	标识	稳态概率	标识	稳态概率
M_0	0	M_5	0.048	M_{10}	0.007	M_{15}	0.006
M_1	0.024	M_6	0.012	M_{11}	0.004	M_{16}	0.014
M_2	0.051	M_7	0.026	M_{12}	0.162	M_{17}	0.003
M_3	0.012	M_8	0.007	M_{13}	0.003	M_{18}	0.143
M_4	0.024	M_9	0.063	M_{14}	0.178	M_{19}	0.238

从表中可以看出，M_{12}、M_{14}、M_{18} 和 M_{19} 的稳态概率比其他标识高，说明相应的状态发生的可能性较大。需要注意的是，对于有共同库所的标识［例如 $M_5=(4,5)$ 和 $M_7=(5,6)$ 具有相同的库所 P_5］，单独利用概率值不足以表征其概率，需要进一步计算繁忙概率。以 P_5 为例，通过稳态概率可得到每个库所的繁忙概率：$u_2=0.024+0.051+0.012=0.087$。

需要说明的是，由于 P_1 只在标识集中出现，因此 $u_1=0$。所有库所的繁忙概率计算结果如表 8.10 所示。

从表 8.10 中可以看出繁忙概率较高的库所有 P_{14}、P_{12}、P_9、P_{13}、P_5，表明在该应急处置作业过程中，应急准备、爆炸、响应开始、应急救援启动、火灾灭火器放置是最有可能耗时较长的状态，影响作业过程的效率，是该输气站场进行泄漏事故应急处置作业的关键库所。从模型结构上来看，库所繁忙概率高的原因是其输入变迁和输出变迁的延时较大。换而言之，应急救援（P_{14}）、爆炸（P_{12}）、准备（P_9）和响应（P_{13}）状态的前后处置过程耗时长，导致了这些库所中托肯的滞留。而灭火器配置完成（P_5）这一状态的输出变迁与其他变迁有并发关系，同样也易造成状态停留。例如，在处置过程中如果灭火器配置完成，但检测气体聚集或者设置警戒区域未完成，从其并发结构上来看 P_5 的托肯也不可能流向下一库所。

表 8.10 库所的繁忙概率

库所	繁忙概率	库所	繁忙概率
u_1	0	u_8	0.073
u_2	0.087	u_9	0.162
u_3	0.087	u_{10}	0.010
u_4	0.084	u_{11}	0.023
u_5	0.137	u_{12}	0.178
u_6	0.038	u_{13}	0.143
u_7	0.039	u_{14}	0.238

还可以进一步计算每个变迁的利用率，例如 $U_2=0.024+0.012=0.036$. 计算结果表 8.11 所示。

表 8.11 变迁的利用率

变迁	利用率	变迁	利用率	变迁	利用率
U_1	0.162	U_6	0.089	U_{11}	0.003
U_2	0.036	U_7	0.026	U_{12}	0.178
U_3	0.075	U_8	0.020	U_{13}	0.020
U_4	0.036	U_9	0.007	U_{14}	0.143
U_5	0.048	U_{10}	0.020	U_{15}	0.238

可以看出，利用率较高的变迁有 T_{15}、T_{12}、T_1 和 T_{14}，表明应急救援启动、响应升级、开启紧急切断装置并组织救援、结束救援四个行动的耗时较长，是该输气站场进行泄漏事故应急处置作业的关键变迁。因此，为降低过程失效的风险，有必要加强人员判断事故风险水平的能力，并对紧急切断和组织救援能力进行教育和培训。

为了验证辨识出的关键变迁，可通过调整 T_{15}、T_{12}、T_1 和 T_{14} 四个变迁的平均实施速率进行分析。假设变迁 T_1 的平均实施速率 λ_1 从 0.05 增加到 1.05（步长为 0.1），其他变迁保持不变，每个标识集的稳态概率变化曲线如图 8.10 所示。

图 8.10 中稳态概率曲线变化趋势与图 8.6 所构建的马尔可夫链一致：下降曲线对应着平均实施速率增大的标识集。例如，图 8.6 中，平均实施速率 λ_{12} 是 M_{14} 的输出，因此 λ_{12} 会加速 M_{14} 到 M_{18} 的转化。相对应地，$P(M_{14})$ 的稳态概率随着 λ_{12} 的增大而下降。

从图 8.10(a) 可以看出，当平均实施速率 λ_1 增加［即应急响应启动（T_1）加速］时，$P(M_{12})[M_{12}=(9)]$的稳态概率降低，表明随着应急响应启动的加快，应急准备（P_9）繁忙概率降低，即分配给应急准备这一状态的时间减少。当 λ_1 增加到一定程度，$P(M_{12})$ 稳态概率基本稳定，表明当应急响应启动（T_1）时间缩短到一定程度后，应急处置过程的效率

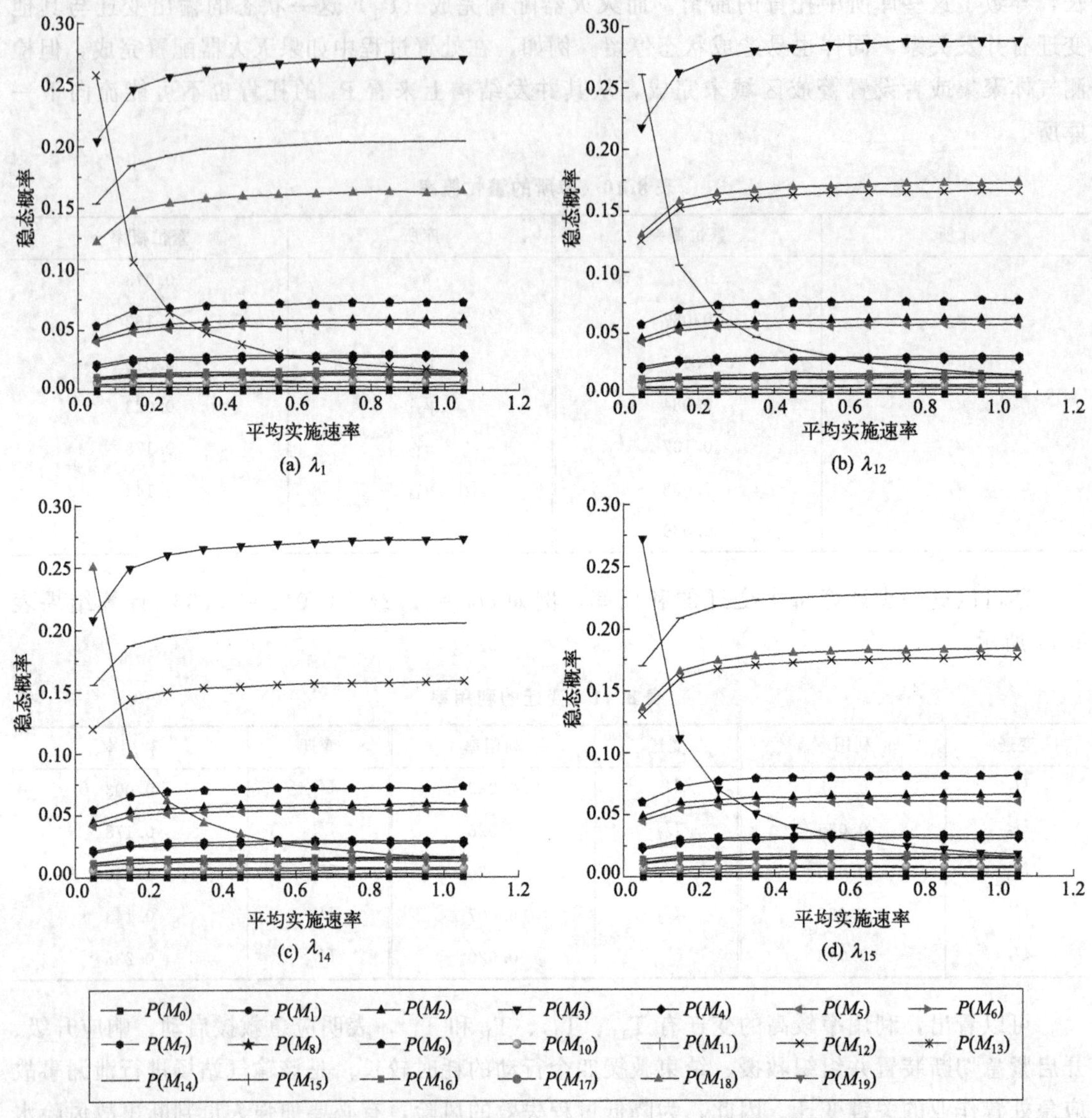

图 8.10　分别调整平均实施速率 λ_1、λ_{12}、λ_{14}、λ_{15} 后的稳态概率变化曲线

不再变化。通过提高平均实施速率 λ_{12}，$P(M_{14})[M_{14}=(12)]$的稳态概率降低，意味着响应升级（T_{12}）加快后，爆炸状态（P_{12}）的繁忙概率降低，即处理事故升级的速度加快，也证实了响应升级（T_{12}）是响应过程的关键变迁。同样，从图 8.10(c) 和图 8.10(d) 中可以看出，对于变迁 T_{14}（启动紧急切断装置并组织救援）和 T_{15}（结束救援），行动实施得越早，库所 P_{13}（响应状态）$[M_{18}=(13)]$和 P_{14}（紧急救援状态）$[M_{19}=(14)]$的稳态概率越低，即两种状态的滞留时间越短，应急处置作业过程的效率越高。

从图 8.10 中还可以看出稳态概率 $P(M_{19})$、$P(M_{14})$、$P(M_{18})$、$P(M_{12})$ 较大，表明托肯在库所 P_{14}、P_{12}、P_{13}、P_9 的滞留时间较长。因此，为了缩短应急救援时间，提高应急响应作业性能，可从以下几个方面降低输气站场泄漏应急处置作业过程的风险。

① 通过定期进行应急演练，提高员工的应急处置作业实际操作能力，如在紧急情况下迅速切断气体和有序疏散人员。

② 通过员工培训和风险评估，提高应急级别判断能力。例如，如果气体泄漏扩大或泄漏演变为火灾或爆炸，应及时升级应急响应。

③ 加强对应急过程并发作业的协调。本例中，在气体泄漏封堵作业之前，灭火器的放置和警戒区域控制应同时进行。

通过比较随机 Petri 网-马尔可夫链评估方法得到的结果与现有的研究结果，说明方法的有效性。例如，Qiao 等通过功能共振分析方法和基于概率的贝叶斯网络方法证明了应急准备和专家咨询是海上液体货物应急响应的关键作业节点[330]；Yuan 等提出，及时补充消防泡沫和进行应急培训是防止油气储存和运输系统发生二次事故的重要措施[331]；Zhou 等强调了应急响应过程中应急人员是否延误和消防措施是否正确是影响作业成功与否的关键[332]。另外，本案例中的应急处置作业过程限于输气站场内部作业场所，较大范围的输气管网事故应急处置涉及更多设备、救援路线、基础设施[333]，使用时需对方法进行扩展。

8.5 本章小结

本章提出了一种模糊随机 Petri 网-马尔可夫链的风险评估方法，针对输气站场气体泄漏应急处置作业这一非常规作业过程进行建模和分析。考虑到专家分析的主观性和离散性，采用三角隶属度函数和区域中心方法相结合的模糊数学方法对专家估计数据进行模糊化和去模糊化处理；利用随机 Petri 网模型建立了同构马尔可夫链，得到了稳态概率线性方程。通过计算变迁利用率和库所繁忙概率，得到了关键阶段和响应措施；对模型的应用结果表明，应急救援启动、爆炸、应急准备、响应开始、灭火器布置是输气站场气体泄漏应急处置作业过程的最关键的阶段，而结束救援、响应升级、启动应急响应、启动紧急切断装置并组织疏散是应急处置作业过程性能优化的重点。

9 非常规作业风险不确定性及其去模糊化定量计算

9.1 ABT-Petri 风险建模方法

9.1.1 ABT 模型

蝴蝶结（Bow-Tie）模型将事件树分析法与事故树分析法结合起来，整体分析事故发生原因与可能造成的后果，进而采取对应的预防与缓解措施，达到减轻风险的目的。一个标准 Bow-Tie 图的要素包括危险、顶上事件、威胁、后果、预防类屏障、缓解类屏障、退化因素、退化控制措施这八种基本要素[334]，其标准结构如图 9.1 所示。

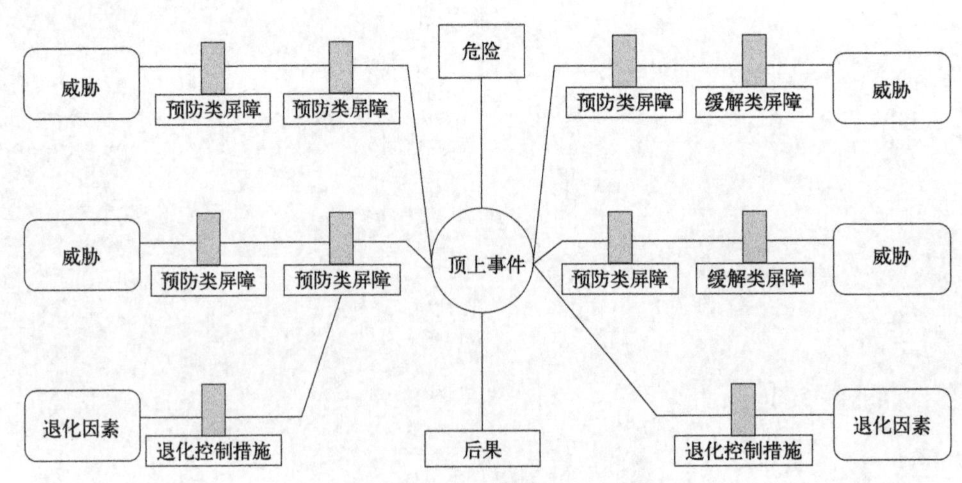

图 9.1　标准风险管理 Bow-Tie 图

Bow-Tie 模型是一种简明的结构化风险分析方法构建模型，目前主要用于风险评估、风险管理以及事故调查分析等。改进 Bow-Tie 模型则以顶上事件为中心，左侧为导致顶上事件发生的原因与发展路径组合的事故树，右侧为顶上事件发生后可能造成的后果与演化路径组合的事件树，再设置相应的安全屏障进行预防和应急。Bow-Tie 模型可以显示基本事件、顶上事件、事故后果之间的图形关系，并且采用相应的安全屏障来描述控制风险的措施。安全屏障分为预防类屏障与缓解类屏障[335]：预防类屏障位于顶上事件的左侧，防止事故的发生；缓解类屏障位于顶上事件的右侧，在事故发生后，减少财产损失和人员伤亡。退化因素是可以降低对应屏障有效性的条件，退化控制措施即屏障退化路径上的控制措施。改进的 Bow-Tie 模型如图 9.2 所示。

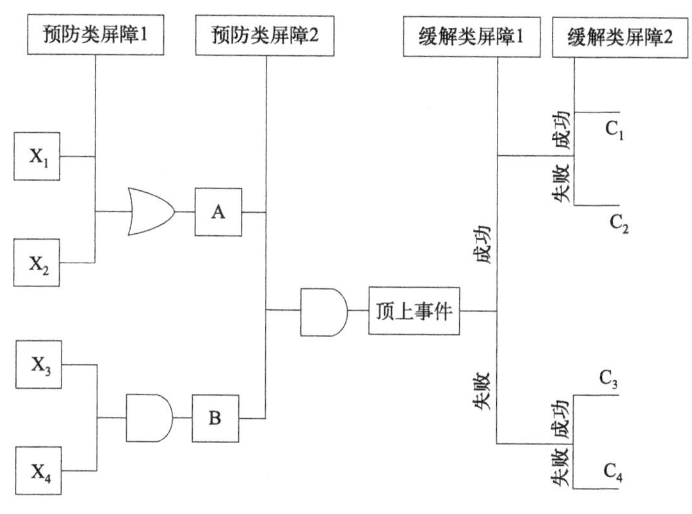

图 9.2 改进的 Bow-Tie 模型图

传统的 Bow-Tie（BT）模型多为事故树-事件树（FT-ET）组合结构，逻辑结构明确清晰，简单易用。然而，非常规作业事故的原因繁杂众多，事故的后续险情复杂，传统 Bow-Tie 模型的 FT-ET 简单结构无法充分发挥复杂推理功能，多用于定性分析，对于复杂事件的风险辨识存在不足，不利于后续模型的转化和定量计算，BT 可以表征事故因果演化，利用安全屏障给出风险降低措施。但需要注意的是，屏障本身也可能失效，导致屏障退化的因素也会导致事故的发生。Mohammed 等[336] 在腐蚀风险评估中提出的一种适应性 Bow-Tie 模型（adaptive Bow-Tie，ABT），能够清晰地展现顶上事件、事故原因、事故后果，以及对应的预防措施与应急措施之间的关系，从而对动火作业风险进行辨识、预防、减缓和控制，实现全面的定性分析，为定量分析危险事件概率奠定基础。一般结构的 ABT 模型示意图如图 9.3 所示。

适应性 Bow-Tie（ABT）模型相较于传统 Bow-Tie 模型，其用与门表示预防类屏障失效与威胁因素的关系，构建预防类屏障失效与威胁因素的事故树，将缓解类屏障及其退化因素、退化控制措施整合为检测型措施失效与控制型措施失效的事故树分析结构。ABT 的左侧，与门用于描述预防屏障失效与威胁因素之间的关系。不再只考虑各种安全屏障的失败或成功状态，而是在 ABT 的右侧添加辅助 FT 来评估每个缓解屏障的概率。ABT 模型的关键概念和使用要点如表 9.1 和表 9.2 所示。

传统 BT 的推理过程与 FT 和 ET 的推理过程一致，都需要节点间的确定性关系。然而，在大多数情况下，由于条件的演变或认知的限制，因果关系是不确定的[337]。如何处理不确定性是推理过程的重点。已有研究表明，BT 模型依赖于传统的 FT 和 ET 方法来实现风险推

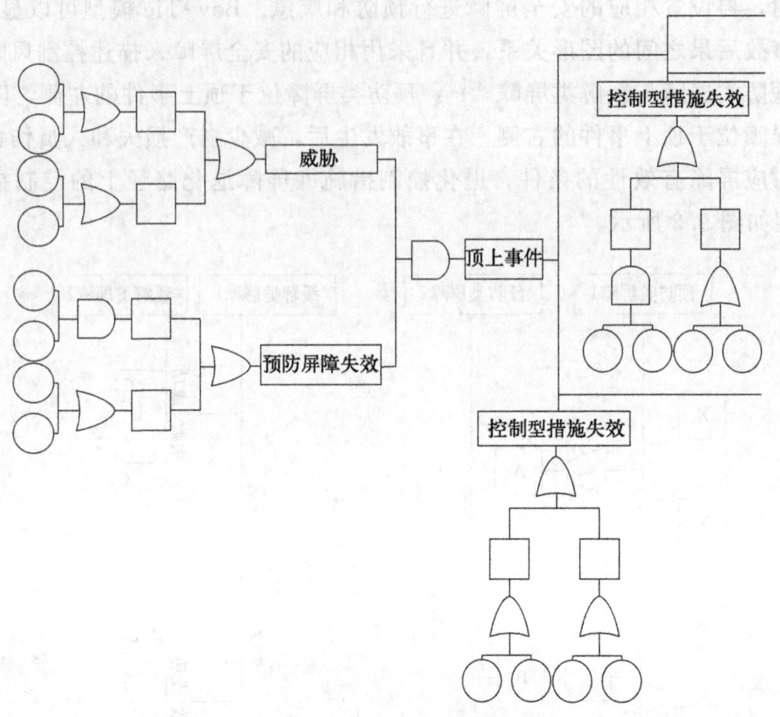

图 9.3　ABT 模型结构

表 9.1　ABT 模型中的关键概念

ABT 结构	关键概念
顶上事件	严重故障或失控
威胁	导致顶上事件的主要危险
预防屏障	防止顶上事件发生的措施
检测措施	防止顶上事件破坏性后果的检测措施，指具有检测、报警或监控功能的措施
控制措施	预防顶上事件破坏性后果的控制措施，指具有应急响应、处置或救援功能的控制措施

表 9.2　ABT 模型的使用要点

使用要点	解释
危险源	危险源即所分析场景中的风险来源，危险源的描述应该具体明确，包括两部分信息：①情景，危险源所处的空间位置、工艺过程等；②规模，危险源的储量、压力等量化信息。危险源应该定义为受控状态，否则与顶上事件相混淆
顶上事件	在 ABT 模型中，分析的目的在于风险管控，顶上事件应该从对事故场景和危险源的分析中辨识得到。并且需要在辨识得到顶上事件后，循着时间序列推演可能的事故后果。因此，ABT 模型中的顶上事件必须严格区别于后果
屏障独立有效	主路径上的屏障应该足以独立地预防顶上事件发生或者缓解事故后果。某一个威胁因素可能有多个对应的屏障，在屏障未全部失效的情况下，该威胁因素便不能导致顶上事件发生。如果屏障未全部失效，但该威胁因素有导致顶上事件发生的可能，则意味着屏障之间存在功能的交叉，屏障的辨识和设计未满足独立性要求。如果某一事件能够导致多个屏障失效，即屏障发生了共模故障，也意味着屏障不满足独立性要求。在不满足独立性要求的情况下，主路径上的多重屏障会受共模故障影响或者彼此有交叉

理，即必须将模型分成若干部分，并针对每一部分进行推理。此外，传统的 FT 和 ET 都是

稳态方法，无法描述工业过程的动态本质[338]。Petri 网（PN）模型在风险演化研究中得到了广泛的应用，它可以描述事件之间的关系，并对复杂结构进行风险推理。

9.1.2 Petri 网模型

在 PN 中，定量风险评估需要所有初始库所和变迁的概率。对于图 9.4～图 9.7 所示的 PN 基本结构，可以根据推理公式计算输出库所的置信度。输出库所的真值 d_{k1}，d_{k2}，…，d_{kn} 从输入库所 d_1，d_2，…，d_n 以及变迁 μ_1，μ_2，…，μ_n 的真值中获得。

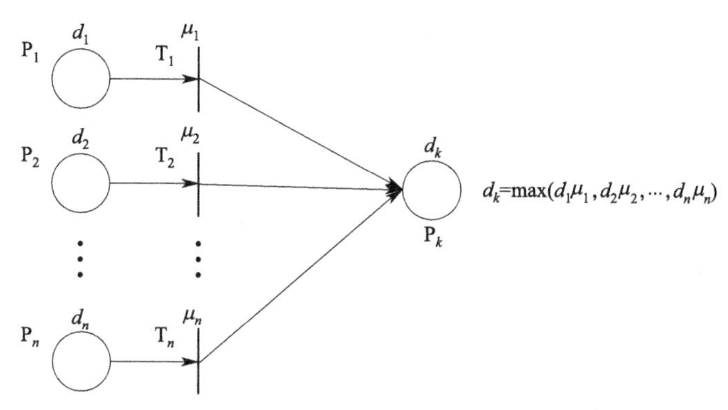

图 9.4 第一种类型的 Petri 网基本结构

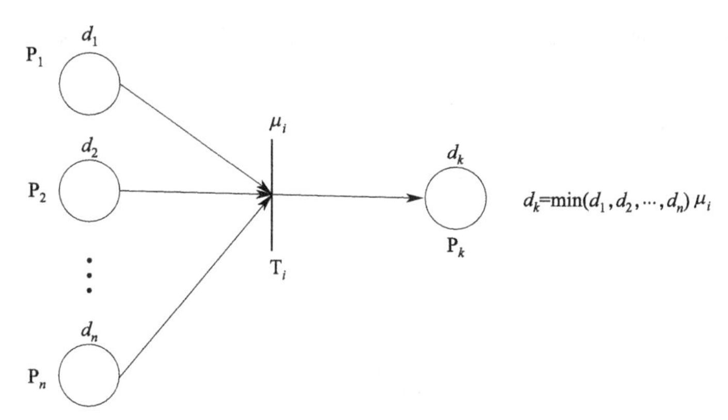

图 9.5 第二种类型的 Petri 网基本结构

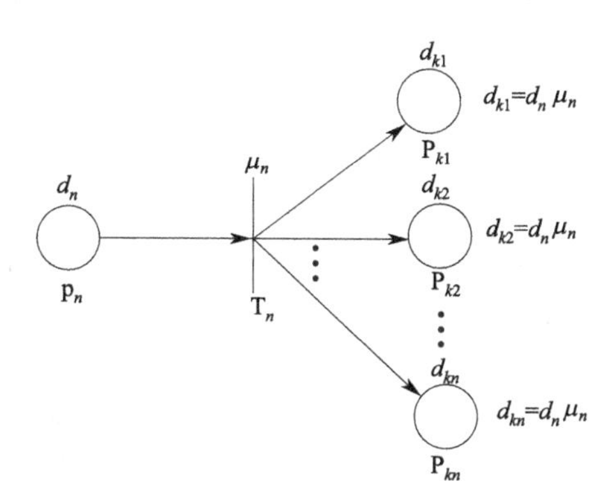

图 9.6 第三种类型的 Petri 网基本结构

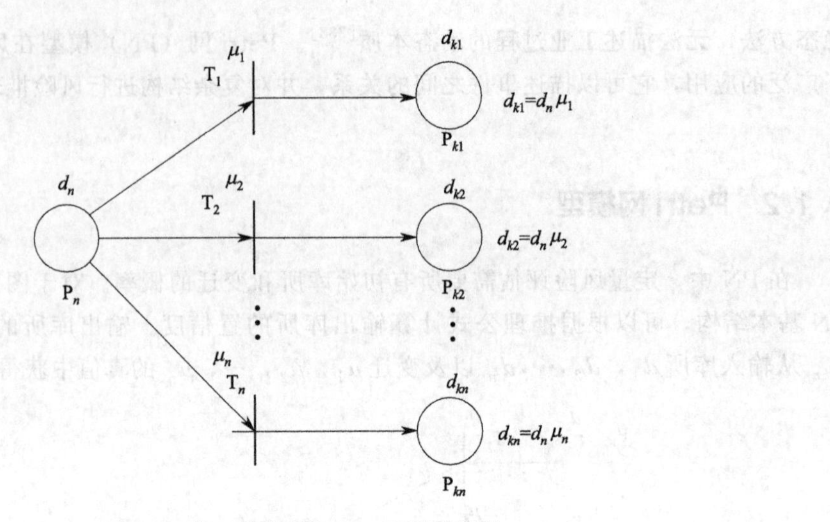

图 9.7　第四种类型的 Petri 网基本结构

图中，d_k 表示输出库所的置信度；d_n 表示托肯的值，即命题成立的概率；μ_n 表示变迁的值，即命题成立时风险演变的概率。

9.1.3 ABT-Petri 网模型

为了识别非常规作业的危险因素及因果相关性，同时进行事故逻辑推理与定量风险辨识，提出 ABT-Petri 网综合风险评价方法，能够定性与定量分析工业动火作业事故的风险演变过程，并定量计算各环节的事件概率。其方法如图 9.8 所示。

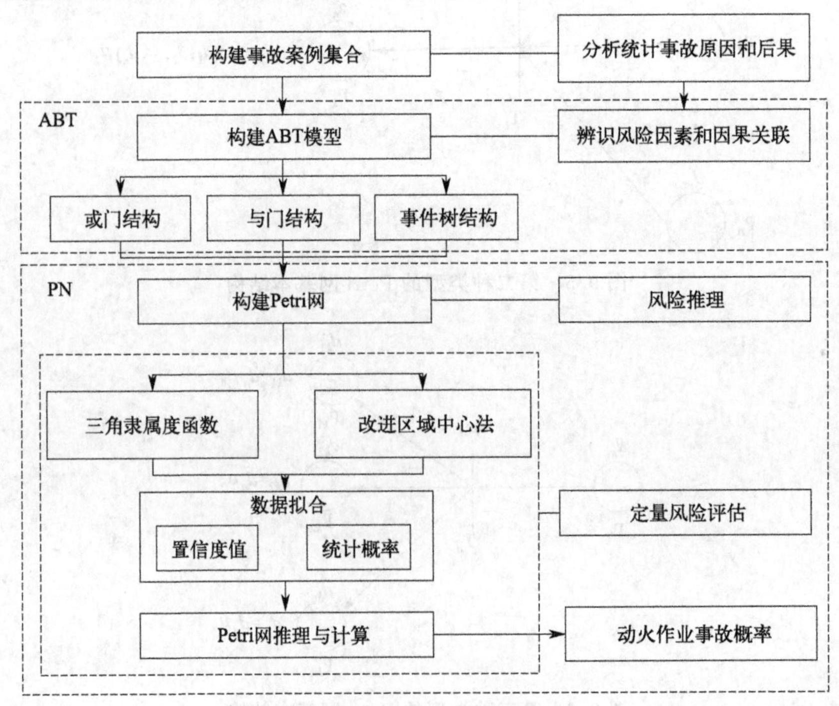

图 9.8　ABT 与 PN 融合模型

PN 可以图形化地表示风险推理规则，并进行风险处理。通过将 ABT 模型转换为 PN，可以进行定量风险评估。每个事件都用 PN 中的 P_x 编码。X_x 表示 ABT 中的基本事件，M_x 表示中间事件。ABT 中有三种类型的结构：或门结构、与门结构和事件树结构。Petri 网也可以分解为基本结构[339-340]。Wu 等[341] 说明了 FT 和 PN 之间的逻辑关系，并证明了 PN 中使用的最小代数和最大代数算法适用于 FT。表 9.3 显示了将 ABT 映射到 PN 的符号转换。

表 9.3　ABT 映射到 PN 的符号转换

ABT	符号	PN	符号
或门		变迁	
与门			
原因			
事件		库所	
障碍			

转换遵循以下规则。

① 或门结构。使用一个简单的 ABT 模型结构作为示例来说明规则的表示。根据图 9.9 所示的或门结构，基本事件 X_1、X_2 和 X_3 中至少一个的发生触发中间事件 M_4。这种因果关系可以用以下规则表示：IF P_1 OR P_2 OR P_3 THEN P_4。图 9.10 所示的模型可以用 PN 构建。

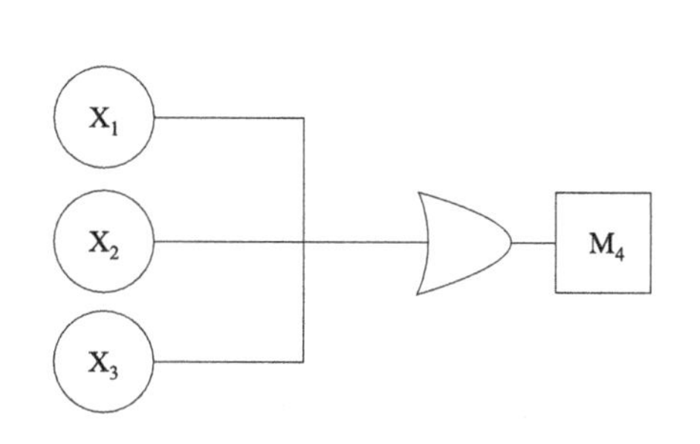

图 9.9　ABT 中的或门结构

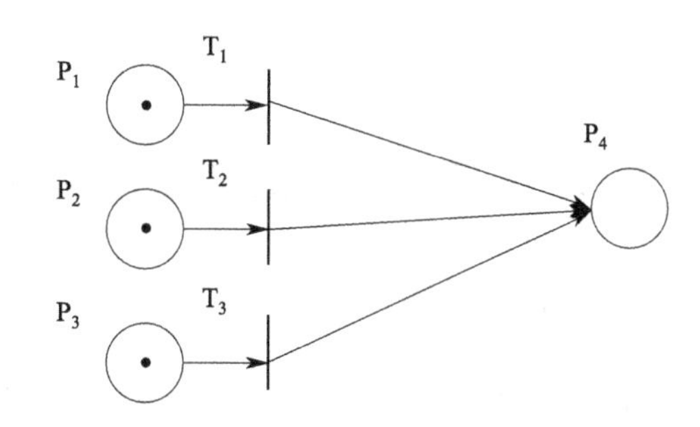

图 9.10　转换后的 PN

② 与门结构。图 9.11 给出了 ABT 模型与门结构的示例。基本事件 X_1、X_2、X_3 和 X_4 的同时发生触发中间事件 M_5 的发生。这种结构可以用以下规则表示：IF P_1 AND P_2 AND P_3 AND P_4 THEN P_5。相应的 PN 如图 9.12 所示。

③ ET 结构。将 ABT 右侧的 ET 结构转换为 PN 结构需要建立风险演化规则。以图 9.13 所示的 ET 为例。有三种风险演化规则，IF P_1 AND P_2' AND P_3' THEN P_4，IF P_1 AND P_2' AND P_3 THEN P_5，IF P_1 AND P_2 THEN P_6，其中 P_2 和 P_3 分别是 P_2' 和 P_3' 的相反事件。转换后的 PN 如图 9.14 所示。

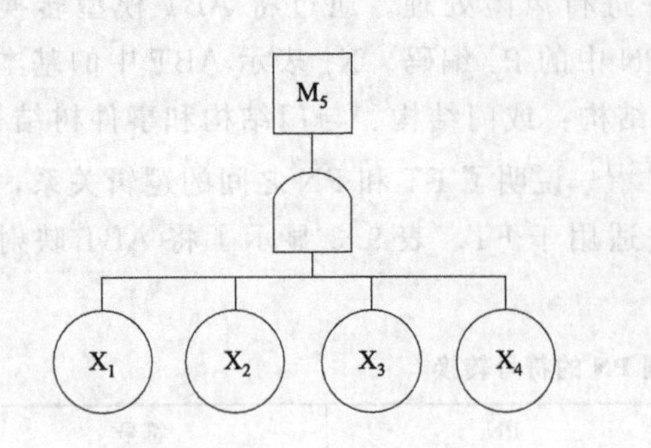

图 9.11 ABT 中的与门结构

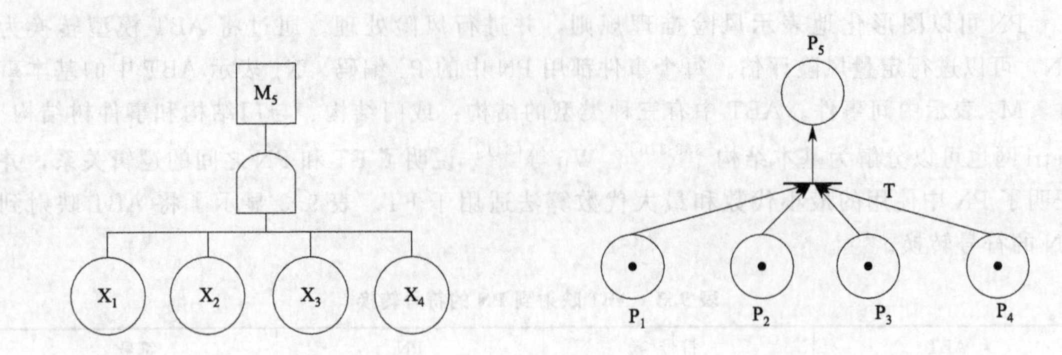

图 9.12 转换后的 PN

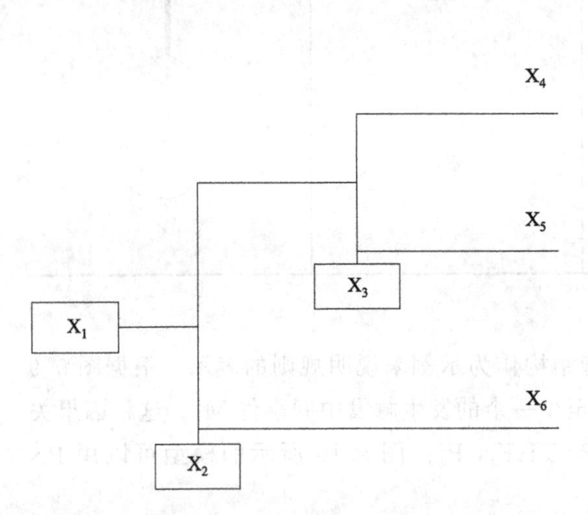

图 9.13 ABT 中的 ET 结构

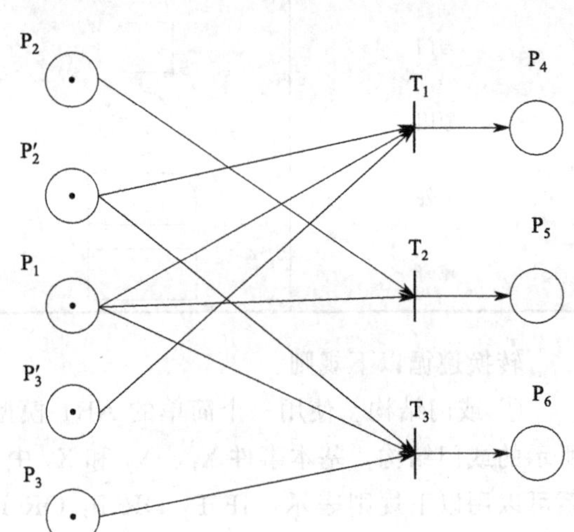

图 9.14 转换后的 PN

9.2 改进三角模糊数与数据拟合量化计算方法

9.2.1 隶属函数

在 BT 的定量计算方面，其机理与 FT 和 ET 一致，需要节点之间的确定性关系和概率推理。然而，由于条件的演变或认知的局限性，因果关系和概率往往是不确定的[342-343]。如何应对不确定性一直是定量计算过程的重点[344-346]。Kaptan 利用 BT 方法和三角隶属函数定量评估锚泊作业中的锚损失风险[347]；Xie 等提出了一种基于云模型的云分析层次过程算法和分组云决策算法，以获得 BT 的概率[348]；Bayazit 和 Kaptan 通过定义非期望临界事件的根本原因和基于 BT 的后果来创建贝叶斯网络[349]；Das 等通过将主观语言观点转化为客观量化值，对 BT 整合进行风险量化[350]。

对于定量风险评估，基本事件的概率通常通过统计数据或主观分配获得[351-352]。为了克服这两种方法的不足，本书将主观概率和客观概率计算相结合，通过建立一个非常规作业事故数据库获得概率。然而，在缺乏准确统计数据的情况下，并非所有地点的概率都可用。

因此，主观概率是必要的，通常取专家评分的加权平均值[353]。考虑专家判断的不确定性，三角隶属函数、梯形隶属函数、正态隶属函数和高斯隶属函数等隶属函数被使用[354]。使用隶属函数进行专家评估后，得到置信区间，并应进一步转换为概率值。

模糊数学是一种研究模糊现象的数学方法，最早可追溯于1965年美国控制论专家L A Zadel教授发表的一篇名为“Fuzzy Sets”的论文，在这篇论文中首次引用“隶属度”“隶属函数”处理刻画模糊现象。它主要用于研究现实世界中许多界限模糊的问题，在模式识别、机器学习（如模糊聚类等方法）、深度学习（模糊神经网络等模型）等领域具有广泛应用。

在经典集合中，某一元素 x 是否属于集合 A 是确定的，当元素 x 属于集合 A 时记为1，当元素 x 不属于集合 A 时记为0，那么集合 A 的特征函数 X_A 可表示为：

$$X_A(x)=\begin{cases}1, x\in A\\0, x\notin A\end{cases} \tag{9.1}$$

为刻画模糊概念，需要把元素对于集合的从属关系扩展为不同程度确定性的从属关系，即元素 x 属于模糊集合 $\underset{\sim}{A}$ 的“特征函数”，表示为：

$$\mu_{\underset{\sim}{A}}=\mu_{\underset{\sim}{A}}(x)\in[0,1] \tag{9.2}$$

$\mu_{\underset{\sim}{A}}$ 称为 $\underset{\sim}{A}$ 的隶属函数，$\mu_{\underset{\sim}{A}}(x)$ 为元素 x 对模糊集合 $\underset{\sim}{A}$ 的隶属度，隶属度属于闭区间[0，1]。设 U 为论域时，$\underset{\sim}{A}$ 为论域 U 上的一个模糊子集，隶属函数 $\mu_{\underset{\sim}{A}}$ 确定了唯一的模糊子集 $\underset{\sim}{A}$，一般将模糊子集和隶属函数视为同等的[355]。

模糊数学中的区域中心法通过获得隶属函数曲线和横坐标包围的区域中心来计算置信度。当多位专家参与评价时，传统方法计算隶属函数曲线包围的区域中心的横坐标，而不考虑重叠区域[356]。这样忽略了多个专家的隶属函数图像重叠引起的误差。此外，不考虑不同专家在资历、经验、专业等方面的差异所产生的权重。为了克服这些不足，本书提出了一种改进的区域中心方法。基于置信度与统计概率的正相关性，进行数据拟合，得到所有库所和变迁的概率。

如果在PN中触发了一个变迁，则托肯将转移到输出库所。输出库所的真值可以根据式(9.3)来计算。

$$d_k=\begin{cases}\max(d_1\mu_1, d_2\mu_2, \cdots, d_n\mu_n), \text{IF}\, d_1 \text{ OR } d_2 \text{ OR} \ldots \text{OR } d_n \text{ THEN } d_k\\ \min(d_1, d_2, \cdots, d_n)\mu_i, \text{IF } d_1 \text{ AND } d_2 \text{ AND} \ldots \text{AND } d_n \text{ THEN } d_k\end{cases} \tag{9.3}$$

输入库所和变迁的真实值可以通过统计概率或专家分配来获得。由于缺乏统计数据，专家的意见是不可避免的。本书选择三角隶属函数来减少专家意见的主观性和不确定性。隶属函数 $\mu_{\lambda_i}(x)$ 可以表示为式(9.4)。

$$\mu_{\lambda_i}(x)=\begin{cases}\dfrac{x-a_{i1}}{a_{i2}-a_{i1}}, a_{i1}\leqslant x\leqslant a_{i2}\\ \dfrac{a_{i3}-x}{a_{i3}-a_{i2}}, a_{i2}\leqslant x\leqslant a_{i3}\\ 0, \text{其他}\end{cases} \tag{9.4}$$

因此，库所与变迁发生真实值可以用三元组（a_{i1}，a_{i2}，a_{i3}）来定义，其中，a_{i2} 为函数的最大隶属度，a_{i1} 与 a_{i3} 分别为区间的上限和下限。三角隶属函数图像如图 9.15 所示。

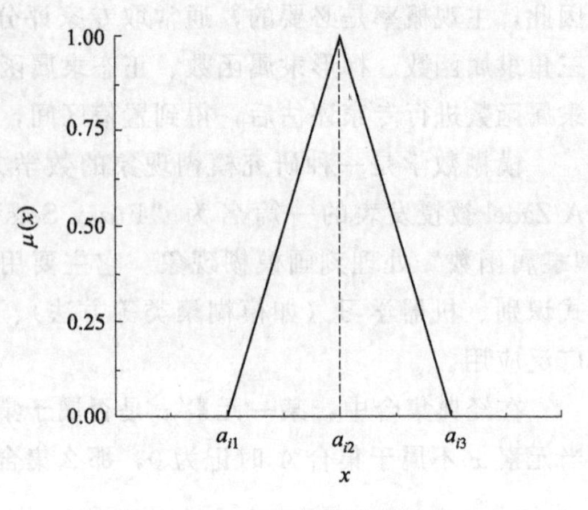

图 9.15　三角隶属函数图像

设 $\mu_{\lambda i}(x)=(a_{i1},a_{i2},a_{i3})$、$\mu_{\lambda i}(x')=(a'_{i1},a'_{i2},a'_{i3})$为两个三角模糊数，$\lambda$ 为常数，则三角模糊数有如下运算定义：

加法法则：

$$\mu_{\lambda i}(x)+\mu_{\lambda i}(x')=(a_{i1}+a'_{i1},a_{i2}+a'_{i2},a_{i3}+a'_{i3}) \tag{9.5}$$

倒数法则：

$$\frac{1}{\mu_{\lambda i}(x)}=\left(\frac{1}{a_{i1}},\frac{1}{a_{i2}},\frac{1}{a_{i3}}\right) \tag{9.6}$$

数乘法则：

$$\mu_{\lambda i}(\lambda x)=(\lambda a_{i1},\lambda a_{i2},\lambda a_{i3}) \tag{9.7}$$

9.2.2 区域中心法

由于使用三角隶属函数对专家经验进行模糊表征后得到的是分段的模糊区间，所以必须对所得的模糊区间进行去模糊化。传统去模糊化的方法主要有：加权平均法[357]、排序法[358]、成员最大平均法[359]、区域中心法[360]、最大成员原则法[361] 等。基于传统方法加以创新的方法有：广义水平集[362]、最小最大原则[363]、连续最大值[364]、动态变化[365]等。本节采用的是区域中心法，整合不同的专家意见，进行去模糊化。

区域中心法就是求出模糊集合隶属函数曲线和横坐标包围区域面积的中心，选取这个中心对应的横坐标值，作为这个模糊集合的代表值。设隶属函数为 $A(x)$，面积中心对应的横坐标为 x^*，则有公式：

$$x^*=\frac{\int_X A(x)x\mathrm{d}x}{\int_X A(x)\mathrm{d}x} \tag{9.8}$$

由于$A(x)$ 为一个分段函数，是由 z 个子函数组成的，则需要利用以下公式将质心进行加权平均：

$$x_{\mathrm{cen}}=\frac{\sum_{i=1}^{z}s_i x^*}{\sum_{i=1}^{z}s_i} \tag{9.9}$$

式中，s_i 为第 i 个子函数的面积。如图 9.16 所示。

传统区域中心法的基本原理是找出隶属函数曲线和横坐标所围成的区域的中心。当多位专家参与评价时，传统方法计算隶属函数曲线包围区域的中心横坐标不考虑重叠区域。这样就忽略了多个专家的隶属函数图像重叠带来的误差。此外，没有考虑不同专家在资历、经验、专业等方面的差异所产生的不同专家意见的权重。为了考虑多个专家（$i=1, 2, \cdots,$

n）的所有隶属函数，有必要通过相对于 x 轴翻转图像来展开重叠区域。同时，根据专家的权重（w_1，w_2，…，w_n）调整每个专家的隶属函数曲线峰值。因此，提出了一种改进的区域中心法来优化传统的三角隶属函数。

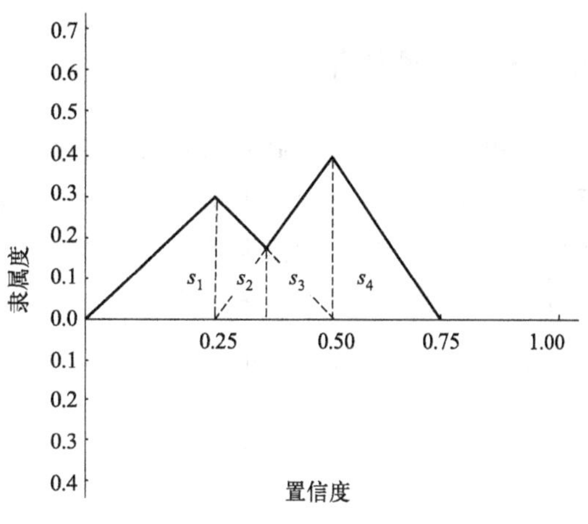

图 9.16 区域中心法分段函数

如图 9.17 所示，改进的区域中心法扩大了重叠区域，并考虑了专家的权重。设 $A(x)$ 是多个专家分配的隶属函数。$A(x)$ 是由 z 个子函数 $A(x_i)$（$i=1$，2，3，…，z）组成的分段函数。选择与该中心点对应的横坐标值作为区间的代表值。假设隶属子函数 $A(x_i)$ 区间的上下限为 a_u 和 a_l，专家权重为 w_i，由子函数 $A(x_i)$ 曲线和横坐标包围的区域的中心横坐标 x_i^* 可以根据式(9.10) 计算。

$$x_i^* = \frac{\int_{a_l}^{a_u} A(x_i) w_i x_i \mathrm{d}x}{S(x_i)} = \frac{\int_{a_l}^{a_u} A(x_i) w_i x_i \mathrm{d}x}{\int_{a_l}^{a_u} A(x_i) w_i \mathrm{d}x} \tag{9.10}$$

式中，$S(x_i)$ 是子函数 $A(x_i)$ 的面积。

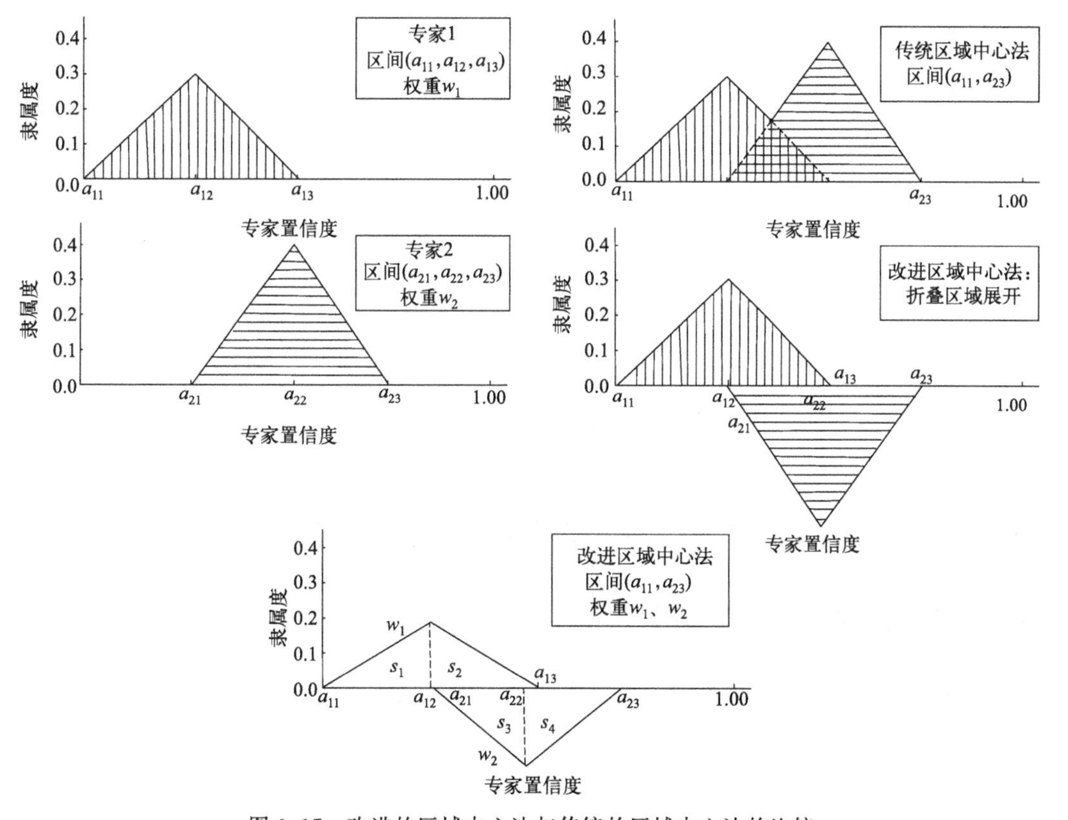

图 9.17 改进的区域中心法与传统的区域中心法的比较

9.2.3 数据拟合

在得到专家分配的输入库所和变迁的所有置信度后，可以计算输出库所的置信度。考虑置信度与统计概率之间的正相关关系，进行数据拟合，得到所有库所和变迁的概率。以统计概率为真实值，置信度值为预测值，选择拟合函数来描述两者之间的定量关系。一些常见的拟合函数包括线性拟合、多项式拟合、指数拟合和对数拟合。决定系数 R^2 用于衡量预测值与真实值的拟合程度。给定一系列真实值 y_i 和相应的预测值 $\hat{y}_i$，决定系数 R^2 可以定义为：

$$R^2 = 1 - \frac{\sum_{i=1}^{z}(\hat{y}_i - y_i)^2}{\sum_{i=1}^{z}(y_i - \bar{y}_i)^2} \tag{9.11}$$

基于三角隶属函数和改进区域中心法，概率计算过程如图 9.18 所示。

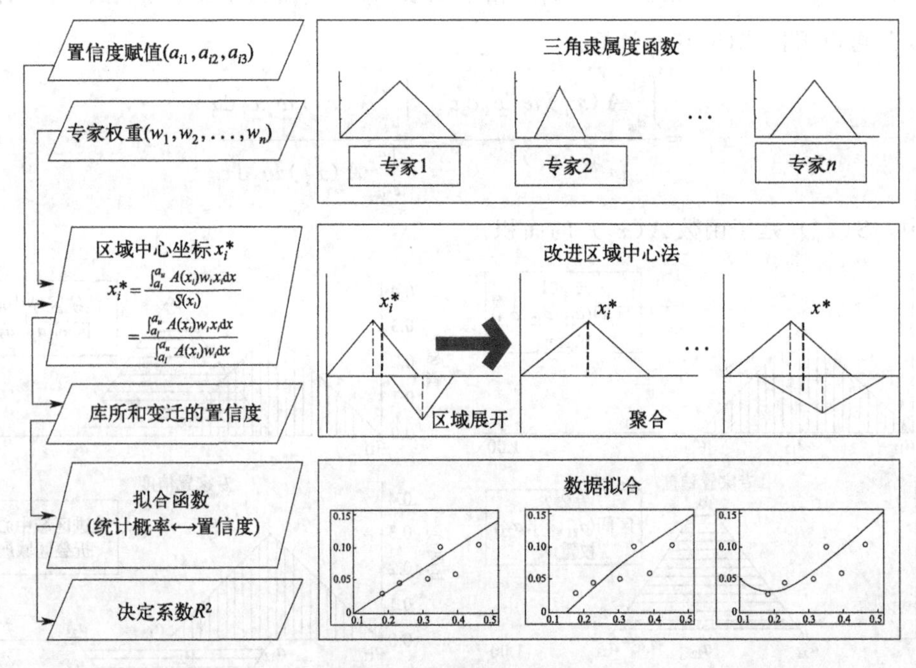

图 9.18 概率计算过程

9.3 输气站场动火作业过程风险评估去模糊化实例

9.3.1 动火作业风险特性分析

动火作业是典型的非常规作业之一。工业动火作业的流程包括前期准备、中期实施、后期处理三个阶段（表 9.4）。

① 动火作业的前期准备主要是遵循科学的管理审批程序，在拟定动火作业的方案后提出作业申请；通过审批后，指派相关的监督人员和监护人员，准备动火作业所需的物料、工

具和设备等；集中开展作业安全分析、考察作业方案和作业实际情况，制定相应的风险管控措施，并划分相应的执行和控制责任。

② 动火作业的中期实施主要是按照前期所制定的作业方案以及风险管控措施，将工具、设备、物资等在现场进行合理安装布置，在确保动火对象和作业环境都满足要求的情况下，具体开展动火作业。

③ 动火作业的后期处理主要是在作业的具体工艺过程实施完成以后，还原安装管道、部件或储罐等动火对象，清理作业现场环境，对动火质量、现场清理情况进行检查，避免留下安全隐患，清点人员和工具物资，最终关闭动火作业。

表 9.4　工业动火作业流程

阶段	流程	具体内容[366]
动火作业前期准备	准备资料、拟定方案	由作业现场负责人充当动火作业的申请人，准备好作业申请相关的资料和文件，包括工艺流程图、人员资质证件、培训或会议记录等，初步拟定动火作业方案
	动火作业申请和审批	由动火作业申请人向生产单位的相关管理部门提出动火作业申请，办理动火作业许可证（或称动火安全作业证、动火票）；由生产经营单位的有关负责人作为批准人，对申请人提出的动火作业申请进行审批，检查相关的动火作业方案、工艺流程图、人员资质证件等
	准备物资、指派人员	由生产单位负责人、安全管理负责人、项目负责人等动火作业批准人员，协调作业所需的资源，并将作业现场负责人所需部分交由其实际调配，包括作业所需的物料、工具和设备等；由批准人指定动火作业的监督人员，进行必要的交底和培训，使其明确监督工作要求，负责对作业现场的各项安全措施落实情况进行监督管理；由申请人指定动火作业现场监护人员，进行必要的交底和培训，使其明确监护工作要求，负责在作业现场对动火作业的全过程实施安全监护；由作业现场负责人（申请人）指定或雇用作业人员，进行必要的资质审查、技术交底和安全培训，安排其执行现场具体作业操作内容
	开展作业安全分析	由动火作业批准人组织申请人、监督人员、监护人员、作业人员开展作业安全分析，针对动火作业的方案内容、作业对象特点、作业环境条件等进行现场安全分析；根据分析结果、会议或探讨记录等作业安全分析结果，制定相应的风险管控措施；根据所制定的风险管控措施，准备相应的设备设施，明确划分风险管控措施的责任归属
动火作业中期实施	清理作业现场、布置安全设施	清理作业现场存在的杂物、无关物资等一切可燃物，一般要求清除动火作业区半径 5m 内的可燃物质，半径 15m 内不许有其他可燃物泄漏或暴露；作业现场清理完成后，安置前期准备的消防器材、气体传感器等相关的安全设备措施，建立防火棚或围栏等隔离设施
	隔离和清管	切断动火点上游天然气输送，并采用隔板、泡沫堵板等对动火部位进行有效的隔离和封堵；切断储罐的输送阀门并做必要的隔离封堵；或者将需要动火的部件进行拆除，转移到防火棚内集中作业；利用清管器等对隔离管段进行彻底的吹扫、清洗或者置换，清空管道内的天然气以及可燃性的杂物等；针对储罐等设备而言，则是排尽罐内可燃气体或液体，并对储罐进行彻底的清洗；将作业现场其他具有危险性的管口，如排污口、排气口、井口、地沟等，进行必要的封堵掩盖
	气体检测、监控	完成隔离和清管后，按照动火作业许可证或者动火作业方案中规定的气体检测时间和频次，对管道或罐体内的可燃气体进行测定，一般检测间隔不超过 2h，检测时间超过 30min 仍未动火应该重新检测；在有毒有害气体场所，应该安装固定式气体监测装置或者为人员配备气体测定仪，进行连续的气体检测监控
	实施动火作业	由作业人员具体实施热切割、焊接等作业，注意在动火点的上风向作业，采取必要的隔离控制措施限制焊渣、火花的飞溅；注意对动火作业实施过程中的气瓶以及电焊机等设备的管理，氧气瓶和乙炔瓶保持足够间隔距离，两者与动火作业地点距离不得太小，电焊机良好接地，实施焊接的储罐和容器等应安装接地；动火作业过程中，监督人员和监护人员必须对作业实施的全过程进行监护，监督人、监护人不在现场不得动火；避免交叉作业

续表

阶段	流程	具体内容[366]
动火作业后期处理	动火部位验收、监护	将隔离封堵的管段或者拆下来的动火部件安装还原，检查动火部位的作业质量，确保焊接可靠，无虚焊、气孔、裂纹、弧坑等安全隐患；对动火部位采取必要的保护，并对动火作业内容进行必要的交接，以加强对动火部位的巡检
	现场检查和清理	作业人员及时关闭电源、气瓶等，将动火工具和设备撤离，清点检查作业相关的器具是否齐全，避免遗漏；由作业人员和监护人员一起，彻底清理作业现场，熄灭余火，认真检查电火花可能涉及的地方，尤其是角落，不留安全隐患；确认器具齐全，确认无火种残留，清点人数后方可离开现场
	动火作业关闭	动火作业申请人参与现场验收后，可提交关闭动火作业许可证，将许可证与其他档案文件一起进行留存，至少保留一年

根据上述动火作业流程分析，对各阶段的危险源以及可能的顶上事件进行辨识分析，结果见图 9.19。

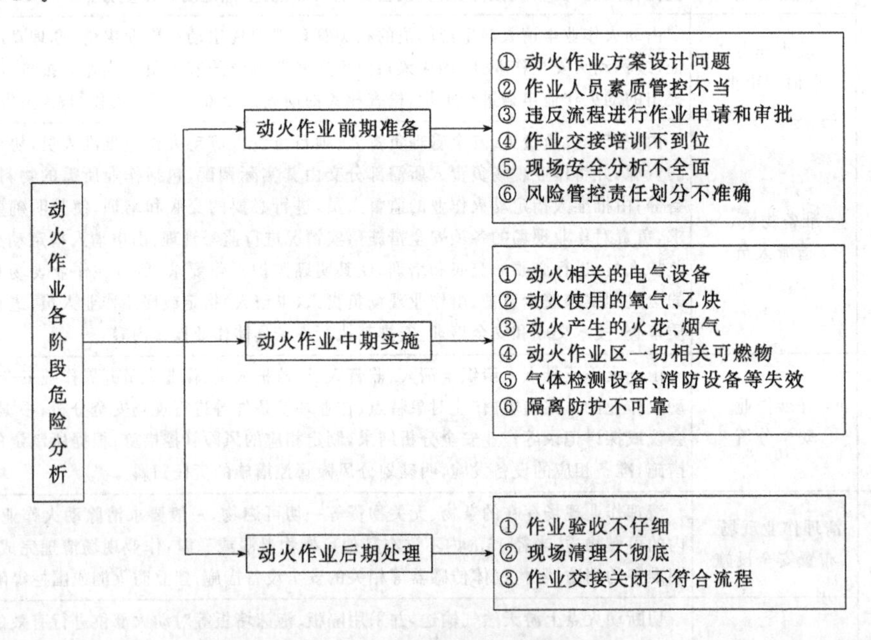

图 9.19 动火作业各阶段危险分析

可见，动火作业前期与后期的危险可能主要发生在检查、管理、培训交接、流程控制等软技术方面，动火作业中期的危险源则具体于所使用的切割、焊接、气体检测、消防应急等设备和技术，以及氧气、乙炔等能量载荷。动火作业中期危险源密集多样，危险性较前、后期更大。

为了进行因果分析，有必要从现有事故中获取信息。根本原因分析可以识别导致事故的关键因素和重复模式，这将有助于通过消除类似事故来减少事故的发生。主要的根本原因通常分为不安全行为、不安全机器、不安全管理和不安全环境因素[367-368]。然而，这种分类方法无法表征事故原因和后果之间的相互作用关系。动火作业事故风险之所以高，是由于操作风险（A）与火灾和爆炸威胁（B）并存。操作风险进一步分为操作人员的不安全行为（M_1）和管理缺陷（M_2）。火灾和爆炸威胁包括可燃材料暴露（M_3）和点火源失控（M_4）。可燃材料暴露分为两种情况，可燃化学品暴露（M_5）和其他可燃材料暴露（M_6）。

因此，根据上述规则制定了分类规则，数据库案例来自安全管理网和美国化学品安全与危害调查委员会[369-370]。表 9.5 总结了操作人员不安全行为、管理缺陷、可燃物暴露和点火源失控等 22 个导致动火作业事故的根本原因，X_1～X_{22} 代表动火作业事故的根本原因。

表 9.5　动火作业事故的根本原因

符号	根本原因	种类	符号	根本原因	种类
X_1	无证上岗	M_1	X_{12}	动火作业前未正确完成安全检查工作	M_5
X_2	违章作业	M_1	X_{13}	爆炸性混合物泄漏	M_5
X_3	动火作业审批手续不全	M_2	X_{14}	设备失效如阀门内漏、开裂等	M_5
X_4	交叉施工	M_2	X_{15}	残余物料挥发与空气发生反应	M_5
X_5	区域管制监督不当	M_2	X_{16}	工艺设计不合理	M_5
X_6	违章组织动火作业	M_2	X_{17}	现场没有有效的防火措施或隔离手段	M_6
X_7	未制定有效防火措施	M_2	X_{18}	作业点周围环境存在大量易燃物质	M_6
X_8	未制定有效的动火作业规程	M_2	X_{19}	周围环境通风不善	M_6
X_9	动火作业前未测试可燃气体	M_5	X_{20}	动火作业工具错误操作	M_4
X_{10}	动火作业未有效吹扫、置换、清理物料	M_5	X_{21}	动火设备故障	M_4
X_{11}	作业点未与生产系统有效隔离	M_5	X_{22}	现场交叉作业管理不当	M_4

附录 B 列出了 134 项动火作业事故原因的数据。表 9.6 中计算了每个根本原因的发生次数。根据数据统计和分析，发生频率最高的前五个主要事件分别是动火作业前未对现场实施有效的防火措施或隔离手段（X_{17}）、动火作业前未正确进行可燃气体检测（X_9）、周围环境存在大量易燃物质（X_{18}）、违章组织动火作业（X_6）和作业人员违章作业（X_2）。

表 9.6　动火作业事故原因数据统计

符号	X_1	X_2	X_3	X_4	X_5	X_6	X_7	X_8	X_9	X_{10}	X_{11}
总计	14	28	21	10	16	29	6	4	31	19	8
符号	X_{12}	X_{13}	X_{14}	X_{15}	X_{16}	X_{17}	X_{18}	X_{19}	X_{20}	X_{21}	X_{22}
总计	21	21	22	20	7	35	30	14	9	12	5

9.3.2 动火事故 ABT 模型

ABT 的左侧是基于动火作业数据库和因果关系分析建立的。根据所提出的原因分类方法，22 个根本原因（X_1～X_{22}）是 ABT 左侧 FT 的主要事件，其他事件（A、B、M_1～M_6）被归类为中间事件。考虑到操作风险和火灾、爆炸的威胁共同导致动火作业事故，选择与门。由于包含关系，其他门是或门。对于右侧，考虑了三种类型的事故场景，分别是未遂事故、人身伤害和设备损坏、火灾和爆炸。增加了检测措施故障 FT 和控制措施故障 FT。动火作业事故的 ABT 模型如图 9.20 所示，事件表如表 9.7 所示。

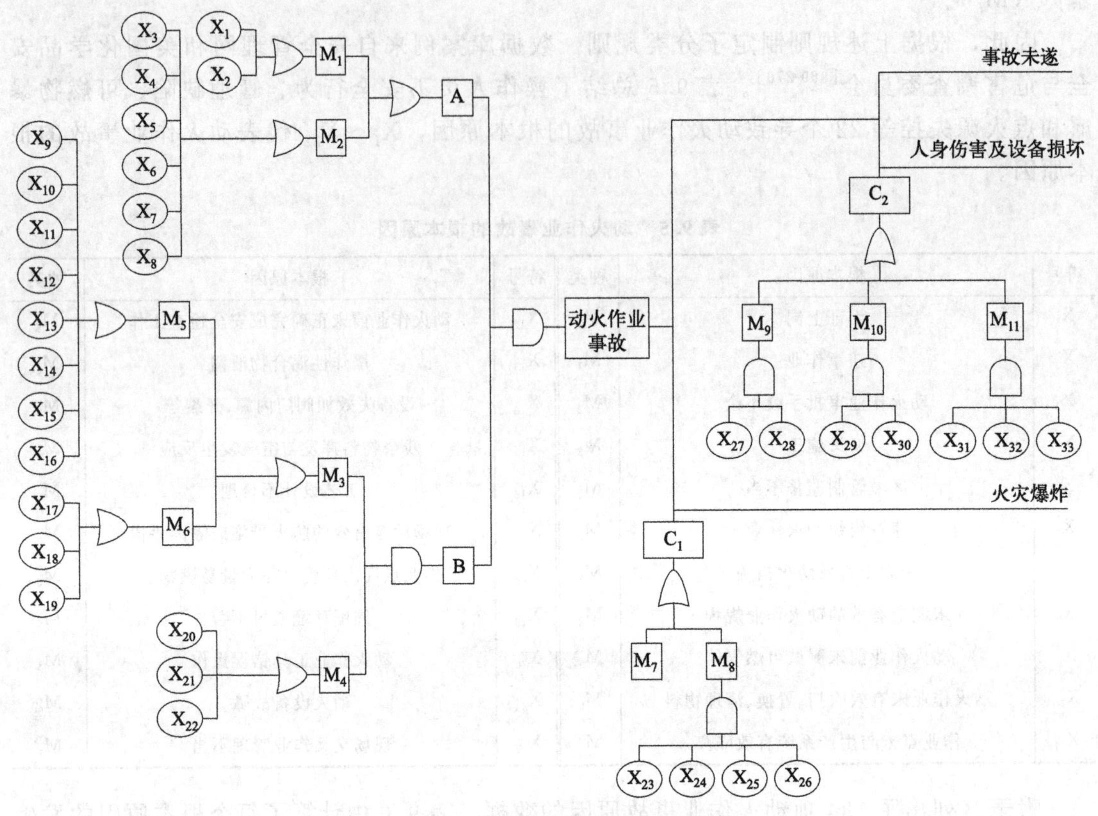

图 9.20　动火作业事故的 ABT 模型

表 9.7　ABT 事件表

符号	含义
A	作业现场存在作业风险
B	火灾爆炸威胁
C_1	检测型措施失效
C_2	控制型措施失效
M_1	作业人员行为不安全
M_2	管理缺陷
M_3	可燃物暴露
M_4	点火源失控
M_5	危险化学品暴露
M_6	其他可燃物暴露
M_7	忽视报警
M_8	气体探测、火灾报警装备不可靠
M_9	设备紧急关停装置故障
M_{10}	现场消防设施失效
M_{11}	事故应急处置不当

续表

符号	含义
X_1	无证上岗
X_2	违章作业
X_3	动火作业审批手续不全
X_4	交叉施工
X_5	区域管制监督不当
X_6	违章组织动火作业
X_7	未制定有效防火措施
X_8	未制定有效的动火作业规程
X_9	动火作业前未测试可燃气体
X_{10}	动火作业未有效吹扫、置换、清理物料
X_{11}	作业点未与生产系统有效隔离
X_{12}	动火作业前未正确完成安全检查工作
X_{13}	爆炸性混合物泄漏
X_{14}	设备失效如阀门内漏、开裂等
X_{15}	残余物料挥发与空气发生反应
X_{16}	工艺设计不合理
X_{17}	现场没有有效的防火措施或隔离手段
X_{18}	作业点周围环境存在大量易燃物质
X_{19}	周围环境通风不善
X_{20}	动火作业工具错误操作
X_{21}	动火设备故障
X_{22}	现场交叉作业管理不当
X_{23}	火灾报警装置设计不合理
X_{24}	火灾报警装置安装不可靠
X_{25}	火灾报警装置使用不当
X_{26}	火灾报警装置维护不当
X_{27}	设备通信故障
X_{28}	设备维护不当
X_{29}	现场消防设备质量差
X_{30}	消防设备维护不善
X_{31}	人员培训不到位
X_{32}	应急资源不足
X_{33}	应急指挥不当

9.3.3 PN 的建立和主观评估

根据转换规则，PN 如图 9.21 所示。初始位置表示 ABT 中的主要事件。变迁和弧线表示因果关系。

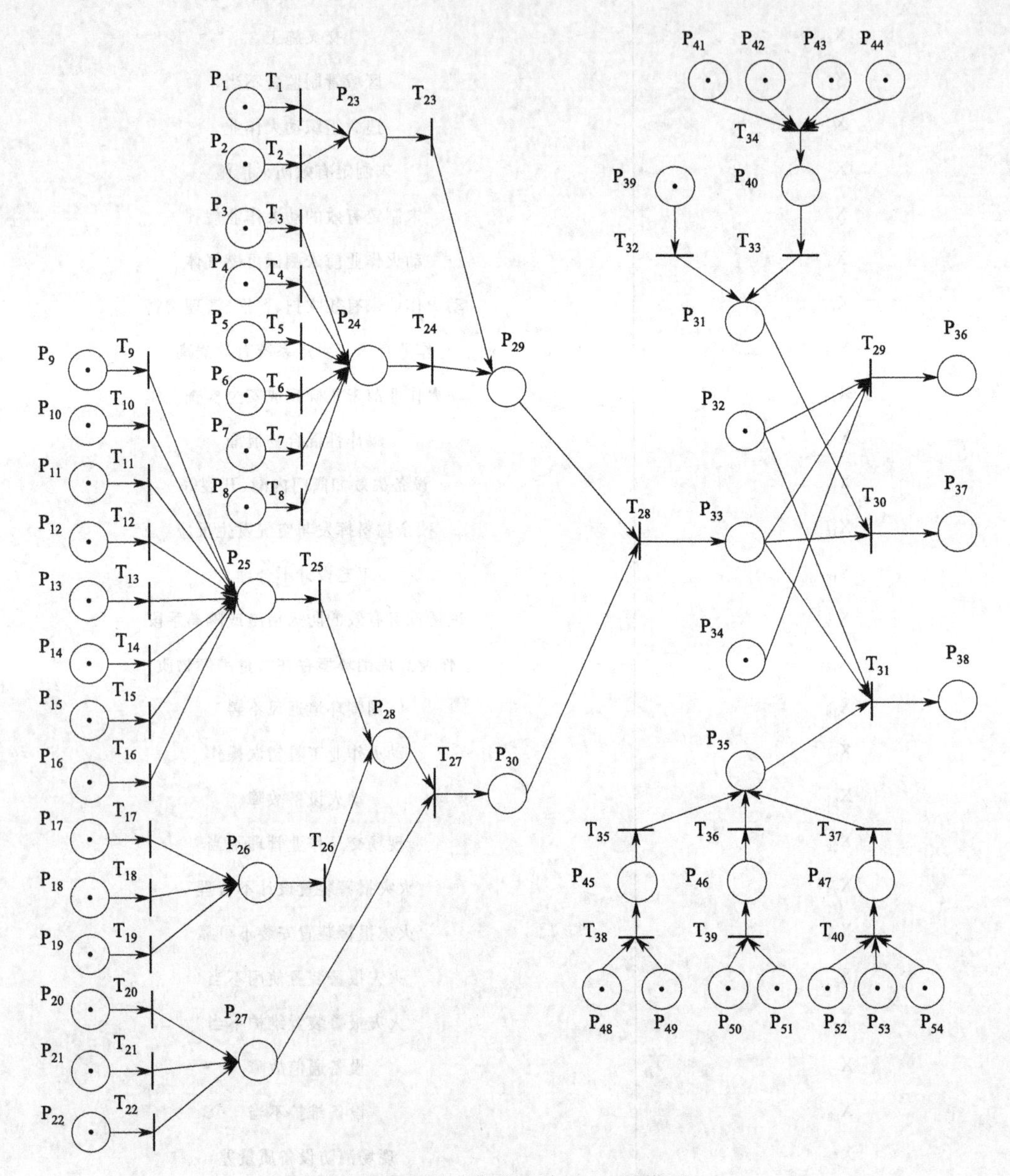

图 9.21 动火作业事故 Petri 网模型

为了计算最终库所的概率，有必要获得初始库所和变迁的概率。根据表 9.8 可以获得初始事件的概率。例如，在 134 起事故中，初始事件 X_1（作业人员无证上岗）发生了 14 次，因此计算初始事件 X_1 的概率为 0.104。根据相同的计算方法，可以获得其他初始事件的概率。

表 9.8 初始事件概率

符号	概率	符号	概率	符号	概率
X_1	0.104	X_9	0.231	X_{17}	0.261
X_2	0.209	X_{10}	0.142	X_{18}	0.224
X_3	0.157	X_{11}	0.060	X_{19}	0.104
X_4	0.075	X_{12}	0.157	X_{20}	0.067
X_5	0.119	X_{13}	0.157	X_{21}	0.090
X_6	0.216	X_{14}	0.164	X_{22}	0.037
X_7	0.045	X_{15}	0.149		
X_8	0.030	X_{16}	0.052		

为了计算其他库所和变迁的概率，提出了三角形隶属度函数和改进的区域中心法。首先，将三位专家的语言评价结果转化为三角隶属度三元组，如表 9.9 和表 9.10 所示。

表 9.9 语言描述向三角隶属度三元组的转变

语言描述	三角模糊数
很可能	(0.75,1,1)
可能	(0.5,0.75,1)
一般	(0.25,0.5,0.75)
不太可能	(0,0.25,0.5)
非常不可能	(0,0,0.25)

表 9.10 专家评价的三角模糊数

符号	三角模糊数		
	专家 1	专家 2	专家 3
P_1	(0,0.25,0.5)	(0.25,0.5,0.75)	(0,0.25,0.5)
P_2	(0.5,0.75,1)	(0.5,0.75,1)	(0.5,0.75,1)
P_3	(0.5,0.75,1)	(0.25,0.5,0.75)	(0.5,0.75,1)
P_4	(0.5,0.75,1)	(0.75,1,1)	(0.5,0.75,1)
P_5	(0.5,0.75,1)	(0.25,0.5,0.75)	(0,0.25,0.5)
P_6	(0.5,0.75,1)	(0.5,0.75,1)	(0.25,0.5,0.75)
P_7	(0,0.25,0.5)	(0,0,0.25)	(0,0.25,0.5)
P_8	(0,0,0.25)	(0,0,0.25)	(0,0.25,0.5)
P_9	(0.5,0.75,1)	(0.25,0.5,0.75)	(0.5,0.75,1)
P_{10}	(0.5,0.75,1)	(0.5,0.75,1)	(0.5,0.75,1)
P_{11}	(0.25,0.5,0.75)	(0,0.25,0.5)	(0.25,0.5,0.75)
P_{12}	(0.5,0.75,1)	(0.25,0.5,0.75)	(0.75,1,1)
P_{13}	(0.75,1,1)	(0.5,0.75,1)	(0.25,0.5,0.75)

续表

符号	三角模糊数		
	专家1	专家2	专家3
P_{14}	(0.5,0.75,1)	(0,0.25,0.5)	(0.25,0.5,0.75)
P_{15}	(0.25,0.5,0.75)	(0.25,0.5,0.75)	(0.5,0.75,1)
P_{16}	(0,0,0.25)	(0,0.25,0.5)	(0.25,0.5,0.75)
P_{17}	(0.25,0.5,0.75)	(0.5,0.75,1)	(0.25,0.5,0.75)
P_{18}	(0.5,0.75,1)	(0,0.25,0.5)	(0.75,1,1)
P_{19}	(0,0.25,0.5)	(0.25,0.5,0.75)	(0.5,0.75,1)
P_{20}	(0.5,0.75,1)	(0.25,0.5,0.75)	(0.5,0.75,1)
P_{21}	(0.5,0.75,1)	(0.5,0.75,1)	(0.25,0.5,0.75)
P_{22}	(0.75,1,1)	(0.5,0.75,1)	(0.25,0.5,0.75)
P_{39}	(0.25,0.5,0.75)	(0.5,0.75,1)	(0,0.25,0.5)
P_{41}	(0,0.25,0.5)	(0.25,0.5,0.75)	(0,0.25,0.5)
P_{42}	(0,0.25,0.5)	(0.25,0.5,0.75)	(0.25,0.5,0.75)
P_{43}	(0.25,0.5,0.75)	(0,0.25,0.5)	(0.25,0.5,0.75)
P_{44}	(0.5,0.75,1)	(0.25,0.5,0.75)	(0.5,0.75,1)
P_{48}	(0.5,0.75,1)	(0.25,0.5,0.75)	(0.5,0.75,1)
P_{49}	(0.5,0.75,1)	(0.25,0.5,0.75)	(0,0.25,0.5)
P_{50}	(0,0,0.25)	(0,0.25,0.5)	(0,0.25,0.5)
P_{51}	(0,0,0.25)	(0,0.25,0.5)	(0.25,0.5,0.75)
P_{52}	(0.5,0.75,1)	(0.75,1,1)	(0.5,0.75,1)
P_{53}	(0.25,0.5,0.75)	(0,0.25,0.5)	(0.25,0.5,0.75)
P_{54}	(0.5,0.75,1)	(0.5,0.75,1)	(0.25,0.5,0.75)
T_1	(0.5,0.75,1)	(0.5,0.75,1)	(0.25,0.5,0.75)
T_2	(0.75,1,1)	(0.5,0.75,1)	(0.75,1,1)
T_3	(0.5,0.75,1)	(0.75,1,1)	(0.5,0.75,1)
T_4	(0.5,0.75,1)	(0.75,1,1)	(0.5,0.75,1)
T_5	(0.25,0.5,0.75)	(0.5,0.75,1)	(0.25,0.5,0.75)
T_6	(0.5,0.75,1)	(0.5,0.75,1)	(0.25,0.5,0.75)
T_7	(0.5,0.75,1)	(0.5,0.75,1)	(0.25,0.5,0.75)
T_8	(0.5,0.75,1)	(0,0.25,0.5)	(0.25,0.5,0.75)
T_9	(0.75,1,1)	(0.75,1,1)	(0.75,1,1)
T_{10}	(0.75,1,1)	(0.75,1,1)	(0.75,1,1)
T_{11}	(0.75,1,1)	(0.25,0.5,0.75)	(0.5,0.75,1)
T_{12}	(0.5,0.75,1)	(0.25,0.5,0.75)	(0.75,1,1)

续表

符号	三角模糊数		
	专家1	专家2	专家3
T_{13}	(0.5,0.75,1)	(0.75,1,1)	(0,0.25,0.5)
T_{14}	(0.75,1,1)	(0.75,1,1)	(0.5,0.75,1)
T_{15}	(0.75,1,1)	(0.75,1,1)	(0.75,1,1)
T_{16}	(0.75,1,1)	(0.25,0.5,0.75)	(0,0.25,0.5)
T_{17}	(0.5,0.75,1)	(0.25,0.5,0.75)	(0.5,0.75,1)
T_{18}	(0.5,0.75,1)	(0,0.25,0.5)	(0.25,0.5,0.75)
T_{19}	(0.5,0.75,1)	(0,0.25,0.5)	(0,0.25,0.5)
T_{20}	(0.75,1,1)	(0.5,0.75,1)	(0.25,0.5,0.75)
T_{21}	(0.5,0.75,1)	(0.25,0.5,0.75)	(0.75,1,1)
T_{22}	(0.75,1,1)	(0.75,1,1)	(0.5,0.75,1)
T_{23}	(0.75,1,1)	(0.5,0.75,1)	(0.75,1,1)
T_{24}	(0.5,0.75,1)	(0.5,0.75,1)	(0.75,1,1)
T_{25}	(0.75,1,1)	(0.75,1,1)	(0.75,1,1)
T_{26}	(0.75,1,1)	(0.75,1,1)	(0.5,0.75,1)
T_{27}	(0.75,1,1)	(0.75,1,1)	(0.75,1,1)
T_{28}	(0.75,1,1)	(0.75,1,1)	(0.75,1,1)
T_{29}	(0.75,1,1)	(0.5,0.75,1)	(0.75,1,1)
T_{30}	(0.75,1,1)	(0.5,0.75,1)	(0.25,0.5,0.75)
T_{31}	(0.5,0.75,1)	(0.5,0.75,1)	(0.75,1,1)
T_{32}	(0.5,0.75,1)	(0.75,1,1)	(0.5,0.75,1)
T_{33}	(0.5,0.75,1)	(0.75,1,1)	(0.5,0.75,1)
T_{34}	(0.75,1,1)	(0.75,1,1)	(0.75,1,1)
T_{35}	(0.75,1,1)	(0.5,0.75,1)	(0.75,1,1)
T_{36}	(0.75,1,1)	(0.5,0.75,1)	(0.75,1,1)
T_{37}	(0.5,0.75,1)	(0.5,0.75,1)	(0.75,1,1)
T_{38}	(0.5,0.75,1)	(0.25,0.5,0.75)	(0.5,0.75,1)
T_{39}	(0.75,1,1)	(0.5,0.75,1)	(0.75,1,1)
T_{40}	(0.75,1,1)	(0.75,1,1)	(0.75,1,1)

为了整合结果，使用改进的区域中心法。以初始库所 P_1 为例，P_1 的三个专家评估结果分别是不太可能、一般和不太可能，并进一步转换为三角隶属度函数为（0，0.25，0.5），（0.25，0.5，0.75）和（0，0.25，0.5）。可以绘制相应的三角隶属度函数曲线来描述每个专家的评估结果。然后采用区域中心法求出函数曲线和横坐标所包围的区域中心。为了避免图形重叠对计算结果的影响，同时反映专家的权重，采用了改进的区域中心法。展开重叠区

域，根据其权重调整每个专家的隶属度函数曲线的峰值。考虑到资历、经验和专业性的不同，三位专家的权重分别为：0.3、0.4和0.3。如图9.22(a) 所示（由专家1和专家3分配的三角隶属度函数的曲线重叠）。

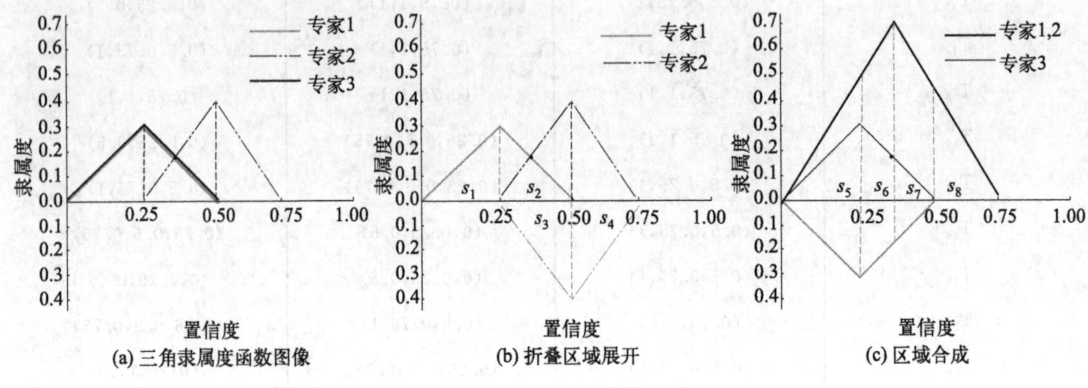

图9.22　改进的区域中心法

为了展开重叠区域，首先对专家1和专家2的隶属函数进行积分，如图9.22(b) 所示。

由于积分三角隶属函数是分段函数，因此计算每个分段隶属函数曲线和横坐标所包围区域的中心横坐标。以区间［0，0.25］对应的分段隶属函数为例来计算中心横坐标 x_1，如式(9.12) 所示。

$$x_1=\frac{\int_0^{0.25}\frac{x-0}{0.25-0}\times 0.3x\,\mathrm{d}x}{\int_0^{0.25}\frac{x-0}{0.25-0}\times 0.3\,\mathrm{d}x}=0.167 \tag{9.12}$$

类似地，$x_2=0.333$，$x_3=0.417$，$x_4=0.583$。区域 s_1 如式(9.13) 所示进行计算。

$$s_1=\int_0^{0.25}\frac{x-0}{0.25-0}\times 0.3\,\mathrm{d}x=0.0375 \tag{9.13}$$

类似地，$s_2=0.0375$，$s_3=0.05$，$s_4=0.05$。然后，可以获得积分三角隶属函数的区域中心，如式(9.14) 所示。

$$\begin{aligned} x_{\mathrm{cen}} &= \frac{\sum_{j=1}^{z} x_j A(x_j)}{\sum_{j=1}^{z} A(x_j)} \\ &= \frac{s_1\times x_1+s_2\times x_2+s_3\times x_3+s_4\times x_4}{s_1+s_2+s_3+s_4} \\ &= 0.393 \end{aligned} \tag{9.14}$$

结果表明，专家1和专家2的积分置信度为0.393，可以进一步与专家3的置信度积分，如图9.22(c) 所示。以区间［0，0.393］为例，计算相应函数的中心横坐标 x_5，如式(9.15) 所示。

$$x_5=\frac{\int_0^{0.393}\frac{x-0}{0.393-0}\times 0.7x\,\mathrm{d}x}{\int_0^{0.393}\frac{x-0}{0.393-0}\times 0.7\,\mathrm{d}x}=0.262 \tag{9.15}$$

类似地，$x_6=0.512$，$x_7=0.167$，$x_8=0.333$。然后，每个分段函数的面积可以计算为 $s_5=0.138$，$s_6=0.125$，$s_7=0.0375$，$s_8=0.0375$。然后可以获得积分三角隶属函数的区域中心，如式(9.16) 所示。

$$x_{\text{cen}}=\frac{\sum_{j=1}^{z}x_jA(x_j)}{\sum_{j=1}^{z}A(x_j)}=\frac{s_5\times x_5+s_6\times x_6+s_7\times x_7+s_8\times x_8}{s_5+s_6+s_7+s_8}=0.352 \tag{9.16}$$

因此，初始库所 P_1 的置信度为 0.352。表 9.11 列出了所有初始库所和变迁的置信度。

表 9.11 所有初始库所和变迁的置信度

符号	置信度	符号	置信度	符号	置信度
P_1	0.352	P_{43}	0.398	T_{17}	0.648
P_2	0.750	P_{44}	0.648	T_{18}	0.490
P_3	0.648	P_{48}	0.648	T_{19}	0.446
P_4	0.767	P_{49}	0.537	T_{20}	0.688
P_5	0.537	P_{50}	0.238	T_{21}	0.676
P_6	0.675	P_{51}	0.313	T_{22}	0.817
P_7	0.233	P_{52}	0.767	T_{23}	0.800
P_8	0.183	P_{53}	0.398	T_{24}	0.788
P_9	0.648	P_{54}	0.675	T_{25}	0.875
P_{10}	0.750	T_1	0.675	T_{26}	0.817
P_{11}	0.398	T_2	0.800	T_{27}	0.875
P_{12}	0.676	T_3	0.767	T_{28}	0.875
P_{13}	0.688	T_4	0.767	T_{29}	0.800
P_{14}	0.490	T_5	0.602	T_{30}	0.688
P_{15}	0.575	T_6	0.675	T_{31}	0.788
P_{16}	0.313	T_7	0.675	T_{32}	0.767
P_{17}	0.602	T_8	0.490	T_{33}	0.767
P_{18}	0.556	T_9	0.875	T_{34}	0.875
P_{19}	0.463	T_{10}	0.875	T_{35}	0.800
P_{20}	0.648	T_{11}	0.662	T_{36}	0.800
P_{21}	0.675	T_{12}	0.676	T_{37}	0.788
P_{22}	0.688	T_{13}	0.617	T_{38}	0.648
P_{39}	0.546	T_{14}	0.817	T_{39}	0.800
P_{41}	0.352	T_{15}	0.875	T_{40}	0.875
P_{42}	0.407	T_{16}	0.551		

9.3.4 推理和定量计算

对从数据库获得的统计概率（$X_1 \sim X_{22}$）与从专家获得的置信度（$P_1 \sim P_{22}$）进行比较，可以建立置信度和概率之间的正相关性。因此，基于已获得的22组数据进行了曲线拟合。散点图是以置信度为横坐标，以概率为纵坐标绘制的，二次曲线拟合如图9.23所示。曲线拟合方程可用于计算PN中其他库所和变迁的概率，计算结果如表9.12所示。

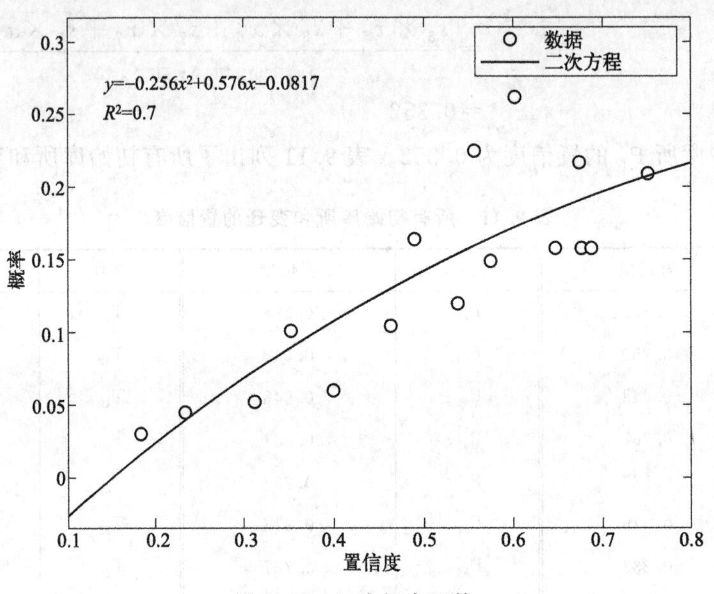

图 9.23 二次拟合函数

表 9.12 库所和变迁的拟合概率

符号	概率	符号	概率	符号	概率
P_{39}	0.156	T_4	0.209	T_{19}	0.124
P_{41}	0.089	T_5	0.172	T_{20}	0.193
P_{42}	0.110	T_6	0.190	T_{21}	0.191
P_{43}	0.107	T_7	0.190	T_{22}	0.218
P_{44}	0.184	T_8	0.139	T_{23}	0.215
P_{48}	0.184	T_9	0.226	T_{24}	0.213
P_{49}	0.154	T_{10}	0.226	T_{25}	0.226
P_{50}	0.041	T_{11}	0.187	T_{26}	0.218
P_{51}	0.107	T_{12}	0.191	T_{27}	0.226
P_{52}	0.184	T_{13}	0.176	T_{28}	0.226
P_{53}	0.107	T_{14}	0.218	T_{29}	0.215
P_{54}	0.190	T_{15}	0.226	T_{30}	0.193
T_1	0.190	T_{16}	0.158	T_{31}	0.213
T_2	0.215	T_{17}	0.184	T_{32}	0.209
T_3	0.209	T_{18}	0.139	T_{33}	0.209

续表

符号	概率	符号	概率	符号	概率
T_{34}	0.226	T_{37}	0.213	T_{40}	0.226
T_{35}	0.215	T_{38}	0.184		
T_{36}	0.215	T_{39}	0.215		

根据PN的推理规则，计算了输出库所的概率。推理过程如图9.24所示。

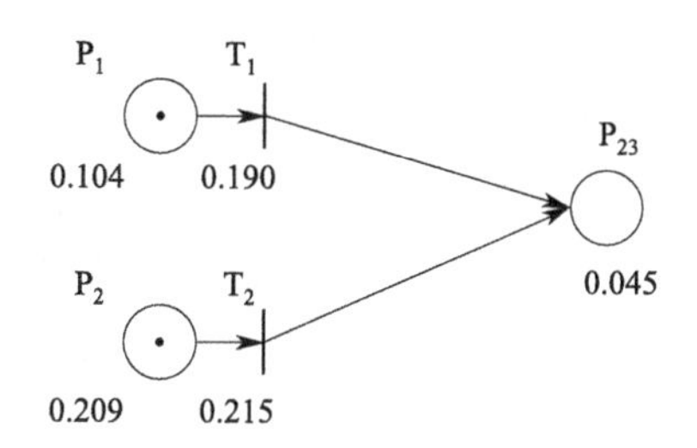

图9.24 PN推理过程示例

根据推理规则，P_{23}的概率可以计算为：

$$d_{23}=\max(d_1\mu_1,d_2\mu_2)=0.045 \tag{9.17}$$

同样，可以计算中间库所和输出库所的概率，如表9.13所示。

表9.13 中间库所和输出库所的概率

符号	概率	符号	概率	符号	概率
P_{23}	4.5×10^{-2}	P_{30}	3.0×10^{-3}	P_{37}	1.17×10^{-4}
P_{24}	4.1×10^{-2}	P_{31}	3.3×10^{-2}	P_{38}	1.29×10^{-4}
P_{25}	5.2×10^{-2}	P_{32}	9.67×10^{-1}	P_{40}	2.0×10^{-2}
P_{26}	4.8×10^{-2}	P_{33}	1.0×10^{-3}	P_{45}	2.8×10^{-2}
P_{27}	1.7×10^{-2}	P_{34}	9.94×10^{-1}	P_{46}	9.0×10^{-3}
P_{28}	1.2×10^{-2}	P_{35}	6.0×10^{-3}	P_{47}	2.4×10^{-2}
P_{29}	1.0×10^{-2}	P_{36}	1.30×10^{-4}		

从事故统计中得出输入库所（$P_1\sim P_{22}$）值，表示导致动火事故的初始原因发生的概率。结果表明，P_{17}（动火作业前未对现场进行有效的防火措施或隔离手段，$P=0.261$）、P_9（动火作业前未正确进行可燃气体检测，$P=0.231$）、P_{18}（周围环境存在大量易燃物质，$P=0.224$）、P_6（违章组织动火作业，$P=0.216$）、P_2（作业人员违章作业，$P=0.209$）是所有输入因果库所中概率较高的。说明动火作业事故预防措施应强调工作场所与其他场所的隔离、可燃气体检测、可燃物质的清除、作业组织和作业培训。

有效的事故控制措施可以防止事故扩大。可以看到，最终库所P_{36}（事故未遂）、P_{37}（火灾爆炸）、P_{38}（人身伤害及设备损坏）的概率分别为1.30×10^{-4}、1.17×10^{-4}、1.29×10^{-4}，远低于动火事故（P_{29}）的概率（1.0×10^{-2}）。这表明现有的动火事故后的检测措施和控制措施降低了事故后果的风险。此外，P_{44}（火灾报警装置维护不当，$P=0.184$）的概率在所有控制屏障故障的概率中最高。P_{48}（设备通信故障，$P=0.184$）、P_{52}（人员培训不足，$P=0.209$）

和 P_{54}（应急指挥不当，$P=0.190$）的概率高于其他检测屏障故障的概率。通过将事故控制措施的重点放在应急设备的维护和应急演练上，可以降低这些风险。

结果还表明，P_{36}（事故未遂）的概率最高，其次是 P_{38}（人身伤害及设备损坏）和 P_{37}（火灾爆炸）的概率。这一结果与目前的研究一致，即未遂事件的发生频率高于其他后果[371]。

该方法的优点是综合利用了 ABT 的建模能力和 PN 的定量推理能力。ABT 模型说明了顶上事件、原因和后果之间的关系，并将预防障碍、检测障碍、控制障碍及其退化因素进一步组合成一个图。换句话说，ABT 能够进行全面的定性风险分析。通过将 ABT 转换为 Petri 网，可以基于推理规则对定量风险评估进行数学建模。在概率计算中，三角隶属函数和改进的区域中心法是减少专家判断不确定性的方法，数据拟合有助于概率估计。

为了说明该方法的有效性，在 FT 和 ET 概率计算的基础上，与传统的蝴蝶结定量技术进行了比较分析。在 FT 中，布尔表达式用于顶上事件的概率计算[372]。对于或门，计算公式为：

$$P=1-\prod_{i=1}^{n}(1-q_i) \tag{9.18}$$

对于与门，使用以下公式：

$$P=\prod_{i=1}^{n}q_i \tag{9.19}$$

因此，最终库所 P_{36}（事故未遂）、P_{37}（火灾爆炸）、P_{38}（人身伤害及设备损坏）的概率分别为：8.1×10^{-2}、3×10^{-3} 和 1.5×10^{-2}。计算结果与所提出的方法规律相同，即发生未遂事件的概率高于其他两种后果。然而，由于 ABT 模型包括 3 个 FT 和 1 个 ET，因此计算过程比所提出的方法复杂得多。定量风险评估的准确性取决于动火事故统计数据。然而，准确的动火作业统计数据是有限的，通过处理专家的意见和建立置信度与概率值之间的对应关系来减少不确定性。本书建立的二次曲线拟合函数可以用更多的可用数据进行更新。

所提出的 ABT-PN 方法可用于事故概率识别和风险评估。对于任何初始故障（顶上事件），可以将威胁因素和防护屏障的故障确定为原因，它们构成了 ABT 的左半部分。初始故障的演化结果形成了 ABT 右半部分。使用辅助 FT 进一步分析了缓解屏障（检测措施和控制措施）失效的原因。通过将 ABT 转换为 Petri 网，可以大大简化计算过程。

9.4 本章小结

动火作业作为输气站场典型的非常规作业，事故风险极大。为对其风险进行表征和量化评估，本章提出了一种将 ABT 模型和 Petri 网相结合的方法。根据 1986～2021 年工业动火事故案例的统计分析，建立了 134 个动火作业数据库。分析了 22 个事故主要原因，总结了三种潜在的事故后果（未遂事故、火灾爆炸、人身伤害及设备损坏），构建了动火事故的 ABT 模型。建立了 ABT 模型到 PN 的转换规则，构造了动火事故的 PN 模型。为了提高定量风险评估的准确性，采用了统计数据和主观分配。为了减少评价的主观性，将三角隶属函数和改进的区域中心法相结合，得到置信度。在定量计算中，基于置信度和统计概率的正相关性对其进行数据拟合，在此基础上将置信度转换为概率值。根据 PN 推理规则，得到了动火作业事故三种后果的概率。

需要指出的是，虽然该方法能够充分利用概率量化方法在一定程度上降低主观性和模糊性，但由于事故统计数据的数量不足，准确性有限。此外，在理想状态下，专家判断和统计概率之间的关系应该是线性正相关的。然而，由于专家的风险偏好不同，其他拟合函数在实际应用中可能适用。未来可从以下两个方面展开研究。首先，可以在 Petri 网中考虑时间依赖性。可以在 ABT 中建立事件之间的时间相关性，并使用 PN 中的转换来表征它们。例如，动火事故后的应急响应过程具有高度的时间依赖性，需要一些响应行动是并发的。时间 Petri 网具有解决时间相关和并发问题的优点。其次，通过使用充分的统计数据或专家判断，建立与统计概率之间更准确的函数关系，将进一步降低不确定性。

本章主要将该方法应用于非常规作业中的动火作业风险评估问题，但 ABT-PN 方法也适用于其他工业事故的风险分析和评估。所提出的三角隶属函数和改进的区域中心法可以用来计算置信度，减少研究对象的不确定性。在缺乏统计数据的情况下，本章提出的基于拟合函数的概率计算方法有望在更多领域广泛应用于定量风险评估。

10 主要研究结论与展望

① 第 2 章系统介绍了非常规作业的定义和特点，以典型非常规作业事故案例为引入，提出了事故原因分析与分类矩阵，构建了功能分解与共振分析模型，对输气站场阀门开启作业与受限空间作业过程进行实例应用。

② 第 3 章提出了非常规作业过程的风险动态累积理论，在传统作业危害分析方法的基础上表征风险动态累积特性，提出非常规作业动态累积风险评估方法，以输气站场开气作业过程为例对方法进行了说明。

③ 第 4 章对非常规作业过程进行图形化抽象，利用 Petri 网模型进行表征，揭示非常规作业过程时序关联特性，提出作业危害分析与 Petri 网融合风险分析方法，实现对非常规作业过程的时序风险演化评估，对输气站场开气作业过程进行了实例应用。

④ 第 5 章从偏离的角度分析非常规作业的风险特性，针对传统 HAZOP 方法在作业过程描述与耗时方面的不足，提出一种融合 JHA 与 2GW-HAZOP 及偏离度的风险表征与评估方法，实现非常规作业风险偏离分析与计算，以油气集输站加热炉启动过程为例对方法进行了说明。

⑤ 第 6 章通过综合考虑输气站场非常规作业过程中的物质流、能量流、信息流、行为流，提出风险多层流交叉理论，建立输气站场复杂网络模型，挖掘多过程流因素之间的级联关系，分析风险因素的多层级控制失效机理。利用多层贝叶斯网络建模与模拟仿真技术，从控制约束失效的角度探寻风险在层级内部及层级间的产生、演化、繁衍等过程。通过多层级模糊着色 Petri 网模型标记风险的迁移路径，揭示输气站场风险的多层级迁移规律。

⑥ 第 7 章从韧性工程的角度分析非常规作业过程风险的演变规律，融合作业危害分析与韧性工程理论，构建风险韧性评估模型，得到主动的风险预防措施——吸收措施、适应措施、恢复措施，以输气站场开气作业过程为例对方法进行了说明。

⑦ 第 8 章针对非常规作业过程的随机性，构建了模糊随机 Petri 网-马尔可夫链的风险

评估方法。以输气站场应急处置非常规作业过程为例，比较了传统的指标体系风险评估法与新方法，证实了模糊随机 Petri 网-马尔可夫链风险评估方法在表征随机性能方面的优越性。

⑧ 第 9 章针对风险评估过程的不确定性，建立 ABT-Petri 网模型。运用 Petri 网推理算法、统计数据、置信度计算进行风险的量化分析，提出三角隶属函数与改进的区域中心法降低主观性，基于置信度和统计概率的正相关性进行数据拟合得到概率值，通过动火作业风险评估验证了方法的适用性。

附　录

附录 A　变迁触发可能性专家评级表

表 A.1　变迁触发可能性专家评级表

变迁	规则描述	可能性评级
t_1	IF 维护不当 THEN 防腐层失效	□非常可能　□很有可能　□可能 □不太可能　□非常不可能
t_2	IF 施工质量差 THEN 防腐层失效	□非常可能　□很有可能　□可能 □不太可能　□非常不可能
t_3	IF 管道老化 THEN 防腐层失效	□非常可能　□很有可能　□可能 □不太可能　□非常不可能
t_4	IF 电流屏蔽 THEN 阴极保护层失效	□非常可能　□很有可能　□可能 □不太可能　□非常不可能
t_5	IF 停电中断 THEN 阴极保护层失效	□非常可能　□很有可能　□可能 □不太可能　□非常不可能
t_6	IF 技术不熟练 THEN 操作失误	□非常可能　□很有可能　□可能 □不太可能　□非常不可能
t_7	IF 作业人员疲劳 THEN 操作失误	□非常可能　□很有可能　□可能 □不太可能　□非常不可能
t_8	IF 防腐层失效 THEN 保护失效	□非常可能　□很有可能　□可能 □不太可能　□非常不可能
t_9	IF 阴极保护层失效 THEN 保护失效	□非常可能　□很有可能　□可能 □不太可能　□非常不可能
t_{10}	IF 误操作 AND 监理不力 THEN 违章工程开挖	□非常可能　□很有可能　□可能 □不太可能　□非常不可能
t_{11}	IF 管道数据缺失或不正确 THEN 违章工程开挖	□非常可能　□很有可能　□可能 □不太可能　□非常不可能

续表

变迁	规则描述	可能性评级
t_{12}	IF 地面下沉 THEN 管道悬空	□非常可能 □很有可能 □可能 □不太可能 □非常不可能
t_{13}	IF 跨障支撑破坏 THEN 管道悬空	□非常可能 □很有可能 □可能 □不太可能 □非常不可能
t_{14}	IF 地面设施或车辆影响 THEN 管道变压	□非常可能 □很有可能 □可能 □不太可能 □非常不可能
t_{15}	IF 操作失误 THEN 管道憋压	□非常可能 □很有可能 □可能 □不太可能 □非常不可能
t_{16}	IF 土壤腐蚀性强 AND 保护失效 THEN 外腐蚀	□非常可能 □很有可能 □可能 □不太可能 □非常不可能
t_{17}	IF 腐蚀抑制剂失效 AND 内防腐涂层失效 AND 气质较差 THEN 内腐蚀	□非常可能 □很有可能 □可能 □不太可能 □非常不可能
t_{18}	IF 违章工程开挖 THEN 断裂泄漏	□非常可能 □很有可能 □可能 □不太可能 □非常不可能
t_{19}	IF 违章工程开挖 THEN 穿孔泄漏	□非常可能 □很有可能 □可能 □不太可能 □非常不可能
t_{20}	IF 管道悬空 THEN 断裂泄漏	□非常可能 □很有可能 □可能 □不太可能 □非常不可能
t_{21}	IF 自然灾害(洪水、泥石流等)THEN 断裂泄漏	□非常可能 □很有可能 □可能 □不太可能 □非常不可能
t_{22}	IF 管道变压 THEN 断裂泄漏	□非常可能 □很有可能 □可能 □不太可能 □非常不可能
t_{23}	IF 打孔盗气 THEN 穿孔泄漏	□非常可能 □很有可能 □可能 □不太可能 □非常不可能
t_{24}	IF 管道憋压 THEN 断裂泄漏	□非常可能 □很有可能 □可能 □不太可能 □非常不可能
t_{25}	IF 管道憋压 THEN 穿孔泄漏	□非常可能 □很有可能 □可能 □不太可能 □非常不可能
t_{26}	IF 质量缺陷 THEN 穿孔泄漏	□非常可能 □很有可能 □可能 □不太可能 □非常不可能
t_{27}	IF 质量缺陷 THEN 小孔泄漏	□非常可能 □很有可能 □可能 □不太可能 □非常不可能
t_{28}	IF 外腐蚀 AND 腐蚀检测不足 THEN 断裂泄漏	□非常可能 □很有可能 □可能 □不太可能 □非常不可能
t_{29}	IF 外腐蚀 AND 腐蚀检测不足 THEN 穿孔泄漏	□非常可能 □很有可能 □可能 □不太可能 □非常不可能
t_{30}	IF 外腐蚀 AND 腐蚀检测不足 THEN 小孔泄漏	□非常可能 □很有可能 □可能 □不太可能 □非常不可能
t_{31}	IF 腐蚀检测不足 AND 内腐蚀 THEN 断裂泄漏	□非常可能 □很有可能 □可能 □不太可能 □非常不可能
t_{32}	IF 腐蚀检测不足 AND 内腐蚀 THEN 穿孔泄漏	□非常可能 □很有可能 □可能 □不太可能 □非常不可能

续表

变迁	规则描述	可能性评级
t_{33}	IF 腐蚀检测不足 AND 内腐蚀 THEN 小孔泄漏	□非常可能 □很有可能 □可能 □不太可能 □非常不可能

注：1. 评分方式：在"可能性等级"栏勾选规则描述中 IF 事件已经发生的情况下 THEN 事件发生的可能性，如针对规则"IF A THEN B"则是对在 A 已经发生的情况下发生 B 的可能性进行评级。

2. 断裂模型是指管道泄漏孔径与管径相接近或燃气管道发生完全断裂的情况；穿孔模型是指管道泄漏孔径大于 20mm 且小于管径的情况；小孔模型是指管道泄漏孔径≤20mm 的情况。

附录 B　工业动火作业事故数据库

序号	案例	原因
1	某拆船厂火灾	X_2；X_7；X_{13}；X_{19}
2	某化工厂动火措施不完善气柜方箱着火事故	X_9；X_{13}；X_{15}；X_{16}；X_{19}
3	某百货大楼特大火灾事故	X_2；X_4；X_{13}；X_{18}
4	某化塑制品厂火灾重大责任事故分析	X_5；X_{13}
5	浙江某船厂轮机车间爆炸事故	X_4；X_8；X_{12}；X_{13}；X_{15}
6	某棉纺织厂发生一起因电焊引起的火灾事故	X_{13}；X_{17}
7	某炼油厂爆炸事故	X_9；X_{17}
8	违章动火引起污水调节池爆燃事故	X_2；X_{13}
9	广西某涂装车间新面漆返修线特大火灾事故	X_2；X_7；X_8
10	某工厂违章动火油罐爆炸事故	X_5；X_{11}；X_{14}；X_{15}；X_{17}
11	发酵罐焊接作业导致的爆炸伤人事故	X_{14}；X_{15}；X_{21}
12	某商业大厦特大火灾事故	X_3；X_4；X_{17}；X_{18}
13	汽运公司原油运输罐车焊接作业爆炸事故	X_3；X_9；X_{15}
14	某厂的一次大规模爆炸	X_8；X_{12}；X_{14}
15	机泵污油引燃事故	X_{17}；X_{18}
16	某机场柴油罐改造焊接作业油气爆炸火灾事故	X_{14}；X_{15}
17	辽宁某化工厂玻璃钢冷却塔火灾事故	X_6；X_{13}；X_{17}；X_{20}
18	"9·12"常减压装置闪爆事故	X_5；X_{11}
19	热电分厂"12·11"油罐爆燃事故	X_1；X_6；X_9
20	山东省某化工公司着火事故	X_9；X_{14}
21	油罐车违章焊接作业导致的爆炸事故	X_{10}；X_{13}；X_{15}
22	某项目部"3·16"重大瓦斯爆炸死亡事故	X_5；X_6；X_9；X_{12}；X_{19}
23	山东某企业酒精储罐焊接作业爆炸火灾事故	X_{10}；X_{17}；X_{21}
24	违章交叉作业酿火险	X_{17}；X_{22}

续表

序号	案例	原因
25	内蒙古某化工厂电石分厂 3#电石炉液压系统着火事故	X_5;X_{14};X_{17}
26	乙炔气瓶着火事故	X_6;X_{21}
27	“8·13”氢气爆炸事故	X_9;X_{12};X_{15}
28	切割井盖下水井闪燃事故	X_3;X_6;X_{12};X_{13};X_{15}
29	乙炔瓶角阀漏气着火	X_{12};X_{21}
30	“10·27”硫黄装置酸性水罐爆炸事故	X_9;X_{14}
31	硫黄装置酸性水罐爆炸事故分析	X_1;X_2;X_6;X_{14}
32	“11·20”铁矿特别重大火灾事故	X_3;X_4;X_{12};X_{17};X_{18};X_{19}
33	违章动火液面计泄漏发生火灾	X_2;X_6;X_{14}
34	井内焊接氧气管爆裂事故	X_{14};X_{20}
35	乙烯车间闪燃事故	X_2;X_5;X_{14}
36	某管道公司“7·19”油气闪爆事故	X_{16};X_{22}
37	某地下燃气管道施工工地发生闪燃事故	X_7;X_9;X_{12};X_{20}
38	佛罗里达州代托纳海滩市一污水处理设施的甲醇储罐爆炸	X_9
39	辽宁省某钢铁公司焊接着火烧伤人	X_7;X_{18}
40	某油田储罐爆炸事故	X_3;X_6;X_9;X_{10}
41	选煤厂电气焊工岗位事故案例	X_5;X_{20};X_{21}
42	轧钢厂加热炉风机房爆炸事故	X_6;X_{14}
43	某公司热电厂锅炉房东侧墙体和 8#除渣皮带廊电焊作业火灾事故	X_{17};X_{18}
44	电厂电焊作业引发火情事件	X_{17};X_{18}
45	某公司“1·16”爆燃伤亡事故及原因分析	X_5;X_6;X_{12};X_{17}
46	“3·30”火灾事故	X_6;X_{18}
47	检修中心 2007 年“4·12”事故	X_2;X_{13}
48	乙炔瓶着火烧伤事故	X_4;X_{15};X_{19};X_{20};X_{22}
49	“10·22”丙烯闪蒸槽爆燃事故	X_6;X_{14};X_{17}
50	某公司“11·13”事故	X_1;X_2;X_3;X_6;X_{13}
51	某公司加油站“11·24”爆炸事故	X_6;X_{12};X_{16};X_{17}
52	露天库管排着火事故	X_{17};X_{18}
53	某实业公司加油站改造施工中发生爆炸	X_1;X_9;X_{10};X_{13}
54	盐酸合成炉一号主吸收装置爆炸事故	X_{10};X_{12};X_{16}
55	某公司“3·9”爆燃事故	X_1;X_{10}
56	管网含油污水线施工着火事故	X_2;X_{14}
57	某公司铆焊厂火险烧伤事故	X_{12};X_{18}
58	某公司“7·8”环保污水处理站三级吹脱塔着火事故	X_2;X_6;X_{12};X_{18}

续表

序号	案例	原因
59	美国包装公司(PCA)纤维板制造设施爆炸事故	X_9
60	某公司第63加油站施工闪爆事故	X_3;X_{15};X_{17}
61	菲利普服务公司(PSC)动火作业爆炸事故	X_3;X_6;X_9
62	造粒厂房保温苯板着火	X_3;X_4;X_{17};X_{18}
63	环境管理节约(EMC)二手油厂爆炸事故	X_9;X_{12}
64	舟山某船舶工程服务公司"12·27"较大火灾事故	X_{12};X_{19}
65	康尼格拉食品公司爆炸事故	X_3;X_6;X_9
66	内蒙古某公司建设公司"2·26"爆炸事故	X_2;X_7;X_{11};X_{19};X_{21}
67	某公司员工使用氧乙炔火炬导致爆炸	X_6;X_9
68	炼油厂一重催车间"7·7"火灾事故的通报	X_6;X_{10};X_{13}
69	美国TEPPCO合作伙伴McRae终端的一个67000桶容量的汽油储罐爆炸	X_9
70	气割作业烧伤事故	X_{20};X_{21}
71	湖北某公司"3·4"事故	X_3;X_9;X_{12};X_{15};X_{17}
72	某净化水车间闪燃事故	X_{14};X_{17}
73	"3·16"陕西东部某电厂重大火灾	X_5;X_{17};X_{18}
74	舟山某公司"3·27"火灾事故	X_2;X_{19}
75	某船舶工程有限公司"5·15"火灾事故	X_1;X_2;X_6;X_{16};X_{19}
76	杜邦公司致命的热工爆炸	X_9;X_{14}
77	"11·15"特大火灾	X_1;X_4;X_{18}
78	违章动火引燃导热油火灾事故	X_4;X_{14};X_{15};X_{17}
79	罐区检修动火爆炸事故	X_2;X_{14}
80	乙炔气燃爆事故	X_{20};X_{21}
81	密闭舱室闪爆致人死亡事故	X_{20};X_{21}
82	化工凉水塔着火安全事故	X_1;X_2;X_6;X_{18}
83	某公司"1·14"重大火灾事故	X_3;X_7;X_{17};X_{18}
84	江苏某化工有限公司"8·23"检修作业燃爆事故	X_9;X_{10};X_{11};X_{13}
85	某油船"10·12"较大爆燃事故	X_9;X_{10};X_{14}
86	某集团"4·8"脱硫液循环槽爆炸事故	X_9;X_{10};X_{11};X_{13}
87	气割引发粉尘区着火事故	X_{10}
88	"6·24"公用管廊火险事故	X_5;X_9;X_{10};X_{21}
89	某公司"9·10"火灾死亡事故调查报告	X_3;X_{21}
90	"10·29"较大施工火灾事故调查报告	X_6;X_{17};X_{18}
91	长沙某公司"11·29"较大火灾事故	X_3;X_4;X_6;X_{17};X_{18}

续表

序号	案例	原因
92	佛山某公司“12·31”重大爆炸事故调查处理情况	X_3;X_6;X_{15}
93	常州某公司在建厂房“1·5”较大火灾事故调查报告	X_2;X_{18}
94	某公司龙首矿新2号井“7·7”火灾事故调查报告	X_8;X_{18}
95	某公司废水处理工程“10·23”较大爆炸事故调查报告	X_3;X_{15};X_{22}
96	某公司“12·17”火灾事故	X_1;X_2
97	某公司“4·13”一般爆炸事故调查报告	X_1;X_3;X_{13}
98	某公司“4·22”较大火灾事故	X_9;X_{12};X_{15};X_{17}
99	“4·23”较大爆炸火灾事故	X_1;X_{15}
100	某公司西沟矿“8·17”火灾事故	X_6;X_{17};X_{18};X_{19}
101	某公司“8·18”粗苯储罐爆燃事故	X_{11};X_{15}
102	某公司“11·8”较大爆炸事故案例	X_{10};X_{11}
103	某园区“12·9”较大油槽车爆炸事故调查报告	X_{10}
104	美国包装公司动火爆炸	X_9
105	吉林某公司“2·17”较大爆炸事故	X_6;X_{12}
106	河南某冶炼厂“3·20”塔酸槽较大爆炸事故调查报告	X_2;X_{15}
107	石首某公司“4·16”一般爆燃事故调查报告	X_2;X_3;X_{13}
108	河南某公司“4·28”较大爆炸事故	X_9;X_{10};X_{13}
109	内蒙古某公司“6·27”较大爆炸事故	X_2;X_{13}
110	青海某公司“6·28”较大爆炸事故	X_{14};X_{17};X_{20};X_{21}
111	成都某项目一般火灾事故	X_1;X_{17};X_{18}
112	上海某加油站“11·24”爆炸事故	X_2;X_9
113	泰州某公司“3·13”较大火灾事故调查报告	X_6;X_{17};X_{18};X_{19}
114	某集团热轧区增加氧气液化装置项目“5·10”一般火灾事故	X_4;X_5;X_{19};X_{22}
115	某公司“5·30”较大沼气爆炸事故	X_{11}
116	某公司新型干法水泥二厂“7·12”爆炸事故	X_2
117	济南某公司较大爆燃事故	X_9;X_{12};X_{14}
118	某镇“11·16”一般火灾事故调查报告	X_{12};X_{18}
119	某公司“12·17”重大火灾事故调查报告	X_1;X_2;X_3;X_5;X_{18};X_{19}
120	某公司“8·31”较大生产安全事故	X_2;X_5;X_9;X_{10}
121	某公司“11·1”较大爆炸事故	X_6;X_9;X_{12}
122	某公司“4·3”生产安全事故	X_{15};X_{17}

续表

序号	案例	原因
123	北海某公司“11·2”较大着火事故	X_6;X_{16}
124	长春某公司“11·6”较大火灾事故	X_{17};X_{18}
125	重庆某公司“12·4”重大火灾事故	X_1;X_{18};X_{19}
126	山东某矿“1·10”重大爆炸事故	X_5;X_{17};X_{18}
127	滁州某县“4·7”较大闪爆事故	X_9;X_{13}
128	“5·9”较大火灾事故调查报告	X_3;X_{18}
129	天津某公司“6·18”中水池爆炸较大事故	X_2;X_5
130	南昌某公司厂房“12·14”较大火灾事故调查报告	X_{17};X_{18}
131	焊工在容器内作业时，借用氧气置换而引发火灾	X_2;X_{16}
132	三油品管廊废弃管线割除着火事故	X_3;X_5;X_{10};X_{14}
133	“8·29”切割油桶爆炸事故	X_{10};X_{17}
134	日本某修造船厂火灾事故分析	X_2

附录 C　初始库所与变迁专家评分表

表 C.1　初始库所与变迁专家 1 评分表

符号	内容	评语
P_1	作业人员无证上岗	○很可能　○可能 ○一般　√不太可能 ○非常不可能
P_2	作业人员违章作业	○很可能　√可能 ○一般　○不太可能 ○非常不可能
P_3	动火作业审批手续不全	○很可能　√可能 ○一般　○不太可能 ○非常不可能
P_4	交叉施工	○很可能　√可能 ○一般　○不太可能 ○非常不可能
P_5	区域管制监督不当	○很可能　√可能 ○一般　○不太可能 ○非常不可能
P_6	违章组织动火作业	○很可能　√可能 ○一般　○不太可能 ○非常不可能
P_7	未制定有效防火措施	○很可能　○可能 ○一般　√不太可能 ○非常不可能

续表

符号	内容	评语
P_8	未制定有效的动火作业规程	○很可能 ○可能 ○一般 ○不太可能 √非常不可能
P_9	动火作业前未正确进行可燃气体检测	○很可能 √可能 ○一般 ○不太可能 ○非常不可能
P_{10}	动火作业未有效吹扫、置换、清理物料	○很可能 √可能 ○一般 ○不太可能 ○非常不可能
P_{11}	作业点未与生产系统有效隔离，如阀门、盲板等隔断措施	○很可能 ○可能 √一般 ○不太可能 ○非常不可能
P_{12}	动火作业前未正确完成安全检查工作	○很可能 √可能 ○一般 ○不太可能 ○非常不可能
P_{13}	动火点周围存在爆炸性混合物或危险化学品	√很可能 ○可能 ○一般 ○不太可能 ○非常不可能
P_{14}	设备失效（如阀门内漏、开裂等）造成爆炸性气体泄漏	○很可能 √可能 ○一般 ○不太可能 ○非常不可能
P_{15}	容器内残余物料挥发或发生化学反应，与空气混合形成爆炸性混合物	○很可能 ○可能 √一般 ○不太可能 ○非常不可能
P_{16}	工艺设计不合理，如无截断装置、隔离失效等	○很可能 ○可能 ○一般 ○不太可能 √非常不可能
P_{17}	动火作业前未对现场进行有效的防火措施或隔离手段	○很可能 ○可能 √一般 ○不太可能 ○非常不可能
P_{18}	周围环境存在大量易燃物质	○很可能 √可能 ○一般 ○不太可能 ○非常不可能
P_{19}	周围环境通风不善	○很可能 ○可能 ○一般 √不太可能 ○非常不可能
P_{20}	动火作业工具错误操作	○很可能 √可能 ○一般 ○不太可能 ○非常不可能
P_{21}	动火设备故障	○很可能 √可能 ○一般 ○不太可能 ○非常不可能

续表

符号	内容	评语
P_{22}	现场交叉作业管理不当	√很可能 ○可能 ○一般 ○不太可能 ○非常不可能
P_{39}	忽视报警	○很可能 ○可能 √一般 ○不太可能 ○非常不可能
P_{41}	火灾报警装置设计不合理	○很可能 ○可能 ○一般 √不太可能 ○非常不可能
P_{42}	火灾报警装置安装不可靠	○很可能 ○可能 ○一般 √不太可能 ○非常不可能
P_{43}	火灾报警装置使用不当	○很可能 ○可能 √一般 ○不太可能 ○非常不可能
P_{44}	火灾报警装置维护不当	○很可能 √可能 ○一般 ○不太可能 ○非常不可能
P_{48}	设备通信故障	○很可能 √可能 ○一般 ○不太可能 ○非常不可能
P_{49}	设备维护不当	○很可能 √可能 ○一般 ○不太可能 ○非常不可能
P_{50}	现场消防设备质量差	○很可能 ○可能 ○一般 ○不太可能 √非常不可能
P_{51}	消防设备未定期检修维护	○很可能 ○可能 ○一般 ○不太可能 √非常不可能
P_{52}	人员培训不到位	○很可能 √可能 ○一般 ○不太可能 ○非常不可能
P_{53}	应急资源不足	○很可能 ○可能 √一般 ○不太可能 ○非常不可能
P_{54}	应急指挥不当	○很可能 √可能 ○一般 ○不太可能 ○非常不可能
T_1	IF 作业人员无证上岗 THEN 作业人员行为不安全	○很可能 √可能 ○一般 ○不太可能 ○非常不可能

续表

符号	内容	评语
T_2	IF 作业人员违章作业 THEN 作业人员行为不安全	√很可能 ○可能 ○一般 ○不太可能 ○非常不可能
T_3	IF 动火作业审批手续不全 THEN 管理缺陷	○很可能 √可能 ○一般 ○不太可能 ○非常不可能
T_4	IF 交叉施工 THEN 管理缺陷	○可能 √可能 ○一般 ○不太可能 ○非常不可能
T_5	IF 区域管制监督不当 THEN 管理缺陷	○很可能 ○可能 √一般 ○不太可能 ○非常不可能
T_6	IF 违章组织动火作业 THEN 管理缺陷	○很可能 √可能 ○一般 ○不太可能 ○非常不可能
T_7	IF 未制定有效防火措施 THEN 管理缺陷	○很可能 √可能 ○一般 ○不太可能 ○非常不可能
T_8	IF 未制定有效的动火作业规程 THEN 管理缺陷	○很可能 √可能 ○一般 ○不太可能 ○非常不可能
T_9	IF 动火作业前未正确进行可燃气体检测 THEN 危险化学品暴露	√很可能 ○可能 ○一般 ○不太可能 ○非常不可能
T_{10}	IF 动火作业未有效吹扫、置换、清理物料 THEN 危险化学品暴露	√很可能 ○可能 ○一般 ○不太可能 ○非常不可能
T_{11}	IF 作业点未与生产系统有效隔离，如阀门、盲板等隔断措施 THEN 危险化学品暴露	√很可能 ○可能 ○一般 ○不太可能 ○非常不可能
T_{12}	IF 动火作业前未正确完成安全检查工作 THEN 危险化学品暴露	○很可能 √可能 ○一般 ○不太可能 ○非常不可能
T_{13}	IF 动火点周围存在爆炸性混合物或危险化学品 THEN 危险化学品暴露	○很可能 √可能 ○一般 ○不太可能 ○非常不可能
T_{14}	IF 设备失效（如阀门内漏、开裂等）造成爆炸性气体泄漏 THEN 危险化学品暴露	√很可能 ○可能 ○一般 ○不太可能 ○非常不可能
T_{15}	IF 容器内残余物料挥发或发生化学反应，与空气混合形成爆炸性混合物 THEN 危险化学品暴露	√很可能 ○可能 ○一般 ○不太可能 ○非常不可能

续表

符号	内容	评语
T_{16}	IF 工艺设计不合理，如无截断装置、隔离失效等 THEN 危险化学品暴露	√很可能 ○可能 ○一般 ○不太可能 ○非常不可能
T_{17}	IF 动火作业前未对现场进行有效的防火措施或隔离手段 THEN 其他可燃物暴露	○很可能 √可能 ○一般 ○不太可能 ○非常不可能
T_{18}	IF 周围环境存在大量易燃物质 THEN 其他可燃物暴露	○很可能 √可能 ○一般 ○不太可能 ○非常不可能
T_{19}	IF 周围环境通风不善 THEN 其他可燃物暴露	○很可能 √可能 ○一般 ○不太可能 ○非常不可能
T_{20}	IF 动火作业工具错误操作 THEN 点火源失控	√很可能 ○可能 ○一般 ○不太可能 ○非常不可能
T_{21}	IF 动火设备故障 THEN 点火源失控	○很可能 √可能 ○一般 ○不太可能 ○非常不可能
T_{22}	IF 现场交叉作业管理不当 THEN 点火源失控	√很可能 ○可能 ○一般 ○不太可能 ○非常不可能
T_{23}	IF 作业人员行为不安全 THEN 作业现场存在作业风险	√很可能 ○可能 ○一般 ○不太可能 ○非常不可能
T_{24}	IF 管理缺陷 THEN 作业现场存在作业风险	○很可能 √可能 ○一般 ○不太可能 ○非常不可能
T_{25}	IF 危险化学品暴露 THEN 可燃物暴露	√很可能 ○可能 ○一般 ○不太可能 ○非常不可能
T_{26}	IF 其他可燃物暴露 THEN 可燃物暴露	√很可能 ○可能 ○一般 ○不太可能 ○非常不可能
T_{27}	IF 点火源失控 AND 可燃物暴露 THEN 火灾爆炸威胁	√很可能 ○可能 ○一般 ○不太可能 ○非常不可能
T_{28}	IF 作业现场存在作业风险 AND 火灾爆炸威胁 THEN 动火作业事故	√很可能 ○可能 ○一般 ○不太可能 ○非常不可能
T_{29}	IF 动火作业事故 AND 检测型措施成功 AND 控制型措施成功 THEN 事故未遂	√很可能 ○可能 ○一般 ○不太可能 ○非常不可能

续表

符号	内容	评语
T_{30}	IF 动火作业事故 AND 检测型措施失效 THEN 火灾爆炸	√很可能 ○可能 ○一般 ○不太可能 ○非常不可能
T_{31}	IF 动火作业事故 AND 检测型措施成功 AND 控制型措施失效 THEN 人员伤亡及设备损坏	○很可能 √可能 ○一般 ○不太可能 ○非常不可能
T_{32}	IF 忽视报警 THEN 检测型措施失效	○很可能 √可能 ○一般 ○不太可能 ○非常不可能
T_{33}	IF 气体探测、火灾报警装备不可靠 THEN 检测型措施失效	○很可能 √可能 ○一般 ○不太可能 ○非常不可能
T_{34}	IF 火灾报警装置设计不合理 AND 火灾报警装置安装不可靠 AND 火灾报警装置使用不当 AND 火灾报警装置维护不当 THEN 气体探测、火灾报警装备不可靠	√很可能 ○可能 ○一般 ○不太可能 ○非常不可能
T_{35}	IF 设备紧急关停装置故障 THEN 控制型措施失效	√很可能 ○可能 ○一般 ○不太可能 ○非常不可能
T_{36}	IF 现场消防设施失效 THEN 控制型措施失效	√很可能 ○可能 ○一般 ○不太可能 ○非常不可能
T_{37}	IF 事故应急处置不当 THEN 控制型措施失效	○很可能 √可能 ○一般 ○不太可能 ○非常不可能
T_{38}	IF 设备通信故障 AND 设备维护不当 THEN 设备紧急关停装置故障	○很可能 √可能 ○一般 ○不太可能 ○非常不可能
T_{39}	IF 现场消防设备质量差 AND 消防设备未定期检修维护 THEN 现场消防设施失效	√很可能 ○可能 ○一般 ○不太可能 ○非常不可能
T_{40}	IF 人员培训不到位 AND 应急资源不足 AND 应急指挥不当 THEN 事故应急处置不当	√很可能 ○可能 ○一般 ○不太可能 ○非常不可能

表 C.2 初始库所与变迁专家 2 评分表

符号	内容	评语
P_1	作业人员无证上岗	○很可能 ○可能 √一般 ○不太可能 ○非常不可能
P_2	作业人员违章作业	○很可能 √可能 ○一般 ○不太可能 ○非常不可能

续表

符号	内容	评语
P_3	动火作业审批手续不全	○很可能 ○可能 √一般 ○不太可能 ○非常不可能
P_4	交叉施工	√很可能 ○可能 ○一般 ○不太可能 ○非常不可能
P_5	区域管制监督不当	○很可能 ○可能 √一般 ○不太可能 ○非常不可能
P_6	违章组织动火作业	○很可能 √可能 ○一般 ○不太可能 ○非常不可能
P_7	未制定有效防火措施	○很可能 ○可能 ○一般 ○不太可能 √非常不可能
P_8	未制定有效的动火作业规程	○很可能 ○可能 ○一般 ○不太可能 √非常不可能
P_9	动火作业前未正确进行可燃气体检测	○很可能 ○可能 √一般 ○不太可能 ○非常不可能
P_{10}	动火作业未有效吹扫、置换、清理物料	○很可能 √可能 ○一般 ○不太可能 ○非常不可能
P_{11}	作业点未与生产系统有效隔离，如阀门、盲板等隔断措施	○很可能 ○可能 ○一般 √不太可能 ○非常不可能
P_{12}	动火作业前未正确完成安全检查工作	○很可能 ○可能 √一般 ○不太可能 ○非常不可能
P_{13}	动火点周围存在爆炸性混合物或危险化学品	○很可能 √可能 ○一般 ○不太可能 ○非常不可能
P_{14}	设备失效(如阀门内漏、开裂等)造成爆炸性气体泄漏	○很可能 ○可能 ○一般 √不太可能 ○非常不可能
P_{15}	容器内残余物料挥发或发生化学反应，与空气混合形成爆炸性混合物	○很可能 ○可能 √一般 ○不太可能 ○非常不可能
P_{16}	工艺设计不合理，如无截断装置、隔离失效等	○很可能 ○可能 ○一般 √不太可能 ○非常不可能
P_{17}	动火作业前未对现场进行有效的防火措施或隔离手段	○很可能 √可能 ○一般 ○不太可能 ○非常不可能

续表

符号	内容	评语
P_{18}	周围环境存在大量易燃物质	○很可能 ○可能 ○一般 √不太可能 ○非常不可能
P_{19}	周围环境通风不善	○很可能 ○可能 √一般 ○不太可能 ○非常不可能
P_{20}	动火作业工具错误操作	○很可能 ○可能 √一般 ○不太可能 ○非常不可能
P_{21}	动火设备故障	○很可能 √可能 ○一般 ○不太可能 ○非常不可能
P_{22}	现场交叉作业管理不当	○很可能 √可能 ○一般 ○不太可能 ○非常不可能
P_{39}	忽视报警	○很可能 √可能 ○一般 ○不太可能 ○非常不可能
P_{41}	火灾报警装置设计不合理	○很可能 ○可能 √一般 ○不太可能 ○非常不可能
P_{42}	火灾报警装置安装不可靠	○很可能 ○可能 √一般 ○不太可能 ○非常不可能
P_{43}	火灾报警装置使用不当	○很可能 ○可能 ○一般 √不太可能 ○非常不可能
P_{44}	火灾报警装置维护不当	○很可能 ○可能 √一般 ○不太可能 ○非常不可能
P_{48}	设备通信故障	○很可能 ○可能 √一般 ○不太可能 ○非常不可能
P_{49}	设备维护不当	○很可能 ○可能 √一般 ○不太可能 ○非常不可能
P_{50}	现场消防设备质量差	○很可能 ○可能 ○一般 √不太可能 ○非常不可能
P_{51}	消防设备未定期检修维护	○很可能 ○可能 ○一般 √不太可能 ○非常不可能
P_{52}	人员培训不到位	√很可能 ○可能 ○一般 ○不太可能 ○非常不可能

续表

符号	内容	评语
P_{53}	应急资源不足	○很可能 ○可能 ○一般 √不太可能 ○非常不可能
P_{54}	应急指挥不当	○很可能 √可能 ○一般 ○不太可能 ○非常不可能
T_1	IF 作业人员无证上岗 THEN 作业人员行为不安全	○很可能 √可能 ○一般 ○不太可能 ○非常不可能
T_2	IF 作业人员违章作业 THEN 作业人员行为不安全	○很可能 √可能 ○一般 ○不太可能 ○非常不可能
T_3	IF 动火作业审批手续不全 THEN 管理缺陷	√很可能 ○可能 ○一般 ○不太可能 ○非常不可能
T_4	IF 交叉施工 THEN 管理缺陷	√很可能 ○可能 ○一般 ○不太可能 ○非常不可能
T_5	IF 区域管制监督不当 THEN 管理缺陷	○很可能 √可能 ○一般 ○不太可能 ○非常不可能
T_6	IF 违章组织动火作业 THEN 管理缺陷	○很可能 √可能 ○一般 ○不太可能 ○非常不可能
T_7	IF 未制定有效防火措施 THEN 管理缺陷	○很可能 √可能 ○一般 ○不太可能 ○非常不可能
T_8	IF 未制定有效的动火作业规程 THEN 管理缺陷	○很可能 ○可能 ○一般 √不太可能 ○非常不可能
T_9	IF 动火作业前未正确进行可燃气体检测 THEN 危险化学品暴露	√很可能 ○可能 ○一般 ○不太可能 ○非常不可能
T_{10}	IF 动火作业未有效吹扫、置换、清理物料 THEN 危险化学品暴露	√很可能 ○可能 ○一般 ○不太可能 ○非常不可能
T_{11}	IF 作业点未与生产系统有效隔离，如阀门、盲板等隔断措施 THEN 危险化学品暴露	○很可能 ○可能 √一般 ○不太可能 ○非常不可能
T_{12}	IF 动火作业前未正确完成安全检查工作 THEN 危险化学品暴露	○很可能 ○可能 √一般 ○不太可能 ○非常不可能
T_{13}	IF 动火点周围存在爆炸性混合物或危险化学品 THEN 危险化学品暴露	√很可能 ○可能 ○一般 ○不太可能 ○非常不可能

续表

符号	内容	评语
T_{14}	IF 设备失效(如阀门内漏、开裂等)造成爆炸性气体泄漏 THEN 危险化学品暴露	√很可能 ○可能 ○一般 ○不太可能 ○非常不可能
T_{15}	IF 容器内残余物料挥发或发生化学反应，与空气混合形成爆炸性混合物 THEN 危险化学品暴露	√很可能 ○可能 ○一般 ○不太可能 ○非常不可能
T_{16}	IF 工艺设计不合理，如无截断装置、隔离失效等 THEN 危险化学品暴露	○很可能 ○可能 √一般 ○不太可能 ○非常不可能
T_{17}	IF 动火作业前未对现场进行有效的防火措施或隔离手段 THEN 其他可燃物暴露	○很可能 ○可能 √一般 ○不太可能 ○非常不可能
T_{18}	IF 周围环境存在大量易燃物质 THEN 其他可燃物暴露	○很可能 ○可能 ○一般 √不太可能 ○非常不可能
T_{19}	IF 周围环境通风不善 THEN 其他可燃物暴露	○很可能 ○可能 ○一般 √不太可能 ○非常不可能
T_{20}	IF 动火作业工具错误操作 THEN 点火源失控	○很可能 √可能 ○一般 ○不太可能 ○非常不可能
T_{21}	IF 动火设备故障 THEN 点火源失控	○很可能 ○可能 √一般 ○不太可能 ○非常不可能
T_{22}	IF 现场交叉作业管理不当 THEN 点火源失控	√很可能 ○可能 ○一般 ○不太可能 ○非常不可能
T_{23}	IF 作业人员行为不安全 THEN 作业现场存在作业风险	○很可能 √可能 ○一般 ○不太可能 ○非常不可能
T_{24}	IF 管理缺陷 THEN 作业现场存在作业风险	○很可能 √可能 ○一般 ○不太可能 ○非常不可能
T_{25}	IF 危险化学品暴露 THEN 可燃物暴露	√很可能 ○可能 ○一般 ○不太可能 ○非常不可能
T_{26}	IF 其他可燃物暴露 THEN 可燃物暴露	√很可能 ○可能 ○一般 ○不太可能 ○非常不可能
T_{27}	IF 点火源失控 AND 可燃物暴露 THEN 火灾爆炸威胁	√很可能 ○可能 ○一般 ○不太可能 ○非常不可能
T_{28}	IF 作业现场存在作业风险 AND 火灾爆炸威胁 THEN 动火作业事故	√很可能 ○可能 ○一般 ○不太可能 ○非常不可能

续表

符号	内容	评语
T_{29}	IF 动火作业事故 AND 检测型措施成功 AND 控制型措施成功 THEN 事故未遂	○很可能 √可能 ○一般 ○不太可能 ○非常不可能
T_{30}	IF 动火作业事故 AND 检测型措施失效 THEN 火灾爆炸	○很可能 √可能 ○一般 ○不太可能 ○非常不可能
T_{31}	IF 动火作业事故 AND 检测型措施成功 AND 控制型措施失效 THEN 人员伤亡及设备损坏	○很可能 √可能 ○一般 ○不太可能 ○非常不可能
T_{32}	IF 忽视报警 THEN 检测型措施失效	√很可能 ○可能 ○一般 ○不太可能 ○非常不可能
T_{33}	IF 气体探测、火灾报警装备不可靠 THEN 检测型措施失效	√很可能 ○可能 ○一般 ○不太可能 ○非常不可能
T_{34}	IF 火灾报警装置设计不合理 AND 火灾报警装置安装不可靠 AND 火灾报警装置使用不当 AND 火灾报警装置维护不当 THEN 气体探测、火灾报警装备不可靠	√很可能 ○可能 ○一般 ○不太可能 ○非常不可能
T_{35}	IF 设备紧急关停装置故障 THEN 控制型措施失效	○很可能 √可能 ○一般 ○不太可能 ○非常不可能
T_{36}	IF 现场消防设施失效 THEN 控制型措施失效	○很可能 √可能 ○一般 ○不太可能 ○非常不可能
T_{37}	IF 事故应急处置不当 THEN 控制型措施失效	○很可能 √可能 ○一般 ○不太可能 ○非常不可能
T_{38}	IF 设备通信故障 AND 设备维护不当 THEN 设备紧急关停装置故障	○很可能 ○可能 √一般 ○不太可能 ○非常不可能
T_{39}	IF 现场消防设备质量差 AND 消防设备未定期检修维护 THEN 现场消防设施失效	○很可能 √可能 ○一般 ○不太可能 ○非常不可能
T_{40}	IF 人员培训不到位 AND 应急资源不足 AND 应急指挥不当 THEN 事故应急处置不当	√很可能 ○可能 ○一般 ○不太可能 ○非常不可能

表 C.3 初始库所与变迁专家 3 评分表

符号	内容	评语
P_1	作业人员无证上岗	○很可能 ○可能 ○一般 √不太可能 ○非常不可能

续表

符号	内容	评语
P_2	作业人员违章作业	○很可能 √可能 ○一般 ○不太可能 ○非常不可能
P_3	动火作业审批手续不全	○很可能 √可能 ○一般 ○不太可能 ○非常不可能
P_4	交叉施工	○很可能 √可能 ○一般 ○不太可能 ○非常不可能
P_5	区域管制监督不当	○很可能 ○可能 ○一般 √不太可能 ○非常不可能
P_6	违章组织动火作业	○很可能 ○可能 √一般 ○不太可能 ○非常不可能
P_7	未制定有效防火措施	○很可能 ○可能 ○一般 √不太可能 ○非常不可能
P_8	未制定有效的动火作业规程	○很可能 ○可能 ○一般 √不太可能 ○非常不可能
P_9	动火作业前未正确进行可燃气体检测	○很可能 √可能 ○一般 ○不太可能 ○非常不可能
P_{10}	动火作业未有效吹扫、置换、清理物料	○很可能 √可能 ○一般 ○不太可能 ○非常不可能
P_{11}	作业点未与生产系统有效隔离，如阀门、盲板等隔断措施	○很可能 ○可能 √一般 ○不太可能 ○非常不可能
P_{12}	动火作业前未正确完成安全检查工作	√很可能 ○可能 ○一般 ○不太可能 ○非常不可能
P_{13}	动火点周围存在爆炸性混合物或危险化学品	○很可能 ○可能 √一般 ○不太可能 ○非常不可能
P_{14}	设备失效(如阀门内漏、开裂等)造成爆炸性气体泄漏	○很可能 ○可能 √一般 ○不太可能 ○非常不可能
P_{15}	容器内残余物料挥发或发生化学反应，与空气混合形成爆炸性混合物	○很可能 √可能 ○一般 ○不太可能 ○非常不可能
P_{16}	工艺设计不合理，如无截断装置、隔离失效等	○很可能 ○可能 √一般 ○不太可能 ○非常不可能

续表

符号	内容	评语
P_{17}	动火作业前未对现场进行有效的防火措施或隔离手段	○很可能 ○可能 √一般 ○不太可能 ○非常不可能
P_{18}	周围环境存在大量易燃物质	√很可能 ○可能 ○一般 ○不太可能 ○非常不可能
P_{19}	周围环境通风不善	○很可能 √可能 ○一般 ○不太可能 ○非常不可能
P_{20}	动火作业工具错误操作	○很可能 √可能 ○一般 ○不太可能 ○非常不可能
P_{21}	动火设备故障	○很可能 ○可能 √一般 ○不太可能 ○非常不可能
P_{22}	现场交叉作业管理不当	○很可能 ○可能 √一般 ○不太可能 ○非常不可能
P_{39}	忽视报警	○很可能 ○可能 ○一般 √不太可能 ○非常不可能
P_{41}	火灾报警装置设计不合理	○很可能 ○可能 ○一般 √不太可能 ○非常不可能
P_{42}	火灾报警装置安装不可靠	○很可能 ○可能 √一般 ○不太可能 ○非常不可能
P_{43}	火灾报警装置使用不当	○很可能 ○可能 √一般 ○不太可能 ○非常不可能
P_{44}	火灾报警装置维护不当	○很可能 √可能 ○一般 ○不太可能 ○非常不可能
P_{48}	设备通信故障	○很可能 √可能 ○一般 ○不太可能 ○非常不可能
P_{49}	设备维护不当	○很可能 ○可能 ○一般 √不太可能 ○非常不可能
P_{50}	现场消防设备质量差	○很可能 ○可能 ○一般 √不太可能 ○非常不可能
P_{51}	消防设备未定期检修维护	○很可能 ○可能 √一般 ○不太可能 ○非常不可能

续表

符号	内容	评语
P_{52}	人员培训不到位	○很可能 √可能 ○一般 ○不太可能 ○非常不可能
P_{53}	应急资源不足	○很可能 ○可能 √一般 ○不太可能 ○非常不可能
P_{54}	应急指挥不当	○很可能 ○可能 √一般 ○不太可能 ○非常不可能
T_1	IF 作业人员无证上岗 THEN 作业人员行为不安全	○很可能 ○可能 √一般 ○不太可能 ○非常不可能
T_2	IF 作业人员违章作业 THEN 作业人员行为不安全	√很可能 ○可能 ○一般 ○不太可能 ○非常不可能
T_3	IF 动火作业审批手续不全 THEN 管理缺陷	○很可能 √可能 ○一般 ○不太可能 ○非常不可能
T_4	IF 交叉施工 THEN 管理缺陷	○很可能 √可能 ○一般 ○不太可能 ○非常不可能
T_5	IF 区域管制监督不当 THEN 管理缺陷	○很可能 ○可能 √一般 ○不太可能 ○非常不可能
T_6	IF 违章组织动火作业 THEN 管理缺陷	○很可能 ○可能 √一般 ○不太可能 ○非常不可能
T_7	IF 未制定有效防火措施 THEN 管理缺陷	○很可能 ○可能 √一般 ○不太可能 ○非常不可能
T_8	IF 未制定有效的动火作业规程 THEN 管理缺陷	○很可能 ○可能 √一般 ○不太可能 ○非常不可能
T_9	IF 动火作业前未正确进行可燃气体检测 THEN 危险化学品暴露	√很可能 ○可能 ○一般 ○不太可能 ○非常不可能
T_{10}	IF 动火作业未有效吹扫、置换、清理物料 THEN 危险化学品暴露	√很可能 ○可能 ○一般 ○不太可能 ○非常不可能
T_{11}	IF 作业点未与生产系统有效隔离，如阀门、盲板等隔断措施 THEN 危险化学品暴露	○很可能 √可能 ○一般 ○不太可能 ○非常不可能
T_{12}	IF 动火作业前未正确完成安全检查工作 THEN 危险化学品暴露	√很可能 ○可能 ○一般 ○不太可能 ○非常不可能

续表

符号	内容	评语
T_{13}	IF 动火点周围存在爆炸性混合物或危险化学品 THEN 危险化学品暴露	○很可能 ○可能 ○一般 √不太可能 ○非常不可能
T_{14}	IF 设备失效(如阀门内漏、开裂等)造成爆炸性气体泄漏 THEN 危险化学品暴露	○很可能 √可能 ○一般 ○不太可能 ○非常不可能
T_{15}	IF 容器内残余物料挥发或发生化学反应,与空气混合形成爆炸性混合物 THEN 危险化学品暴露	√很可能 ○可能 ○一般 ○不太可能 ○非常不可能
T_{16}	IF 工艺设计不合理,如无截断装置、隔离失效等 THEN 危险化学品暴露	○很可能 ○可能 ○一般 √不太可能 ○非常不可能
T_{17}	IF 动火作业前未对现场进行有效的防火措施或隔离手段 THEN 其他可燃物暴露	○很可能 √可能 ○一般 ○不太可能 ○非常不可能
T_{18}	IF 周围环境存在大量易燃物质 THEN 其他可燃物暴露	○很可能 ○可能 √一般 ○不太可能 ○非常不可能
T_{19}	IF 周围环境通风不善 THEN 其他可燃物暴露	○很可能 ○可能 ○一般 √不太可能 ○非常不可能
T_{20}	IF 动火作业工具错误操作 THEN 点火源失控	○很可能 ○可能 √一般 ○不太可能 ○非常不可能
T_{21}	IF 动火设备故障 THEN 点火源失控	√很可能 ○可能 ○一般 ○不太可能 ○非常不可能
T_{22}	IF 现场交叉作业管理不当 THEN 点火源失控	○很可能 √可能 ○一般 ○不太可能 ○非常不可能
T_{23}	IF 作业人员行为不安全 THEN 作业现场存在作业风险	√很可能 ○可能 ○一般 ○不太可能 ○非常不可能
T_{24}	IF 管理缺陷 THEN 作业现场存在作业风险	√很可能 ○可能 ○一般 ○不太可能 ○非常不可能
T_{25}	IF 危险化学品暴露 THEN 可燃物暴露	√很可能 ○可能 ○一般 ○不太可能 ○非常不可能
T_{26}	IF 其他可燃物暴露 THEN 可燃物暴露	○很可能 √可能 ○一般 ○不太可能 ○非常不可能
T_{27}	IF 点火源失控 AND 可燃物暴露 THEN 火灾爆炸威胁	√很可能 ○可能 ○一般 ○不太可能 ○非常不可能

续表

符号	内容	评语
T_{28}	IF 作业现场存在作业风险 AND 火灾爆炸威胁 THEN 动火作业事故	√很可能 ○可能 ○一般 ○不太可能 ○非常不可能
T_{29}	IF 动火作业事故 AND 检测型措施成功 AND 控制型措施成功 THEN 事故未遂	√很可能 ○可能 ○一般 ○不太可能 ○非常不可能
T_{30}	IF 动火作业事故 AND 检测型措施失效 THEN 火灾爆炸	○很可能 ○可能 √一般 ○不太可能 ○非常不可能
T_{31}	IF 动火作业事故 AND 检测型措施成功 AND 控制型措施失效 THEN 人员伤亡及设备损坏	√很可能 ○可能 ○一般 ○不太可能 ○非常不可能
T_{32}	IF 忽视报警 THEN 检测型措施失效	○很可能 √可能 ○一般 ○不太可能 ○非常不可能
T_{33}	IF 气体探测、火灾报警装备不可靠 THEN 检测型措施失效	○很可能 √可能 ○一般 ○不太可能 ○非常不可能
T_{34}	IF 火灾报警装置设计不合理 AND 火灾报警装置安装不可靠 AND 火灾报警装置使用不当 AND 火灾报警装置维护不当 THEN 气体探测、火灾报警装备不可靠	√很可能 ○可能 ○一般 ○不太可能 ○非常不可能
T_{35}	IF 设备紧急关停装置故障 THEN 控制型措施失效	√很可能 ○可能 ○一般 ○不太可能 ○非常不可能
T_{36}	IF 现场消防设施失效 THEN 控制型措施失效	√很可能 ○可能 ○一般 ○不太可能 ○非常不可能
T_{37}	IF 事故应急处置不当 THEN 控制型措施失效	√很可能 ○可能 ○一般 ○不太可能 ○非常不可能
T_{38}	IF 设备通信故障 AND 设备维护不当 THEN 设备紧急关停装置故障	○很可能 √可能 ○一般 ○不太可能 ○非常不可能
T_{39}	IF 现场消防设备质量差 AND 消防设备未定期检修维护 THEN 现场消防设施失效	√很可能 ○可能 ○一般 ○不太可能 ○非常不可能
T_{40}	IF 人员培训不到位 AND 应急资源不足 AND 应急指挥不当 THEN 事故应急处置不当	√很可能 ○可能 ○一般 ○不太可能 ○非常不可能

附录 D 数据拟合代码

```
x2= [0.183
0.233
0.313
0.352
0.398
0.463
0.490
0.537
0.556
0.575
0.602
0.648
0.675
0.676
0.688
0.750 ];
y2= [0.030
0.045
0.052
0.101
0.060
0.104
0.164
0.120
0.224
0.149
0.261
0.157
0.216
0.157
0.157
0.209 ];
plot (x2, y2, 'or');
hold on;
X=min (x2): .1: max (x2);
Y=interpl (x2, y2, X, 'pchip');
plot (X, Y);
hold off
```

参考文献

[1] 国家能源局．中国天然气发展报告（2021）［R/OL］．（2021-08-21）［2025-01-23］．http：//www. nea. gov. cn/2021-08/21/c _ 1310139334. htm.

[2] 国家发展改革委，国家能源局．“十四五”现代能源体系规划［R/OL］．（2022-01-29）［2025-02-06］．https：//www. ndrc. gov. cn/xxgk/zcfb/ghwb/202203/P020220322582066837126. pdf.

[3] 王震，孔盈皓，李伟．“碳中和”背景下中国天然气产业发展综述［J］．天然气工业，2021，41（8）：194-202.

[4] 吴全，王勋，张玲．奥地利鲍姆加滕天然气枢纽站事故浅析［J］．国际石油经济，2018，26（03）：103-107.

[5] 孙艺博，刘佳玮，李威君．基于2GW-HAZOP与偏离度的输气站降压排污作业风险评估［J］．中国安全生产科学技术，2021，17（03）：97-102.

[6] Saleh J H，Haga R A，Favarò F M，et al. Texas City refinery accident：case study in breakdown of defense-in-depth and violation of the safety-diagnosability principle in design［J］. Engineering Failure Analysis，2014，36：121-133.

[7] Kalantarnia M，Khan F，Hawboldt K. Modelling of BP Texas City refinery accident using dynamic risk assessment approach［J］. Process Safety and Environmental Protection，2010，88（3）：191-199.

[8] Duguid I M. Analysis of past incidents in the oil，chemical and petrochemical industries［C］. Rugby：Loss Prevention Bulletin，Institution of Chemical Engineers，1998.

[9] 胡威武．钢铁企业非常规作业安全管理分析［C］．青岛：2011年全国冶金安全环保学术交流会，2011.

[10] Shin I J. Loss prevention at the startup stage in process safety management：from distributed cognition perspective with an accident case study［J］. Journal of Loss Prevention in the Process Industries，2014，27（1）：99-113.

[11] Rasmussen B. Chemical process hazard identification［M］. Great Britain：Elsevier Science Publishers Ltd，1989.

[12] Bridges W，Clark T. How to efficiently perform the hazard evaluation (PHA) required for non-routine modes of operation（startup，shutdown，online maintenance［C］. Chicago：7th Global Congress on Process Safety，AIChE，2011.

[13] 王浩水．过程安全管理在我国化工行业推广应用的思考［J］．安全、健康和环境，2018，18（11）：1-5.

[14] Malmén Y，Nissilä M，Virolainen K，et al. Process chemicals-an ever present concern during plant shutdowns［J］. Journal of Loss Prevention in the Process Industries，2010，23（2）：249-252.

[15] Bajcar T，Cimerman F，Širok B. Model for quantitative risk assessment on naturally ventilated metering-regulation stations for natural gas［J］. Safety Science，2014，64（3）：50-59.

[16] 姚安林，黄亮亮，徐涛龙．基于GO法的输气站场可靠性分析［J］．石油学报，2016，37（05）：688-694.

[17] Zarei E，Azadeh A，Khakzad N，et al. Dynamic safety assessment of natural gas stations using Bayesian Network［J］. Journal of Hazardous Materials，2016，321：830-840.

[18] 曲莎，樊建春，张来斌．改进作业条件分析法在输气站场安全评价中的应用研究［J］．安全与环境学报，2012，12（05）：243-247.

[19] Nikbakht M，Sayyah A，Zulkifli N. Hazard identification and accident analysis on city gate station in natural gas industry［C］. Singapore：International Conference on Environmental Engineering and Applications，2010.

[20] 郑明，姚安林，蒋宏业，等．改进蒙德法在输气站场危险程度评价中的应用［J］．油气储运，2013，32（08）：829-833.

[21] 蒲宏兴．城市配气站场风险区块灰色关联度分析［J］．内蒙古石油化工，2015，41（14）：48-50.

[22] 王清．基于FMEA和FTA的故障诊断技术及其在DEH系统中的应用［D］．北京：华北电力大学，2004.

[23] Single J I，Schmidt J，Denecke J. Ontology-based computer aid for the automation of HAZOP studies［J］. Journal of Loss Prevention in the Process Industries，2020，68：104321.

[24] 王晶，樊运晓，高远．基于HFACS模型的化工事故致因分析［J］．中国安全科学学报，2018，28（09）：81-86.

[25] 傅贵，殷文韬，董继业，等．行为安全“2-4”模型及其在煤矿安全管理中的应用［J］．煤炭学报，2013，38（7）：1123-1129.

[26] Li W, Liang W, Zhang L, et al. Performance assessment system of health, safety and environment based on experts' weights and fuzzy comprehensive evaluation [J]. Journal of Loss Prevention in the Process Industries, 2015, 35: 95-103.

[27] Rasmussen J. Risk management in a dynamic society: a modelling problem [J]. Safety Science, 1997, 27 (2): 183-213.

[28] Leveson N. A new accident model for engineering safer systems [J]. Safety Science, 2004, 42 (4): 237-270.

[29] Venkatasubramanian V, Zhang Z. TeCSMART: A hierarchical framework for modeling and analyzing systemic risk in sociotechnical systems [J]. AIChE Journal, 2016, 62 (9): 3065-3084.

[30] Wu J, Zhang L B, Liang W. A novel failure mode analysis model for gathering system based on Multilevel Flow Modeling and HAZOP [J]. Process Safety and Environmental Protection, 2013, 91 (1-2): 54-60.

[31] Denning R S, Budnitz R J. Impact of probabilistic risk assessment and severe accident research in reducing reactor risk [J]. Progress in Nuclear Energy, 2018, 102: 90-102.

[32] Villa V, Paltrinieri N, Khan F, et al. Towards dynamic risk analysis: A review of the risk assessment approach and its limitations in the chemical process industry [J]. Safety Science, 2016, 89: 77-93.

[33] Ale B, Gulijk C, Hanea A, et al. Towards BBN based risk modelling of process plants [J]. Safety Science, 2014, 69: 48-56.

[34] Cameron I, Mannan S, Németh E, et al. Process Hazard analysis, hazard identification and scenario definition: are the conventional tools sufficient, or should and can we do much better? [J]. Process Safety and Environmental Protection, 2017, 110: 53-70.

[35] Milazzo M F, Aven T. An extended risk assessment approach for chemical plants applied to a study related to pipe ruptures [J]. Reliability Engineering and System Safety, 2012, 99: 183-192.

[36] Abdo H, Flaus J M, Masse F. Uncertainty quantification in risk assessment - representation, propagation and treatment approaches: Application to atmospheric dispersion modeling [J]. Journal of Loss Prevention in the Process Industries, 2017, 49B: 551-571.

[37] Peña A, Bonet I, Lochmuller C, et al. Flexible inverse adaptive fuzzy inference model to identify the evolution of operational value at risk for improving operational risk management [J]. Applied Soft Computing, 2018, 65: 614-631.

[38] Zio E. The future of risk assessment [J]. Reliability Engineering and System Safety, 2018, 177: 176-190.

[39] 盛洪飞. 天然气生产企业非常规作业活动安全风险管控研究 [D]. 天津: 天津理工大学, 2018.

[40] Ostrowski S W, Keim K K. Tame your transient operations: Use a special method to identify and address potential hazards [J]. Chemical Process, 2010, 73 (7): 28-33.

[41] Casal A, Olsen H. Operational risks in QRAS [J]. Chemical Engineering Transactions, 2016, 48: 589-594.

[42] Jain P, Rogers W J, Pasman H J, et al. A resilience-based integrated process systems hazard analysis (RIPSHA) approach: PART Ⅰ plant system layer [J]. Process Safety and Environmental Protection, 2018, 116: 92-105.

[43] Center for Chemical Process Safety. Guidelines for process safety during the transient operating mode: reducing the risks during start-ups and shut-downs [M]. Hoboken: John Wiley & Sons, 2020.

[44] 杨丽华. 基于 BBS-JHA-HAZOP 方法的企业安全操作规程研究与应用 [D]. 天津: 天津理工大学, 2024.

[45] 周沾白. 浅谈安全生产风险管理体系在县级供电企业的应用 [J]. 机电信息, 2013 (24): 171-172.

[46] Chemical Safety and Hazard Investigation Board. BP America (Texas City) refinery explosion [R/OL]. (2007-03-20) [2025-01-23]. https: //www. csb. gov/bp-america-texas-city-refinery-explosion/.

[47] Shallcross D C. Using concept maps to assess learning of safety case studies - the Piper Alpha disaster [J]. Education for Chemical Engineers, 2013, 8 (1): 1-11.

[48] Duno J, Fthenakis V, Vilchez J A, et al. Hazard and operability (HAZOP) analysis: a literature review [J]. Journal of Hazardous Materials, 2010, 173 (1): 19-32.

[49] Tanjin Amin M, Khan F, Amyotte P. A bibliometric review of process safety and risk analysis [J]. Process Safety and Environmental Protection, 2019, 126: 366-381.

[50] 田水承．第三类危险源辨识与控制研究 [D]．北京：北京理工大学，2001.

[51] 傅贵，陈奕燃，许素睿，等．事故致因“2-4”模型的内涵解析及第 6 版的研究 [J]．中国安全科学学报，2022，32 (01)：12-19.

[52] Elvik R . Laws of accident causation [J] . Accident Analysis & Prevention，2006，38 (4)：742-747.

[53] Reason J. Human error：models and management [J] . British Medical Journal，2000，320：768 - 770.

[54] 李威君．风险动态评估理论与方法研究及其在天然气站场的应用 [D]．北京：中国石油大学（北京)，2017.

[55] Venkatasubramanian V. Systemic failures：challenges and opportunities in risk management in complex systems [J]. AIChE Journal，2011，57 (1)：2 - 9.

[56] Dulac N. A framework for dynamic safety and risk management modeling in complex engineering systems [D]. Boston：Massachusetts Institute of Technology，2007.

[57] Miller C O. Investigating the management factors in an airline accident [J] . Flight Safety Digest，1991，10 (5)：1-15.

[58] Irani Z，Sharif A M，Love P E. Transforming failure into success through organizational learning：an analysis of a manufacturing information system [J] . European Journal of Information Systems，2001，10 (1)：55-66.

[59] Lu W，Liao T. Preliminary discussion on strengthening safety management of urban metro equipment based on 5M1E factors：advances in industrial engineering，information and water resources [M] . Southampton：WIT Press，2013.

[60] Debrincat J，Bil C，Clark G. Assessing organisational factors in aircraft accidents using a hybrid Reason and AcciMap model [J] . Engineering Failure Analysis，2013，27：52-60.

[61] Hata A，Araki K，Kusakabe S，et al. Using hazard analysis STAMP/STPA in developing model-oriented formal specification toward reliable cloud service [C] . South Korea：Platform Technology and Service，2015.

[62] Goh Y M，Brown H，Spickett J. Applying systems thinking concepts in the analysis of major incidents and safety culture [J] . Safety Science，2010，48 (3)：302-309.

[63] Rasmussen J. Risk management in a dynamic society：a modelling problem [J] . Safety Science，1997，27 (2)：183-213.

[64] Edwards E. Man and machine：systems for safety [C] . London：British Pilots Association，1972.

[65] Harris D. The influence of human factors on operational efficiency [J] . Aircraft Engineering And Aerospace Technology，2006，78 (1)：20-25.

[66] Waring A. Managerial and non-technical factors in the development of human-created disasters：a review and research agenda [J] . Safety Science，2015，79：254-267.

[67] Wahlström B，Rollenhagen C. Safety management - a multi-level control problem [J] . Safety Science，2014，69 (1)：3-17

[68] Leveson N. A new accident model for engineering safer systems [J] . Safety Science，2004，42 (4)：237-270.

[69] Long S，Dhillon B S. Proceedings of the 13th international conference on man-machine-environment system engineering [C] . Berlin：Springer Berlin Heidelberg，2015.

[70] 姚有利．基于分岔理论的人-机-环煤矿安全系统的混沌调控 [J]．中国安全科学学报，2010，20 (3)：97-101.

[71] 梁伟，李威君，张来斌，等．基于 IVM-AHP 的人-机-环耦合系统应急救援脆弱性分析 [J]．安全与环境工程，2015，22 (2)：84-87.

[72] Federal Aviation Administration. FAA system safety handbook：operational risk management [M] . Washington：Federal Aviation Administration，2000.

[73] Everdij M H C，Scholte J J. Unified framework for FAA risk assessment and risk management toolset of methods for safety risk management [R] . Federal Aviation Administration，2013.

[74] Luo X，Zhao S，Zeng X，et al. Research on fatigue risk management of airport staff [C] . Berlin：Springer Berlin Heidelberg，2014.

[75] Wiegmann D A，Shappell S A. A human error approach to aviation accident analysis：the human factors analysis and classification system [M] . Hampshire：Ashgate Publishing Ltd，2012.

[76] Shappell S, Detwiler C, Holcomb K, et al. Human error and commercial aviation accidents: an analysis using the human factors analysis and classification system [J]. Human Factors, 2007, 49 (2): 227-242.

[77] Lenné M G, Salmon P M, Liu C C, et al. A systems approach to accident causation in mining: an application of the HFACS method [J]. Accident Analysis & Prevention, 2012, 48: 111-117.

[78] 傅贵，索晓，孙世梅. HFACS的细节层级元素在24Model中的对应研究 [J]. 中国安全科学学报，2016，26 (10): 1-6.

[79] Miller C O. The Role of Systems Safety in Aerospace Management [C]. Los Angeles: University of Southern California, 1967.

[80] Irani Z, Sharif A M, Love P E D. Transforming failure into success through organisational learning: an analysis of a manufacturing information system [J]. European Journal of Information Systems, 2001, 10 (1): 55-66.

[81] Kozuba J. The role of the human factor in maintaining the desired level of air mission execution safety [C]. Brasov: International conference of scientific paper AFASES, 2013.

[82] Baker J, Bowman F, Erwin G, et al. The Report of the BP US Refineries Independent Safety Review Panel [R]. BP US Refineries Independent Safety Review Panel, 2007.

[83] Rasmussen J. Risk management in a dynamic society: a modelling problem [J]. Safety Science, 1997, 27 (2): 183-213.

[84] Cassano-piche A L, Vicente K J, Jamieson G A. A test of Rasmussen's risk management framework in the food safety domain: BSE in the UK [J]. Theoretical Issues in Ergonomics Science, 2009, 10 (4): 283-304.

[85] Salmon P M, Cornelissen M, Trotter M J. Systems-based accident analysis methods: A comparison of Accimap, HFACS, and STAMP [J]. Safety Science, 2012, 50 (4): 1158-1170.

[86] 刘金涛. 基于STPA的需求阶段的高速列车运行控制系统安全分析方法研究 [D]. 北京：北京交通大学，2015.

[87] Venkatasubramanian V, Luo Y, Zhang Z. Control of complex sociotechnical systems: importance of causal models and game theory [J]. Computers & Chemical Engineering: An International Journal of Computer Applications in Chemical Engineering, 2019, 123: 1-11.

[88] Ergai A, Cohen T, Sharp J, et al. Assessment of the human factors analysis and classification system (HFACS): intra-rater and inter-rater reliability [J]. Safety Science, 2016, 82: 393-398.

[89] Herrera I A, Woltjer R. Comparing a multi-linear (STEP) and systemic (FRAM) method for accident analysis [J]. Reliability Engineering & System Safety, 2010, 95 (12): 1269-75.

[90] Venkatasubramanian V. Prognostic and diagnostic monitoring of complex systems for product lifecycle management: challenges and opportunities [J]. Computers & Chemical Engineering, 2005, 29 (6): 1253-1263.

[91] Raben D C, Viskum B, Mikkelsen K L, et al. Application of a non-linear model to understand healthcare processes: using the functional resonance analysis method on a case study of the early detection of sepsis [J]. Reliability Engineering & System Safety, 2018, 177: 1-11.

[92] Carvalho P. The use of functional resonance analysis method (FRAM) in a mid-air collision to understand some characteristics of the air traffic management system resilience [J]. Reliability Engineering & System Safety, 2011, 96 (11): 1482-98.

[93] Anvarifar F, Voorendt M Z, Zevenbergen C, et al. An application of the functional resonance analysis method (FRAM) to risk analysis of multifunctional flood defences in the Netherlands [J]. Reliability Engineering & System Safety, 2017, 158: 130-41.

[94] Raben D C, Bogh S B, Viskum B, et al. Learn from what goes right: a demonstration of a new systematic method for identification of leading indicators in healthcare [J]. Reliability Engineering & System Safety, 2018, 169: 187-198.

[95] De V L. Work as done? Understanding the practice of sociotechnical work in the maritime domain [J]. Journal of Cognitive Engineering and Decision Making, 2017, 11: 270-295.

[96] Tian J, Wu J, Yang Q, et al. FRAMA: a safety assessment approach based on functional resonance analysis method [J]. Safety Science, 2016, 85: 41-52.

[97] Lee J, Chung H. A new methodology for accident analysis with human and system interaction based on FRAM: case studies in maritime domain [J] . Safety Science, 2018, 109: 57-66.

[98] Aguilera M V C, Fonseca B B D, Ferris T K, et al. Modelling performance variabilities in oil spill response to improve system resilience [J] . Journal of Loss Prevention in the Process Industries, 2016, 41: 18-30.

[99] Rosa L V, Haddad A N, Carvalho P V. Assessing risk in sustainable construction using the functional resonance analysis method (FRAM) [J] . Cognition, Technology & Work, 2015, 17 (4): 1-15.

[100] Patriarca R, Bergström J. Modelling complexity in everyday operations: functional resonance in maritime mooring at quay [J] . Cognition, Technology & Work, 2017, 19 (4): 711-729.

[101] Patriarca R, Bergström J, Gravio G D. Defining the functional resonance analysis space: combining abstraction hierarchy and FRAM [J] . Reliability Engineering & System Safety, 2017, 165: 34-46.

[102] Patriarca R, Gravio G D, Costantino F. A monte carlo evolution of the functional resonance analysis method (FRAM) to assess performance variability in complex systems [J] . Safety Science, 2017, 91: 49-60.

[103] Yang Q, Tian J, Zhao T. Safety is an emergent property: illustrating functional resonance in air traffic management with formal verification [J] . Safety Science, 2017, 93: 162-77.

[104] 王仲 . 功能共振分析方法在事故分析中的改进应用 [D] . 北京: 中国地质大学 (北京), 2017.

[105] Hollnagel E. FRAM: the functional resonance analysis method [M] . Hampshire: Ashgate Publishing Ltd, 2012.

[106] Rasmussen J. The role of hierarchical knowledge representation in decision making and system management [J]. IEEE Transactions on Systems, Man, and Cybernetics, 1985, 15 (2): 234-243.

[107] Li W, Zhang L, Liang W. An accident causation analysis and taxonomy (ACAT) model of complex industrial system from both system safety and control theory perspectives [J] . Safety Science, 2017, 92: 94-103.

[108] Li W, He M, Sun Y, et al. A proactive operational risk identification and analysis framework based on the integration of ACAT and FRAM [J] . Reliability Engineering and System Safety, 2019, 186: 101-109.

[109] Li Z, Zhang H, Tan D, et al. A novel acoustic emission detection module for leakage recognition in a gas pipeline valve [J] . Process Safety and Environmental Protection, 2017, 105: 32-40.

[110] 王刚, 徐长航, 陈国明 . 基于工作安全分析和风险矩阵法的自升式平台拖航作业风险评估 [J] . 中国安全生产科学技术, 2013, 9 (10): 109-114.

[111] Heinrich H W. Industrial accident prevention [M] . New York: McGraw-Hill, 1931.

[112] Rozenfeld O, Sacks R, Rosenfeld Y, et al. Construction job safety analysis [J] . Safety Science, 2010, 48 (4): 491-498.

[113] 李凯, 张贤波 . 工作安全分析法在游梁抽油机安装中的应用 [J] . 劳动保护, 2012 (1): 98-100.

[114] Ramsay J, Denny F, Szirotnyak K, et al. Identifying nursing hazards in the emergency department: a new approach to nursing job hazard analysis [J] . Journal of Safety Research, 2006, 37 (1): 63-74.

[115] Zangoui A, Yousefi H, Jafari H. Evaluation of the role and importance of job safety analysis in improving safety of Iranian seaports [J] . Journal of Social Issues and Humanities, 2014, 2 (11): 56-51.

[116] Glenn D D. Job safety analysis: its role today [J] . Professional Safety, 2011, 56 (03): 48-57.

[117] 赵强, 李景群, 田建军, 等 . 工作安全分析在钻井作业现场的应用 [J] . 安全与环境工程, 2010, 17 (1): 99-102, 106.

[118] 王燕 . 基于过程-知识管理的起下钻作业风险评价研究 [D] . 东营: 中国石油大学 (华东), 2008.

[119] 牟崇伦 . 欠平衡钻井作业风险识别与评价 [D] . 大庆: 东北石油大学, 2012.

[120] 缴焕捷 . 基于 HAZOP 分析的码头流体装卸工艺安全管理 [D] . 天津: 天津理工大学, 2015.

[121] 李红权, 马超群 . 风险的频度、累积性及与 Hurst 指数关系的研究 [J] . 系统工程, 2005, 23 (2): 82-85.

[122] 朱启超, 匡兴华, 沈永平 . 风险矩阵方法与应用述评 [J] . 中国工程科学, 2003, 5 (1): 89-94.

[123] Ni H, Chen A, Chen N. Some extensions on risk matrix approach [J] . Safety Science, 2010, 48 (10): 1269-1278.

[124] Markowski A S, Mannan M S. Fuzzy risk matrix [J] . Journal of Hazardous Materials, 2008, 159 (1): 152-157.

[125] Roughton J, Crutchfield N. Job hazard analysis: A guide for voluntary compliance and beyond [M] . Burlington:

Butterworth-Heinemann, 2011.

[126] Marhavilas P K, Koulouriotis D E. A risk-estimation methodological framework using quantitative assessment techniques and real accidents' data: application in an aluminum extrusion industry [J]. Journal of Loss Prevention in the Process Industries, 2008, 21 (6): 596-603.

[127] 阮欣，尹志逸，陈艾荣．风险矩阵评估方法研究与工程应用综述 [J]．同济大学学报（自然科学版），2013，41 (3): 381-385.

[128] Aven T. Risk analysis [M]. Hoboken: John Wiley & Sons, 2015.

[129] Mine Safety and Health Administration. The Job safety analysis process: a practical approach [M]. Washington: Department of Labor, 1990.

[130] 韦新，邓天炎，李碧荣．图论模型及其应用 [J]．兰州文理学院学报（自然科学版），2014，28 (04): 38-42.

[131] Venkatasubramanian V, Rengaswamy R, Kavuri S N. A review of process fault detection and diagnosis Part Ⅱ: qualitative models and search strategies [J]. Computers and Chemical Engineering, 2003, 27 (3): 313-326.

[132] 刘鹏鹏，左洪福，苏艳，等．基于图论模型的故障诊断方法研究进展综述 [J]．中国机械工程，2013，24 (5): 696-703.

[133] 车凤勤，乔正凡．往复式压缩机失效事故树分析 [J]．石油工程建设，2010 (3): 92-96.

[134] Yevkin O. An efficient approximate Markov chain method in dynamic fault tree analysis [J]. Quality and Reliability Engineering International, 2015, 32 (4): 1509-1520.

[135] Li Y F, Mi J, Liu Y, et al. Dynamic fault tree analysis based on continuous-time Bayesian networks under fuzzy numbers [J]. Proceedings of the Institution of Mechanical Engineers, 2015, 229 (6): 530-541.

[136] 刘敏华．基于 SDG 模型的故障诊断及应用研究 [D]．北京：清华大学，2005.

[137] Vedam H, Venkatasubramanian V. PCA-SDG based process monitoring and fault diagnosis [J]. Control Engineering Practice, 1999, 7 (7): 903-917.

[138] Tarifa E E, Scenna N J. Fault diagnosis for a MSF using a SDG and fuzzy logic [J]. Desalination, 2003, 152: 207-214.

[139] 金灿灿，王海燕，左洪福，等．基于 SDG 和灰色聚类的系统故障风险评估方法 [J]．系统工程理论与实践，2015，35 (4): 1048-1056.

[140] 李秀喜，吉世明．基于半定量 SDG 模型的化工过程故障诊断 [J]．清华大学学报（自然科学版），2012，52 (08): 1112-1115，1129.

[141] Suzuki I. Formal analysis of the alternating bit protocol by temporal Petri nets [J]. IEEE Transactions on Software Engineering, 1990, 16 (11): 1273-1281.

[142] Leveson N G, Stolzy J L. Safety analysis using Petri nets [J]. IEEE Transactions on Software Engineering, 1987 (3): 386-397.

[143] Lee J, Liu K F R, Chiang W. A fuzzy Petri net-based expert system and its application to damage assessment of bridges [J]. IEEE Transactions on Systems, Man, and Cybernetics, 1999, 29 (3): 350-370.

[144] Aybar A, Iftar A. Deadlock avoidance controller design for timed Petri nets using stretching [J]. IEEE Systems Journal, 2008, 2 (2): 178-188.

[145] Grunt O, Briš R. SPN as a tool for risk modeling of fires in process industries [J]. Journal of Loss Prevention in the Process Industries, 2015, 34: 72-81.

[146] Zhou J. Petri net modeling for the emergency response to chemical accidents [J]. Journal of Loss Prevention in the Process Industries, 2013, 26 (4): 766-770.

[147] Bugarin A J, Barro S. Fuzzy reasoning supported by Petri nets [J]. IEEE Transactions on Fuzzy Systems, 1994, 2 (2): 135-150.

[148] Chow T W S, Li J Y. Higher-order Petri net models based on artificial neural networks [J]. Artificial Intelligence, 1997, 92 (1): 289-300.

[149] Gao M, Zhou M C, Tang Y. Intelligent decision making in disassembly process based on fuzzy reasoning Petri nets [J]. IEEE Transactions on Systems, Man, and Cybernetics, 2004, 34 (5): 2029-2034.

[150] Gao M, Zhou M C, Huang X, et al. Fuzzy reasoning Petri nets [J] . IEEE Transactions on Systems, Man, and Cybernetics, 2003, 33 (3): 314-324.

[151] Zhou K Q, Zain A M, Mo L P. A decomposition algorithm of fuzzy petri net using an index function and incidence matrix [J] . Expert Systems with Applications, 2015, 42 (8): 3980-3990.

[152] 陈玉宝，夏继强，邬学礼 . Petri 网模型在故障诊断领域的应用研究 [J] . 中国机械工程, 2000, 11 (12): 1386-1388.

[153] Looney C G, Alfize A A. Logical controls via Boolean rule matrix transformations [J] . IEEE Transactions on Systems, Man, and Cybernetics, 1987, 17 (6): 1077-1082.

[154] 高金吉，王峰，张雪，等 . 化工生产人工误操作危险与可操作性分析研究 [J] . 中国工程科学, 2008, 10 (08): 35-39.

[155] Collins R L. Integrating job safety analysis into process hazard analysis [J] . Process Safety Progress, 2010, 29 (3): 242-246.

[156] Thepaksorn P , Thongjerm S , Incharoen S , et al. Job safety analysis and hazard identification for work accident prevention in para rubber wood sawmills in Southern Thailand [J] . Journal of Occupational Health, 2017, 59 (6): 542-551.

[157] Gopinath V, Johansen K. Risk assessment process for collaborative assembly- a job safety analysis approach [J]. Procedia CIRP, 2016, 44: 199-203.

[158] Mattila M, Hyödynmaa M. Promoting job safety in building: an experiment on the behavior analysis approach [J]. Journal of Occupational Accidents, 1988, 9 (4): 255-267.

[159] Ghasemi F , Doosti-Irani A , Aghaei H . Applications, shortcomings, and new advances of job safety analysis (JSA): findings from a systematic review [J] . Safety and Health at Work, 2023, 14 (2): 153-162.

[160] Swartz G. Job hazard analysis [J] . Professional Safety, 2002, 47 (11): 27-33.

[161] Raveggi F, Mazzetti S, Bolognini M, et al. Job safety analysis as a mean to increase safety awareness and achieve sustainable improvements in safety performance [J] . Chemical Engineering Journal, 2010, 19: 421-425.

[162] Veland H, Aven T. Improving the risk assessments of critical operations to better reflect uncertainties and the unforeseen [J] . Safety Science, 2015, 79: 206-212.

[163] Li W, Zhang L, Liang W Job hazard dynamic assessment for non-routine tasks in gas transmission station [J]. Journal of Loss Prevention in the Process Industries, 2016, 44: 459-464.

[164] Zheng W, Shuai J, Shan K. The energy source based job safety analysis and application in the project [J] . Safety Science, 2017, 93: 9-15.

[165] Zhang Y, Zhang Y, Wen F, et al. A fuzzy Petri net based approach for fault diagnosis in power systems considering temporal constraints [J] . International Journal of Electrical Power and Energy Systems, 2016, 78: 215-224.

[166] Leveson N G, Stolzy J L. Safety analysis using Petri nets [J] . IEEE Transactions on Software Engineering, 1987, 13 (3): 386-397.

[167] Vernez D, Buchs D, Pierrehumbert G. Perspectives in the use of coloured Petri nets for risk analysis and accident modelling [J] . Safety Science, 2003, 41 (5): 445-463.

[168] Wang R, Zheng W, Liang C, et al. An integrated hazard identification method based on the hierarchical colored Petri net [J] . Safety Science, 2016, 88: 166-179.

[169] Talebberrouane M, Khan F, Lounis Z. Availability analysis of safety critical systems using advanced fault tree and stochastic Petri net formalisms [J] . Journal of Loss Prevention in the Process Industries, 2016, 44: 193-203.

[170] Iftar A. Supervisory control of manufacturing systems modeled by timed Petri nets [J] . IFAC-PapersOnLine, 2016, 49 (31): 120-124.

[171] Duan Y, Zhao J, Chen J, et al. A risk matrix analysis method based on potential risk influence: a case study on cryogenic liquid hydrogen filling system [J] . Process Safety and Environmental Protection, 2016, 102: 277-287.

[172] Aven T. On how to define, understand and describe risk [J] . Reliability Engineering & System Safety, 2010, 95 (6): 623-631.

[173] Xin P, Khan F, Ahmed S. Dynamic hazard identification and scenario map-ping using bayesian network [J]. Process Safety and Environmental Protection, 2017, 105: 143-155.

[174] Khan F, Rathnayaka S, Ahmed S. Methods and models in process safety and risk management: past, present and future [J] . Process Safety and Environmental Protection, 2015, 98: 116-147.

[175] Mohsen S Y, Salman T G, Nasrin A, et al. Development of a novel electrical industry safety risk index (EISRI) in the electricity power distribution industry based on fuzzy analytic hierarchy process (FAHP) [J] . Heliyon, 2023, 9 (2): 13155.

[176] Kister H Z. Difficulties during start-up, shutdown, commissioning, and abnormal operation: number 4 on the top 10 malfunctions [M] . Hoboken: John Wiley & Sons Inc, 2010.

[177] Herrera M A D L O, Luna A S, Costa A C A D, et al. A structural approach to the HAZOP - hazard and operability technique in the biopharmaceutical industry [J] . Journal of Loss Prevention in the Process Industries, 2015, 35: 1-11.

[178] Baybutt P. A critique of the hazard and operability (HAZOP) study [J] . Journal of Loss Prevention in the Process Industries, 2015, 33 (7): 52-58.

[179] Srinivasan R, Venkatasubramanian V. Petri net-Digraph models for automating HAZOP analysis of batch process plants [J] . Computers & Chemical Engineering, 1996, 20 (S1): 719-725.

[180] Viegas R, Mota F, Costa A, et al. A multi-criteria-based hazard and operability analysis for process safety [J]. Process Safety and Environmental Protection, 2020, 144: 310-321.

[181] Marhavilas P, Filippidis M, Koulinas G, et al. An expanded HAZOP-study with fuzzy-AHP (XPA-HAZOP technique): application in a sour crude-oil processing plant [J] . Safety Science, 2020, 124: 104590.

[182] Durukan O , Akyuz E , Destanolu O , et al. Quantitive HAZOP and D-S evidence theory-fault tree analysis approach to predict fire and explosion risk in inert gas system on-board tanker ship [J] . Ocean Engineering, 2024, 308: 118274.

[183] Vaidhyanathan R, Venkatasubramanian V. A semi-quantitative reasoning methodology for filtering and ranking HAZOP results in HAZOPExpert [J] . Reliability Engineering & System Safety, 1996, 53 (2): 185-203.

[184] Cui L, Zhao J, Qiu T, et al. Layered digraph model for HAZOP analysis of chemical processes [J] . Process Safety Progress, 2008, 27 (4): 293-305.

[185] Cui L, Zhao J, Zhang R. The integration of HAZOP expert system and piping and instrumentation diagrams [J]. Process Safety & Environmental Protection, 2010, 88 (5): 327-334.

[186] Cagno E, Caron F, Mancini M, Risk analysis in plant commissioning: the multilevel HAZOP [J] . Reliability Engineering & System Safety, 2002, 77 (3): 309-323.

[187] 周帅，施富强，柴俭 . HAZOP-偏离度在铁路安全风险分析中的应用 [J] . 中国安全科学学报，2014，24 (8): 92-96.

[188] 洪雷，高建勋，苗建敏，等 . 基于改进 JHA 法的原油储罐大修作业风险分析 [J] . 能源研究与管理，2022，14 (04): 151-155.

[189] Mattila M, Hyödynmaa M. Promoting job safety in building: an experiment on the behavior analysis approach [J]. Journal of Occupational Accidents, 1988, 9 (4): 255-267.

[190] Zangoui A , Yousefi H , Jafari H. Evaluation of the role and importance of job safety analysis in improving safety of Iranian seaports [J] . Journal of Social Issues & Humanities, 2014, 2 (11): 56-61.

[191] Rozenfeld O, Sacks R, Rosenfeld Y, et al. Construction job safety analysis [J] . Safety Science, 2010, 48 (4): 491-498.

[192] Colin M. Incident prevention tools-incident investigations and pre-job safety analyses [J] . International Journal of Mining Science and Technology, 2017, 27 (04): 635-640.

[193] Albrechtsen E, Solberg I, Svensli E. The application and benefits of job safety analysis [J] . Safety Science, 2019, 113: 425-437.

[194] Aven T. Risk analysis [M] . Hoboken: John Wiley & Sons, 2015.

[195] Chandrasekaran S. Health, safety, and environmental management in offshore and petroleum engineering [M]. Hoboken: John Wiley & Sons, 2016.

[196] Li W, Sun Y, Cao Q, et al. A proactive process risk assessment approach based on job hazard analysis and resilient engineering [J] . Journal of Loss Prevention in the Process Industries, 2019, 59: 54-62.

[197] Giardina M, Castiglia F, Tomarchio E. Risk assessment of component failure modes and human errors using a new FMECA approach: application in the safety analysis of HDR brachytherapy [J] . Journal of Radiological Protection, 2014, 34 (4): 891-914.

[198] Giardina M, Morale M. Safety study of an LNG regasification plant using an FMECA and HAZOP integrated methodology [J] . Journal of Loss Prevention in the Process Industries, 2015, 35: 35-45.

[199] Garvey P R, Lansdowne Z F. Risk matrix: an approach for identifying, assessing, and ranking program risks [J]. Air Force Journal of Logistics, 1998, 22 (1): 18-21.

[200] Ross A, Sherriff A, Kidd J , et al. A systems approach using the functional resonance analysis method to support fluoride varnish application for children attending general dental practice [J] . Applied Ergonomics, 2018, 68: 294-303.

[201] Bridges W, Marshall M. Necessity of performing hazard evaluations (PHAs) of non-normal modes of operation (Startup, shutdown, & online maintenance) [C] . Houston: Process Improvement Institute Inc, 2016.

[202] Gómez C, Sánchez-Silva M, Dueñas-Osorio L. An applied complex systems framework for risk-based decision-making in infrastructure engineering [J] . Structural Safety, 2014, 50: 66-77.

[203] Sujan M , Lounsbury O , Pickup L , et al. What kinds of insights do Safety-Ⅰ and Safety-Ⅱ approaches provide? A critical reflection on the use of SHERPA and FRAM in healthcare [J] . Safety Science, 2024, 173: 106450.

[204] Wu J, Xu S, Zhou R, et al. Scenario analysis of mine water inrush hazard using Bayesian networks [J] . Safety Science, 2016, 89: 231-239.

[205] Nývlt O, Haugen S, Ferkl L. Complex accident scenarios modelled and analysed by Stochastic Petri Nets [J] . Reliability Engineering & System Safety, 2015, 142: 539-555.

[206] Jamshidi A , Rahimi S A , Ruiz A , et al. Application of FCM for advanced risk assessment of complex and dynamic systems [J] . IFAC PapersOnLine, 2016, 49 (12): 1910-1915.

[207] 王仲．功能共振分析方法在事故分析中的改进应用 [D] ．北京：中国地质大学（北京），2017.

[208] Hu J, Zhang L, Ma L, et al. An integrated method for safety pre-warning of complex system [J] . Safety Science, 2010, 48 (5): 580-597.

[209] 米金华．认知不确定性下复杂系统的可靠性分析与评估 [D] ．成都：电子科技大学，2016.

[210] Mei S, Zarrabi N, Lees M, et al. Complex agent networks: an emerging approach for modeling complex systems [J] . Applied Soft Computing, 2015, 37: 311-321.

[211] Ren Z, Zeng A, Zhang Y. Structure-oriented prediction in complex networks [J] . Physics Reports, 2018, 750: 1-51.

[212] 刘涛，陈忠，陈晓荣．复杂网络理论及其应用研究概述 [J] ．系统工程，2005，23 (06)：1-7.

[213] Gao J, Barzel B, Barabási A L. Universal resilience patterns in complex networks [J] . Nature, 2016, 530 (7590): 307-312.

[214] 先兴平，吴涛．大数据时代网络科学研究进展——多层复杂网络理论 [J] ．产业与科技论坛，2016，15 (19)：80-81.

[215] Ruths J, Ruths D. Control profiles of complex networks [J] . Science, 2014, 343 (6177): 1373-1376.

[216] 杜友田，陈峰，徐文立．基于多层动态贝叶斯网络的人的行为多尺度分析及识别方法 [J] ．自动化学报，2009，35 (3)：225-232.

[217] Lappenschaar M, Hommersom A, Lucas P J, et al. Multilevel Bayesian networks for the analysis of hierarchical health care data [J] . Artificial Intelligence in Medicine, 2013, 57 (3): 171-183.

[218] Meredith C, Noortgate W V D, Struyve C, et al. Information seeking in secondary schools: a multilevel network approach [J] . Social Networks, 2017, 50: 35-45.

[219] Underwood P, Waterson P. Systems thinking, the Swiss Cheese Model and accident analysis: a comparative systemic analysis of the Grayrigg train derailment using the ATSB, AcciMap and STAMP models [J]. Accident Analysis and Prevention, 2014, 68: 75-94.

[220] Salmon P M, Cornelissen M, Trotter M J. Systems-based accident analysis methods: a comparison of Accimap, HFACS, and STAMP [J]. Safety Science, 2012, 50 (4): 1158-1170.

[221] Yu L, Chao W, Yanxi F, et al. Optimization of multi-level safety information cognition (SIC): a new approach to reducing the systematic safety risk [J]. Reliability Engineering & System Safety, 2019, 190: 106497.

[222] Pinto G F A, Thomas J G, Patrick W. Four studies, two methods, one accident - an examination of the reliability and validity of AcciMap and STAMP for accident analysis [J]. Safety Science, 2019, 113: 310-317.

[223] Wu C, Huang L. A new accident causation model based on information flow and its application in Tianjin Port fire and explosion accident [J]. Reliability Engineering & System Safety, 2019, 182: 73-85.

[224] Milch V, Laumann K. Interorganizational complexity and organizational accident risk: a literature review [J]. Safety Science, 2016, 82: 9-17.

[225] 岳希坚,袁永博,张明媛,等. 基于复杂网络理论识别油库关键安全风险因素 [J]. 中国安全科学学报, 2017, 27 (05): 146-151.

[226] 张立荣,冷向明. 协同治理与我国公共危机管理模式创新——基于协同理论的视角 [J]. 华中师范大学学报(人文社会科学版), 2008 (02): 11-19.

[227] 杨健维. 基于模糊 Petri 网的电网故障诊断方法研究 [D]. 成都: 西南交通大学, 2011.

[228] 高梅梅,吴智铭. 模糊推理 Petri 网及其在故障诊断中的应用 [J]. 自动化学报, 2000, 26 (5): 677-680.

[229] 曹辉祥. 输气站场排污系统中排污管冲蚀磨损的数值模拟 [D]. 成都: 西南石油大学, 2018.

[230] Amin M T, Khan F, Ahmed S, et al. A data-driven Bayesian network learning method for process fault diagnosis [J]. Process Safety and Environmental Protection, 2021, 150: 110-122.

[231] Babaleye A O, Kurt R E, Khan F. Hierarchical Bayesian model for failure analysis of offshore wells during decommissioning and abandonment processes [J]. Process Safety and Environmental Protection, 2019, 131: 307-319.

[232] George P G, Renjith V R. Evolution of safety and security risk assessment methodologies to use of Bayesian networks in process industries [J]. Process Safety and Environmental Protection, 2021, 149: 758-775.

[233] Guo C, Khan F, Imtiaz S. Copula-based Bayesian network model for process system risk assessment [J]. Process Safety & Environmental Protection, 2019, 123: 317-326.

[234] Khakzad N, Khan F, Amyotte P. Dynamic safety analysis of process systems by mapping bow-tie into Bayesian network [J]. Process Safety & Environmental Protection, 2013, 91: 46-53.

[235] Wu S, Li B, Zhou Y, et al. Hybrid dynamic Bayesian network method for performance analysis of safety barriers considering multi-maintenance strategies [J]. Engineering Applications of Artificial Intelligence, 2022, 109: 104624.

[236] Wu J, Zhou R, Xu S, et al. Probabilistic analysis of natural gas pipeline network accident based on Bayesian network [J]. Journal of Loss Prevention in the Process Industries, 2017, 46: 126-136.

[237] Leoni L, Bahootoroody A, Abaei M, et al. On hierarchical bayesian based predictive maintenance of autonomous natural gas regulating operations [J]. 2021, 147: 115-124.

[238] Chen C, Khakzad N, Reniers G. Dynamic vulnerability assessment of process plants with respect to vapor cloud explosions [J]. Reliability Engineering & System Safety, 2020, 200: 106934.

[239] Khakzad N. Modeling wildfire spread in wildland-industrial interfaces using dynamic Bayesian network [J]. Reliability Engineering & System Safety, 2019, 189: 165-176.

[240] Song G, Khan F, Yang M, et al. Predictive abnormal events analysis using continuous Bayesian network [J]. ASCE-ASME Journal of Risk and Uncertainty in Engineering Systems, 2017, 3: 1-7.

[241] Wang B, Zhu Z, Wu C, et al. PDE accident model from a safety information perspective and its application to Zhangjiakou fire and explosion accident [J]. Journal of Loss Prevention in the Process Industries, 2020, 68 (1): 104333.

[242] Guo X, Jie J, Khan F, et al. A novel fuzzy dynamic Bayesian network for dynamic risk assessment and uncertainty

propagation quantification in uncertainty environment [J] . Safety Science, 2021, 141: 105285.
[243] Jing L, Tan B, Jiang S. Additive manufacturing industrial adaptability analysis using fuzzy Bayesian network [J]. Computers & Industrial Engineering, 2021, 155: 107216.
[244] Ren J, Jenkinson I, Wang J, et al. An offshore risk analysis method using fuzzy bayesian network [J] . Journal of Offshore Mechanics & Arctic Engineering, 2009, 131 (4): 1-28.
[245] Shahriar A, Sadiq R, Tesfamariam S. Risk analysis for oil & gas pipelines: a sustainability assessment approach using fuzzy based bow-tie analysis [J] . Journal of Loss Prevention in the Process Industries, 2012, 25 (3): 505-523.
[246] Yazdi M, Kabir S. A fuzzy Bayesian network approach for risk analysis in process industries [J] . Process Safety and Environmental Protection, 2017, 111: 507-519.
[247] Zarei E, Azadeh A, Khakzad N, et al. Dynamic safety assessment of natural gas stations using Bayesian network [J] . Journal of Hazardous Materials, 2017, 321: 830-840.
[248] Wang G, Xu C, Li D. Generic normal cloud model [J] . Information Sciences, 2014, 280: 1-15.
[249] Li D, Liu C, Gan W. A new cognitive model: cloud model [J] . International Journal of Intelligent Systems, 2009, 24 (3): 357-375.
[250] Liu W, Zhu J. A multistage decision-making method for multi-source information with Shapley optimization based on normal cloud models [J] . Applied Soft Computing, 2021, 111: 107716.
[251] Xie S, Dong S, Chen Y, et al. A novel risk evaluation method for fire and explosion accidents in oil depots using bow-tie analysis and risk matrix analysis method based on cloud model theory [J] . Reliability Engineering & System Safety, 2021, 215 (1): 107791.
[252] Borst M V D, Schoonakker H. An overview of PSA importance measures [J] . Reliability Engineering & System Safety, 2001, 72 (3): 241-245.
[253] George P G , Renjith V R . Evolution of safety and security risk assessment methodologies to use of bayesian networks in process industries [J] . Process Safety and Environmental Protection, 2021, 149, 758-775.
[254] Hao M , Nie Y. Hazard identification, risk assessment and management of industrial system: process safety in mining industry [J] . Safety Science, 2022, 154: 105863.
[255] Bastian M, Heymann S, Jacomy M. Gephi: an open source software for exploring and manipulating networks [C]. California: Association for the Advancement of Artificial Intelligence, 2009.
[256] Guo X, Zhang L, Liang W, et al. Risk identification of third-party damage on oil and gas pipelines through the Bayesian network [J] . Journal of Loss Prevention in the Process Industries, 2018, 54: 163-178.
[257] Antão P, Soares C G. Analysis of the influence of human errors on the occurrence of coastal ship accidents in different wave conditions using Bayesian belief networks [J] . Accident Analysis & Prevention, 2019, 133: 105262.
[258] Nganga A, Scanlan J, Lützhöft M. Enabling cyber resilient shipping through maritime security operation center adoption: a human factors perspective [J] . Applied Ergonomics, 2024, 119: 104312.
[259] Ramezani A, Nazari T, Rabiee A, et al. Human error probability quantification for NPP post-accident analysis using Cognitive-Based THERP method [J] . Progress in Nuclear Energy, 2020, 123: 103281.
[260] Fu G, Xie X, Jia Q, et al. Accidents analysis and prevention of coal and gas outburst: understanding human errors in accidents [J] . Process Safety and Environmental Protection, 2019, 134: 47-82.
[261] Hagelsteen M, Becker P. Systemic problems of capacity development for disaster risk reduction in a complex, uncertain, dynamic, and ambiguous world [J] . International Journal of Disaster Risk Reduction, 2019, 36: 101102.
[262] Ramsay C G, Bolsover A J, Jones R H, et al. Quantitative risk assessment applied to offshore process installations. Challenges after the piper alpha disaster [J] . Journal of Loss Prevention in the Process Industries, 1994, 7 (4): 317-330.
[263] Jasanoff S. Learning from disaster: risk management after Bhopal [M] . Philadelphia: Pennsylvania Press, 1994.
[264] Florianne C, Richart V, Efraín Q, et al. A resilience index for process safety analysis [J] . Journal of Loss Pre-

vention in the Process Industries, 2017, 50: 184-189.

[265] Hollnagel E, Wears R L, Braithwaite J. From Safety-Ⅰ to Safety-Ⅱ: a white paper [M]. Denmark: University of Southern Denmark, 2015.

[266] Azadeh A, Asadzadeh S, Tanhaeean M. A consensus-based AHP for improved assessment of resilience engineering in maintenance organizations [J]. Journal of Loss Prevention in the Process Industries, 2017, 47: 151-160.

[267] Hosseini S, Barker K, Ramirez-Marquez J E. A review of definitions and measures of system resilience [J]. Reliability Engineering & System Safety, 2016, 145: 47-61.

[268] Riccardo P, Johan B, Giulio D G, et al. Resilience engineering: current status of the research and future challenges [J]. Safety Science, 2018, 102: 79-100.

[269] Bellamy L J, Chambon M, Guldener V V. Getting resilience into safety programs using simple tools - a research background and practical implementation [J]. Reliability Engineering & System Safety, 2017, 172: 171-184.

[270] Hollnagel E. Resilience engineering: a new understanding of safety [J]. Journal of the Ergonomics Society of Korea, 2016, 35 (3): 185-191.

[271] Azadeh A, Salehi V, Arvan M, et al. Assessment of resilience engineering factors in high-risk environments by fuzzy cognitive maps: a petrochemical plant [J]. Safety Science, 2014, 68: 99-107.

[272] Hollnagel E, Woods D D, Leveson N G. Resilience engineering: concepts and precepts [M]. Farnham: Ashgate Publishing, 2006.

[273] Woods D D, Wreathall J. Managing risk proactively: the emergence of resilience engineering [D]. Columbus: Ohio University, 2003.

[274] Park J, Seager T P, Rao P S C, et al. Integrating risk and resilience approaches to catastrophe management in engineering systems [J]. Risk Analysis, 2013, 33 (3): 356-367.

[275] Aven T. On some recent definitions and analysis frameworks for risk, vulnerability, and resilience [J]. Risk Analysis, 2011, 31 (4): 515-522.

[276] Steen R, Aven T. A risk perspective suitable for resilience engineering [J]. Safety Science, 2011, 49 (2): 292-297.

[277] Matthews E C, Sattler M, Friedland C J. A critical analysis of hazard resilience measures within sustainability assessment frameworks [J]. Environmental Impact Assessment Review, 2014, 49: 59-69.

[278] Provan D J, Woods D D, Dekker S W A, et al. Safety Ⅱ professionals: how resilience engineering can transform safety practice [J]. Reliability Engineering & System Safety, 2020, 195: 106740.

[279] Azadeh A, Salehi V, Arvan M, et al. Assessment of resilience engineering factors in high-risk environments by fuzzy cognitive maps: a petrochemical plant [J]. Safety Science, 2014, 68: 99-107.

[280] Righi A W, Saurin T A, Wachs P. A systematic literature review of resilience engineering: research areas and a research agenda proposal [J]. Reliability Engineering & System Safety, 2015, 141: 142-152.

[281] Dinh L T T, Pasman H, Gao X, et al. Resilience engineering of industrial processes: principles and contributing factors [J]. Journal of Loss Prevention in the Process Industries, 2012, 25 (2): 233-241.

[282] Haimes Y Y. On the definition of resilience in systems [J]. Risk Analysis, 2010, 29 (4): 498-501.

[283] Meerow S, Newell J P, Stults M. Defining urban resilience: a review [J]. Landscape and Urban Planning, 2016, 147: 38-49.

[284] Molyneaux L, Brown C, Wagner L, et al. Measuring resilience in energy systems: insights from a range of disciplines [J]. Renewable & Sustainable Energy Reviews, 2016, 59: 1068-1079.

[285] Woods D D. Four concepts for resilience and the implications for the future of resilience engineering [J]. Reliability Engineering & System Safety, 2015, 141: 5-9.

[286] Pariès J, Macchi L, Valot C, et al. Comparing HROs and RE in the light of safety management systems [J]. Safety Science, 2018: 501-511.

[287] Pęciłło M. The resilience engineering concept in enterprises with and without occupational safety and health management systems [J]. Safety Science, 2016, 82: 190-198.

[288] Pealoza G A, Formoso C T, Saurin T A. A resilience engineering-based framework for assessing safety performance measurement systems: a study in the construction industry [J] . Safety Science, 2021, 142 (5): 105364.

[289] Hollnagel E, Paries J, Woods, D D, et al. Resilience engineering in practice: a guidebook [M] . Farnham UK: Ashgate, 2011.

[290] Woods D D. Escaping failures of foresight [J] . Safety Science, 2009, 47 (4): 498-501.

[291] Shirali G A, Mohammadfam I, Ebrahimipour V. a new method for quantitative assessment of resilience engineering by PCA and NT approach: a case study in a process industry [J] . Reliability Engineering & System Safety, 2013, 119 (119): 88-94.

[292] Jackson S. Architecting resilient systems: accident avoidance and survival and recovery from disruptions [J]. INCOSE International Symposium, 2008, 18 (1): 1941-2046.

[293] Jain P, Pasman H J, Waldram S, et al. Process resilience analysis framework (PRAF): a systems approach for improved risk and safety management [J] . Journal of Loss Prevention in the Process Industries, 2017, 53: 61-73.

[294] Jain P, Mentzer R, Mannan M S, et al. Resilience metrics for improved process-risk decision making: survey, analysis and application [J] . Safety Science, 2018, 108: 13-28.

[295] Francis R, Bekera B. A metric and frameworks for resilience analysis of engineered and infrastructure systems [J]. Reliability Engineering & System Safety, 2014, 121: 90-103.

[296] Bruneau M, Chang S E, Eguchi R T, et al. A framework to quantitatively assess and enhance the seismic resilience of communities [J] Earthquake Spectra, 2003, 19 (4): 733-752.

[297] Ouyang M, Dueñas-Osorio L, Min X. A three-stage resilience analysis framework for urban infrastructure systems [J] . Structural Safety, 2012, 36: 23-31.

[298] Nan C, Sansavini G. A quantitative method for assessing resilience of interdependent infrastructures [J]. Reliability Engineering & System Safety, 2017, 157: 35-53.

[299] Aven T. How some types of risk assessments can support resilience analysis and management [J] . Reliability Engineering & System Safety, 2017, 167: 536-543.

[300] Alauddin M, Khan M A I, Khan F, et al. How can process safety and a risk management approach guide pandemic risk management? [J] . Journal of Loss Prevention in the Process Industries, 2020, 68: 104310.

[301] Cabrera A M V, Bernardo B D F, Ferris T K, et al. Modelling performance variabilities in oil spill response to improve system resilience [J] . Journal of Loss Prevention in the Process Industries, 2016, 41: 18-30.

[302] Azadeh A, Motevali H S, Salehi V. Identification of managerial shaping factors in a petrochemical plant by resilience engineering and data envelopment analysis [J] . Journal of Loss Prevention in the Process Industries, 2015, 36: 158-166.

[303] Figueroa-Candia M, Felder F A, Coit D W. Resiliency-based optimization of restoration policies for electric power distribution systems [J] . Electric Power Systems Research, 2018, 161: 188-198.

[304] Kościelny J M, Syfert M, Fajdek B, et al. The application of a graph of a process in HAZOP analysis in accident prevention system [J] . Journal of Loss Prevention in the Process Industries, 2017, 50: 55-66.

[305] Koulinas G K, Marhavilas P K, Demesouka O E, et al. Risk analysis and assessment in the worksites using the fuzzy-analytical hierarchy process and a quantitative technique-a case study for the Greek construction sector [J]. Safety Science, 2019, 112: 96-104.

[306] Li W, Cao Q, He M. Industrial non-routine operation process risk assessment using job safety analysis (JSA) and a revised Petri net [J] . Process Safety and Environmental Protection, 2018, 117: 533-538.

[307] Yazdi M, Kabir S. A fuzzy bayesian network approach for risk analysis in process industries [J] . Process Safety and Environmental Protection, 2017, 111: 507-519.

[308] Ervural B, Ayaz H I. A fully data-driven FMEA framework for risk assessment on manufacturing processes using a hybrid approach [J] . Engineering Failure Analysis, 2023, 152: 107525.

[309] Niskanen T. A resilience engineering -related approach applying a taxonomy analysis to a survey examining the prevention of risks [J] . Safety Science, 2017, 101: 108-120.

[310] Baybutt P. Calibration of risk matrices for process safety [J]. Journal of Loss Prevention in the Process Industries, 2015, 38: 163-168.

[311] Peeters W, Peng Z. An approach towards global standardization of the risk matrix [J]. Journal of Space Safety Engineering, 2015, 2 (1): 31-38.

[312] Ni H, Chen A, Chen N. Some extensions on risk matrix approach [J]. Safety Science, 2010, 48 (10): 1269-1278.

[313] Duijm J N. Recommendations on the use and design of risk matrices [J]. Safety Science, 2015, 76: 21-31.

[314] Wang L, Bi H, Yang Y, et al. Response analysis of an aerial-crossing gas-transmission pipeline during pigging operations [J]. International Journal of Pressure Vessels and Piping, 2018, 165: 286-294.

[315] Cui M, Wu C. Principles of and tips for nitrogen displacement in gas pipeline commissioning [J]. Natural Gas Industry B, 2015, 2 (2-3): 263-269.

[316] Zhu S B, Li Z L, Zhang S M, et al. Deep belief network-based internal valve leakage rate prediction approach [J]. Measurement, 2019, 133: 182-192.

[317] Lee J K, Kim T Y, Kim H S, et al. Estimation of probability density functions of damage parameter for valve leakage detection in reciprocating pump used in nuclear power plants [J]. Nuclear Engineering and Technology, 2016, 48 (5): 1280-1290.

[318] Zhu S B, Li Z L, Zhang S M, et al. Natural gas pipeline valve leakage rate estimation via factor and cluster analysis of acoustic emissions [J]. Measurement, 2018, 125: 48-55.

[319] Goerlandt F, Reniers G. On the assessment of uncertainty in risk diagrams [J]. Safety Science, 2016, 84: 67-77.

[320] Markowski A S, Mannan M S. Fuzzy risk matrix [J]. Journal of Hazardous Materials, 2008, 159 (1): 152-157.

[321] Crawley F, Tyler B. HAZOP: guide to best practice [M]. Elsevier, 2015.

[322] Baybutt P. A critique of the Hazard and Operability (HAZOP) study [J]. Journal of Loss Prevention in the Process Industries, 2015, 33: 52-58.

[323] Shi S, Cao J, Feng L, et al. Construction of a technique plan repository and evaluation system based on AHP group decision-making for emergency treatment and disposal in chemical pollution accidents [J]. Journal of Hazardous Materials, 2014, 276: 200-206.

[324] 周延，姜威．安全管理学 [M]．徐州：中国矿业大学出版社，2013.

[325] 赵克勤．集对分析与熵的研究 [J]．浙江大学学报（社会科学版），1992，6（2）：68-75.

[326] 王莉，田水承，王晓宁．联系熵在煤矿安全预评价中的应用 [J]．中国安全科学学报，2006（09）：129-133，147，145.

[327] Ghanaim A, Frey G. Markov modeling of delays in networked automation and control systems using colored Petri net models simulation [J]. IFAC Proceedings Volumes, 2011, 44 (1): 2731-2736.

[328] 林品乐．基于模糊化方法的故障预测研究 [D]．福州：福建师范大学，2016.

[329] Filev D P, Yager R R. An adaptive approach to defuzzification based on level sets [J]. Fuzzy Sets and Systems, 1993, 54 (3): 355-360.

[330] Qiao W, Ma X, Liu Y, et al. Resilience evaluation of maritime liquid cargo emergency response by integrating FRAM and a BN: a case study of a propylene leakage emergency scenario [J]. Ocean Engineering, 2022, 247: 110584.

[331] Yuan C, Cui H, Ma S, et al. Analysis method for causal factors in emergency processes of fire accidents for oil-gas storage and transportation based on ISM and MBN [J]. Journal of Loss Prevention in the Process Industries, 2019, 62: 103964.

[332] Zhou J, Reniers G. Analysis of emergency response actions for preventing fire-induced domino effects based on an approach of reversed fuzzy Petri-net [J]. Journal of Loss Prevention in the Process Industries, 2017, 47: 169-173.

[333] Senderov S M, Vorobev S V. Approaches to the identification of critical facilities and critical combinations of facilities in the gas industry in terms of its operability [J]. Reliability Engineering & System Safety, 2020,

203: 107046.

[334] Center for Chemical Process Safety. Bow ties in risk management: a concept book for process safety [M]. Hoboken: John Wiley & Sons, 2018.

[335] Sklet S. Safety barriers: definition, classification, and performance [J]. Journal of Loss Prevention in the Process Industries, 2006, 19 (5): 494-506.

[336] Taleb-Berrouane M, Khan F, Hawboldt K. Corrosion risk assessment using adaptive bow-tie (ABT) analysis [J]. Reliability Engineering &System Safety, 2021, 214: 107731.

[337] Babaleye A O, Kurt R E, Khan F. Safety analysis of plugging and abandonment of oil and gas wells in uncertain conditions with limited data [J] . Reliability Engineering & System Safety, 2019, 188: 133-141.

[338] Grunt O, Briš R. SPN as a tool for risk modeling of fires in process industries [J] . Journal of Loss Prevention in the Process Industries, 2015, 34: 72-81.

[339] Nyvlt O, Rausand M. Dependencies in event trees analyzed by petri nets [J] . Reliability Engineering & System Safety, 2012; 104: 45-57.

[340] Li W, He M, Sun Y, et al. A novel layered fuzzy petri nets modelling and reasoning method for process equipment failure risk assessment [J] . Journal of Loss Prevention in the Process Industries, 2019, 62: 103953.

[341] Wu J, Yan S, Xie L. Reliability analysis method of a solar array by using fault tree analysis and fuzzy reasoning petri net [J] . Acta Astronaut, 2011, 69: 960-968.

[342] Babaleye A O, Kurt R E, Khan F. Safety analysis of plugging and abandonment of oil and gas wells in uncertain conditions with limited data [J] . Reliability Engineering & System Safety, 2019, 188: 133-141.

[343] Wu X, Huang H, Xie J, et al. A novel dynamic risk assessment method for the petrochemical industry using bow-tie analysis and Bayesian network analysis method based on the methodological framework of ARAMIS project [J]. Reliability Engineering & System Safety, 2023, 237: 109397.

[344] Yazdi M, Kabir S, Walker M. Uncertainty handling in fault tree based risk assessment: state of the art and future perspectives [J] . Process Safety & Environmental Protection, 2019, 131: 89-104.

[345] Yazdi M, Golilarz N A, Adesina K A, et al. Probabilistic risk analysis of process systems considering epistemic and aleatory uncertainties: a comparison study [J] . International Journal of Uncertainty Fuzziness and Knowledge-Based Systems, 2021, 29 (2): 181-207.

[346] Yazdi M, Zarei E, Adumene S, et al. Uncertainty modeling in risk assessment of digitalized process systems [J]. Methods in Chemical Process Safety, 2022, 6: 389-416.

[347] Kaptan M. Risk assessment of ship anchorage handling operations using the fuzzy bow-tie method [J] . Ocean Engineering, 2021, 236: 109500.

[348] Xie S , Dong S , Chen Y , et al. A novel risk evaluation method for fire and explosion accidents in oil depots using bow-tie analysis and risk matrix analysis method based on cloud model theory [J] . Reliability Engineering & System Safety, 2021, 215: 107791.

[349] Bayazit O , Kaptan M . Evaluation of the risk of pollution caused by ship operations through bow-tie-based fuzzy Bayesian network [J] . Journal of Cleaner Production, 2023, 382: 135386.

[350] Das S, Garg A, Maiti J, et al. A comprehensive methodology for quantification of Bow-tie under type Ⅱ fuzzy data [J] . Applied Soft Computing, 2021, 103: 107148.

[351] Flage R, Aven T, Berner C L, et al. A comparison between a probability bounds analysis and a subjective probability approach to express epistemic uncertainties in a risk assessment context- A simple illustrative example [J]. Reliability Engineering & System Safety, 2018, 169: 1-10.

[352] Maidana R G, Parhizkar T, Gomola A, et al. Supervised dynamic probabilistic risk assessment: review and comparison of methods [J] . Reliability Engineering & System Safety, 2023, 230: 108889.

[353] Chen T, Wang Y, Lin C. A fuzzy collaborative forecasting approach considering experts' unequal levels of authority [J] . Applied Soft Computing, 2020, 94: 106455.

[354] 邝坦励. 基于模糊软集合的多属性决策方法研究 [D] . 重庆: 重庆大学, 2013.

[355] 叶珍．基于 AHP 的模糊综合评价方法研究及应用［D］．广州：华南理工大学，2010.

[356] Liu S，Li W，Gao P，et al. Modeling and performance analysis of gas leakage emergency disposal process in gas transmission station based on Stochastic Petri nets［J］. Reliability Engineering & System Safety，2022，226：108708.

[357] Senapati T，Yager R R. Fermatean fuzzy weighted averaging/geometric operators and its application in multi-criteria decision-making methods［J］. Engineering Applications of Artificial Intelligence，2019，85：112-121.

[358] Witold K，Prokopowicz P，Lzak D. Ordered fuzzy numbers［J］. Bulletin of the Polish Academy of Sciences Mathematics，2003，51 (3)：329-341.

[359] Liu X. Parameterized defuzzification with maximum entropy weighting function—Another view of the weighting function expectation method［J］. Mathematical & Computer Modelling，2007，45 (1-2)：177-188.

[360] Rouhparvar H，Panahi A. A new definition for defuzzification of generalized fuzzy numbers and its application［J］. Applied Soft Computing Journal，2015，30：577-584.

[361] 蔡红军．基于最大隶属度的导弹目标识别［J］．数字技术与应用，2015，(08)：58-59.

[362] Filev D P，Yager R R. An adaptive approach to defuzzification based on level sets［J］. Fuzzy Sets and Systems，1993，54 (3)：355-360.

[363] Mabuchi S. A proposal for a defuzzification strategy by the concept of sensitivity analysis［J］. Fuzzy Sets & Systems，1993，55 (1)：1-14.

[364] Leekwijck W V，Kerre E E. Continuity focused choice of maxima：yet another defuzzification method［J］. Fuzzy Sets & Systems，2001，122 (2)：303-314.

[365] Smith M H. Tuning membership functions，tuning AND and OR operations，tuning defuzzification：which is best? Proceedings of the First International Joint Conference of The North American Fuzzy Information Processing Society Biannual Conference［C］. San Antonio：IEEE，1994.

[366] 中国化学品安全协会．GB 30871—2022《危险化学品企业特殊作业安全规范》应用问答［M］．北京：中国石化出版社，2022.

[367] Chi C F，Sigmund D，Lin Y C，et al. The development of a scenario-based human-machine-environment-procedure (HMEP) classification scheme for the root cause analysis of helicopter accidents［J］. Applied Ergonomics，2022，103：103771.

[368] Chi C F，Lin Y C. The development of a safety management system (SMS) framework based on root cause analysis of disabling accidents［J］. International Journal of Industrial Ergonomics，2022，92：103351.

[369] 国汉君，江益，姚勇征，等．基于内-外因理论和 Apriori 算法的动火作业事故分析［J］．中国安全生产科学技术，2024，20 (11)：101-109.

[370] 付净，程慧慧，韩子鹏，等．化工企业动火作业事故直接原因危险度及关联性探究［J］．吉林化工学院学报，2020，37 (09)：60-63.

[371] Gnoni M G，Tornese F，Guglielmi A，et al. Near miss management systems in the industrial sector：a literature review［J］. Safety Science，2022，150：105704.

[372] Sezer S I，Camliyurt G，Aydin M，et al. A bow-tie extended D-S evidence-HEART modelling for risk analysis of cargo tank cracks on oil/chemical tanker［J］. Reliability Engineering and System Safety，2023，237：109346.